PROCESS MICRO-NANO TECHNOLOGY
AND EQUIPMENT

过程微纳米技术
与装备

许忠斌　黄　兴　王鹏飞◎著

ZHEJIANG UNIVERSITY PRESS
浙江大学出版社
·杭州·

图书在版编目(CIP)数据

过程微纳米技术与装备/许忠斌,黄兴,王鹏飞著
. —杭州:浙江大学出版社,2024.6
ISBN 978-7-308-24458-9

Ⅰ.①过… Ⅱ.①许… ②黄… ③王… Ⅲ.①纳米材料—研究 Ⅳ.①TB383

中国国家版本馆 CIP 数据核字(2023)第 236872 号

过程微纳米技术与装备

许忠斌　黄　兴　王鹏飞　著

责任编辑	金佩雯	
文字编辑	王怡菊	
责任校对	陈　宇	
封面设计	雷建军	
出版发行	浙江大学出版社	
	(杭州市天目山路 148 号　邮政编码 310007)	
	(网址:http://www.zjupress.com)	
排　　版	杭州星云光电图文制作有限公司	
印　　刷	杭州钱江彩色印务有限公司	
开　　本	710mm×1000mm　1/16	
印　　张	18.5	
字　　数	330 千	
版 印 次	2024 年 6 月第 1 版　2024 年 6 月第 1 次印刷	
书　　号	ISBN 978-7-308-24458-9	
定　　价	86.00 元	

前　言

  微纳米技术是当今一个热门与前沿的科学技术研究方向,在光电信息、生物医学、国防科技等多个领域都有着广泛的应用。随着微纳米技术不断发展和日渐成熟,微纳米过程装备也有了较快的发展与进步。

  微纳米过程装备是实现微纳米过程工艺技术应用的关键。然而,目前市面上缺乏系统全面介绍微纳米过程装备的教材或专著。为了填补这一空白,本书应运而生。我们编写本书也是为了帮助读者深入了解微纳米过程装备的基础理论、工作原理、结构组成以及具体应用形式,从而加深读者对微纳米技术与相关装备的理解和认识。

  本书主要介绍微纳米技术及其在过程工业应用中的工艺原理和新型微纳米过程装备,包括微纳米过程装备的基础知识及纳米材料制备与应用、微纳米流动理论与微纳米相关技术、微纳米过程装备的原理与应用三个部分。其中第一部分包括第1章和第2章,主要对微纳米过程装备、微纳米技术与纳米材料进行基本介绍与概述,同时涵盖了纳米材料的制备与应用,包括纳米材料、团簇、纳米纤维和纳米薄膜;第二部分包括第3章微纳米流动理论与控制技术和第4章微纳米检测技术,介绍了微纳米流动理论、微尺度流动的特点与基本方程,以及相关的实验与模拟,并对微纳米检测的相关技术进行了介绍;第三部分为第5章到第8章,详细介绍了各种微纳米过程装备的基础理论、工作原理与应用场景。总而言之,本书旨在为读者提供全面的微纳米过程装备知识,让读者深入了解微纳米技术的基础原理和应用领域,从而在实践中更好地掌握微纳米技术,熟练应用微纳米过程装备。

  本书的雏形是我2009年底从英国剑桥大学完成合作研究回国后,为研究生新开设的过程装备微纳米技术专业课的讲义,同时,我将2014—2015年在美国哈佛大学留学期间,与David A. Weitz院士团队合作开展的微流控技术相关研究的部分成果作为本书的重要补充。在课程构思和建设过程中,我有幸得到了剑桥大学Malcolm Mackley教授、Damien Vadillo博士的启发和帮助,在此深表感谢! 特别感谢为成书辛勤付出的各位研究生同学:傅宏鹏、廖雯雅、苏铭洋、刘汶豪、李方舟、赵南阳、毕明铖、刘君峰、卢作栋、金胜祥、刘欣怡、赵刚。另外,感谢有关图书、期刊、公司、个人提供的图片和信息资料! 还要感谢所有为本书提供帮助的同事及国内外朋友!

由于本人水平有限,书中错误难免,恳请读者批评指正。若对本书有任何建议,或需要相关辅助教学素材,请联系我们(huangxing@hzcu.edu.cn)。

许忠斌

2024 年 3 月

目 录

第1章 绪 论

1.1 过程装备概述

本章首先简要介绍过程装备的内涵与研究特点,以及几种传统的典型过程装备,并指出目前过程装备技术领域的新发展方向;其次介绍微纳米技术的基本概念和应用;最后按应用方向介绍微纳米过程装备及其发展现状。如微纳米过程装备的结构、设计和分析方法等更加详细的内容将在后续的各个章节中展现。

1.1.1 过程装备的内涵与研究特点

社会经济过程中的全部产品通常可分为四类:软件产品、硬件产品、服务产品和流程性产品。流程性产品指通过将原材料转化成以某一预定状态形成的有形产品,或者以气、液、粉等流体形式存在的产品,包括水、气体、油、液化气、高分子材料、食品药物粉末等用于生产与日常生活的产品。

过程工业(process industry)也称流程工业,是加工流程性产品的工业。它包括化工、轻工、炼油、制药、食品、冶金、环保、能源、动力等诸多行业与部门,涉及物理与化学过程,其中包括传质过程、传热过程、反应过程和流动过程等。过程工业中涉及的所有机器和设备即为过程装备。过程装备是过程设备和过程机器的统称。将过程装备按照一定方式连接排布,配以必要的管道、阀门与控制仪表,就能使原始的流程性材料,经过一系列物理、化学反应,形成新的流程性产品。其中,过程设备又称静设备,其主要作用部件是静止的,如压力容器、塔器、反应器、换热器等;过程机器又称动设备,其主要作用部件是运动的,如泵、压缩机、离心机、注塑机、挤出机、过滤机等。

过程装备的研究与生产涉及多个学科的内容。过程装备技术的研究需要以化学工程的过程原理为理论基础,以机械工程中机械设备的具体设计与优化为装备基础,主要依托过程放大设计、材料与控制等工程技术。因此,过程装备技术的研究具有涉及知识面广、研究方向多和偏向工程应用等特点。

1.1.2 典型过程装备介绍

典型过程装备有反应釜、换热器、离心泵、塑料挤出机等,如图 1.1 所示。

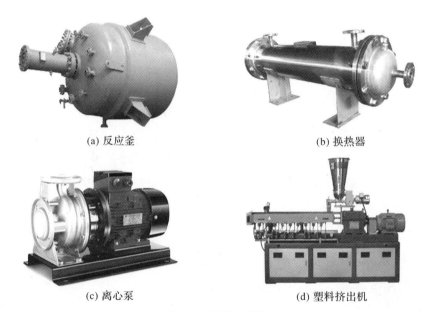

(a) 反应釜   (b) 换热器

(c) 离心泵   (d) 塑料挤出机

图 1.1 典型过程装备

反应釜是一种为化学反应提供反应场所的设备。在启动前,需要将反应釜内部清洗干净,并添加相应的反应物质;然后启动加热系统、搅拌系统等,使反应釜内的反应物质发生化学反应。反应釜的主要部件有壳体、夹套、搅拌器和传感器等,它具有反应温度控制精度高、结构坚固、操作方便和反应效率高等优点。它的应用范围非常广泛,在化工、制药、食品加工和生物工程等行业中均有应用。

换热器是一种过程设备,其作用是在两种不同的流体之间传递热量。它由多个管道组成,其中一种流体流过外部的管道,而另一种流体则流过内部的管道。在启动前,需要在内部和外部的管道中填充相应的流体,然后启动设备,使得两种流体分别在内部和外部的管道中流动,并通过换热器的壳体传递热量。换热器的主要部件有壳体、管束和支撑件等,它具有传热效率高、结构紧凑、操作平稳和维修方便等优点,广泛应用于化工、制药、食品加工和冶金等行业。

离心泵指的是依靠叶轮旋转产生的离心力来输送液体的过程机器,在启动前,必须使泵壳和吸水管中充满液体,然后启动电机,使泵轴带动叶轮和液体做高速旋转运动,泵内的液体被叶轮甩向外缘,经蜗形泵壳的流道流入泵的出口管路[1]。离心泵的主要构件包括吸入室、蜗壳、叶轮和轴等,它具有结构紧凑、重量轻、体积小和易于维修等优点。离心泵应用广泛,常用于农田灌溉、能源输送、石油开采和城市给排水等。

塑料挤出机是高分子塑料加工成型的关键设备,其成型原理如下。首先将塑料放入料斗中,然后在螺杆的旋转作用下,塑料被摩擦和剪切向前输送到料筒内;这个过程被称为加料段,其中松散的固体被压实。接着,物料进入压缩段,此时螺槽深度变浅,这将使物料被压实得更加紧密,并且在料筒外部的加热及螺杆与料筒内壁的摩擦和剪切作用下,物料温度升高开始熔融,直至压缩段结束。然后物料进入均化段,待熔体物料的各个参数逐步稳定,将其定温、定量、定压挤出到机头后成型,最后经定型得到制品。为完成上述挤出过程,一台塑料挤出机一般由挤出主机、辅机和控制系统组成。

1.1.3 高新技术带来过程装备技术的新发展

过程装备是物质生产、能源转化的必备机器,在工业生产中必不可少。工业的快速发展,对过程装备的性能和制造精度提出了更高的要求,同时也促进了过程装备与 21 世纪高新技术的结合。纵观近年来过程装备技术的新发展,过程装备同计算机科学与信息技术、新型材料、微纳米技术的结合引人注目。

(1)计算机科学与信息技术对过程装备的提升

随着计算机科学与信息技术的飞速发展,它们逐渐在过程装备的设计与分析中得到了广泛的应用,尤其是在辅助过程机械故障诊断和排除方面。以计算机科学为核心的信息技术,可以通过对化工过程多尺度的数值模拟与分析,实现过程装备的一步放大设计与结构优化;计算机能够对过程装备的应力应变场、温度场、流场等环境进行实时计算与复杂的数值模拟,从而为过程装备的设计与制造提供更好的工艺和依据;将射线断层扫描实时成像技术与人工智能相结合,可以实时显示装备内多相流的动态过程,从而对其进行缺陷的检测识别与寿命评估等。随着计算机科学与信息技术在过程装备应用领域的进一步拓展,数字化、信息化、智能化的制造过程将有效提高过程工业的生产加工能力,同时也为过程装备的极端制造(指在极端条件下制造极端尺度或极高功能的器件和功能系统,集中表现在微细制造、超精密制造和巨系统制造等方面)创造了有利条件。

（2）新材料对装备性能的提高

传质过程、传热过程和化学反应对其过程装备的强度、韧性和耐腐蚀性要求较高，如果过程装备的力学性能或者耐腐蚀性能没有达到要求，则会严重地影响其使用寿命。而新型的耐腐蚀材料是过程装备材料发展的主要趋势，例如陶瓷与钢的复合材料、塑料与钢的复合材料，它们具有比强度高、耐腐蚀性好等普通材料不具有的显著特点。随着新型材料的进一步发展，各类功能材料也逐步应用于过程装备，例如记忆合金用于过程装备的密封与监控，磁性材料用于装备的磁力搅拌、磁分离等，先进的膜材料可用于制作气膜分离器，它能实现回收烟气中的二氧化碳、淡化海水等。

（3）微纳米技术推出微纳米过程装备技术

将微纳米技术应用于过程装备，可以极大地提高过程传递效率及过程反应速率，给过程装备技术带来革命性的变化。如微换热器由于其尺度微细、比表面积极高以及受到表面效应的影响，其传递效果有明显的增强，通常比常规尺度的过程装备提高 $2\sim3$ 个数量级；$1m^3$ 的微换热器的换热功率可达到 $18000MW$，其水传热系数为传统换热器的 $6\sim12$ 倍，气传热系数为传统换热器的 30 倍；而溴化锂微制冷系统的体积只有传统制冷系统的 $1/60$，但是它的制冷强度高达 $10\sim15kW/(m^2 \cdot K)$。与传统反应器相比，微反应器能够更加接近等温反应，并且需要的化学药品和能量较少，产生的浪费更少，能够缩短从实验到生产的时间。由于微尺度带来的高传热和可控传质等特点，微反应器具有更高的生产效率、更好的安全性和更绿色清洁的反应流程。

1.2　微纳米技术的发展与应用

1.2.1　微纳米技术简介

微纳米技术指微米级（$0.1\sim100\mu m$）或纳米级（$0.1\sim100nm$）的材料、设计、制造、测量、控制和应用技术，是在微电子工艺基础上发展起来的多学科交叉的前沿研究领域，涉及电子工程、机械工程、材料工程、物理学、化工和生物医学等学科与技术[2]。随着微机电系统（micro-electro-mechanical system，MEMS）的发展，微加工技术已可做到纳米尺度的加工。微纳米技术作为一种前沿技术，将促进社会生产力的进步以及人类健康和生活水平的提高，目前已经在很多领域得到了应用。

微纳米技术在光电技术领域的应用，加强了微电子和光电子之间的联系，提高了光电领域信息传输、存储、处理、计算和显示等方面设备的性能。并且利用微纳米技术对现有雷达信息处理技术进行改进，可以将其能力提高几十至几百倍，超高分辨率纳米孔径雷达可放置在卫星上进行高精度的对地侦察。在医学领域，已有研究人员发现生物体内的 RNA 蛋白质复合体线度在 $15\sim20$nm，而生物体内的多种病毒也是纳米粒子；研究人员利用微纳米技术制备具有多种响应功能的药物递送载体等超微粒子，并将其注入血液输送到人体的各个部位，这为监测和诊断疾病提供了新的手段。靶向纳米颗粒用于治疗肿瘤的过程如图 1.2 所示[3]。

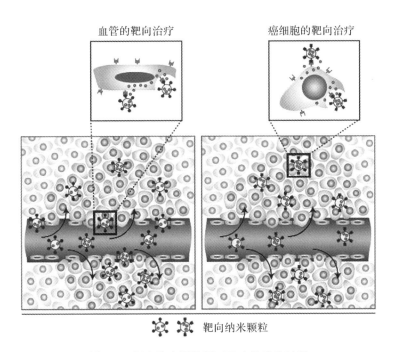

图 1.2　靶向纳米颗粒用于治疗肿瘤的过程

利用微纳米技术，还可制作各种纳米传感器和探测器。纳米传感器具有尺寸小、精度高和优良性能等特点。微纳米技术极大地丰富了传感器的理论知识，提高了传感器制造水平，并拓宽了传感器的应用领域。在材料领域，纳米羟基磷酸钙可以作为原料制作仿生纳米材料，如人工牙齿和关节等；碳纳米管可被制成储氢材料，用作燃料汽车的燃料"储备箱"，如图 1.3 所示[4]。

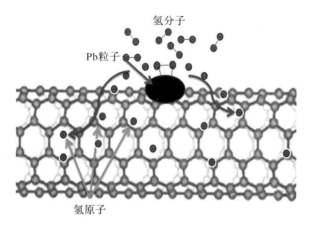

氢分子

Pb粒子

氢原子

图 1.3　掺杂 Pb 的碳纳米管储氢过程

1.2.2　微纳米技术未来展望

目前,在微纳米技术领域,美国、日本、德国处于领先地位,我国紧跟其后,处于第二梯队的前列。其中,我国的碳纳米管技术处于世界一流水平,如大面积定向碳管的合成、超长碳纳米管的制备等。

国家主席习近平于 2018 年在首届中国国际进口博览会开幕式的主旨演讲中提出,各国应该把握新一轮科技革命和产业变革带来的机遇,加强数字经济、人工智能、纳米技术等前沿领域合作,共同打造新技术、新产业、新业态、新模式。

国家开发投资集团有限公司预测,未来几年,中国的纳米材料产业将延续过去高速增长的强劲势头,到 2025 年,其产值将突破 3000 亿元,发展前景十分广阔,未来纳米材料市场规模也将进一步扩大。在下游应用市场推广及生产技术发展的环境下,纳米材料的应用未来有望在基础工业材料领域以及显示器零件的细分市场上有所突破。

仅仅半个世纪,微纳米技术的应用就遍及传统工业和医疗行业等各个领域,微纳米技术无疑有一个光明的未来,但它也存在着一定的问题。一方面是纳米材料的毒性,如部分医用纳米材料缺乏可靠的毒性数据,仍然存在影响人类健康的可能性。另一方面是它可能引发就业问题,在微纳米技术的改进过程中,各行各业的生产需求可能对科学家、工程师和技术人员有很高的要求,这促使他们必须将新思想构建并整合到工艺和产品中,但与此同时,该过程所需的非熟练劳动力将大幅下降,这可能会导致就业市场失衡。

1.3 微纳米过程装备概述

1.3.1 典型微纳米过程装备介绍

传统的化工过程行业已经成为一个基本成熟的行业,拥有许多成熟的技术与产品,但是部分结合了高新技术的化工过程已经不能完全用传统的"三传一反"(动量传递、热量传递、质量传递、化学反应过程)理论来解释,这些全新的领域需要更加先进的技术和理论。自进入 21 世纪以来,过程装备微型化是化工、材料、能源、制药等行业重要的发展方向之一。微纳米尺度下反应的转化率、选择性等均有明显的改变,传热系数、传质效率也有明显的提高。因此,微纳米过程装备极具发展前景。以下举例介绍几类典型的微纳米过程装备供读者参考,详细信息也可进一步参考其他文献[3]。

(1)微混合器

微混合器是一种微型的混合设备,通常用于两种或多种不同的液体或气体的混合。微混合器的本体组成部分包括入口、混合、反应及出口部分。传统的混合设备无法精确地控制混合过程的时间和速度,这将影响反应的结果。此外,传统混合设备中流体的混合是通过大量的机械运动来实现的,机械运动产生的剪切力和热量可能会影响反应效率与产物纯度。为了解决这些问题,人们开始研发更加高效、可控和精确的混合方式,这就催生了微混合器。微混合器利用微流体技术和微小的通道与反应室来实现混合,具有高可控性和精度,能够在非常短的时间内混合非常小的量的物质。因此,微混合器已经成为许多领域中必不可少的工具。一种微混合器的外形结构如图 1.4 所示[5]。

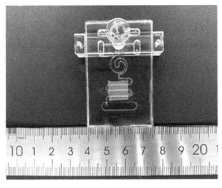

图 1.4 微混合器外形结构

(2)微注塑机

微注塑机是一种用于制造小型或微型零件的塑料注射成型机械。它通常使用电动液压系统和高精度模具来生产一些非常细小的塑料部件,如连接器、开关、传感器和医疗设备等。电子、医疗、汽车和消费品等行业需要生产非常小型和高精度的零件,且这些零件通常需要具有极高的可靠性,因此必须采用高精度的制造工艺来保证其质量和性能。微注塑机正是为满足这种生产需求而设计的一种高精度制造设备。小、微型零件的注塑成型与传统注塑成型相比,对设备有许多特殊要求,故微注塑机具有高注射速率、精密注射计量、快速反应能力、特殊的顶出装置(如吸附脱模等)和模温控制系统(如快速模温控制系统)等。一种微注塑机的外形与结构如图 1.5 所示[6]。

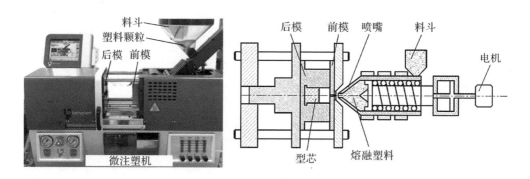

图 1.5　微注塑机外形与结构

(3)微换热器

微换热器通常用于实现流体的热量传递和温度控制。它利用微流体技术将热量从一个流体传递到另一个流体,从而实现温度调节和能量转移。在化学工程、生物医学工程和能源工程等领域中,常需要对流体进行加热或冷却,并且需要非常高效地传递热量。传统的换热器的体积和重量通常很大,其系统的复杂性也显著增加,不便于处理小流量和小体积的流体。因此,人们开始寻找更加高效、可控和精确的换热方式,这就促进了微换热器的发展。

微换热器通过微通道中的流体混合与热量传递来实现温度调节和能量转移。微通道中的流体流动速度非常快,这使其能够快速地进行热量传递。此外,微换热器具有高可控性和精度,能够在非常短的时间内完成热量传递和温度调节,可以大大提高生产效率和产品质量,并且有助于节约能源和环保,这使得其成为许多领域中必不可少的工具。一种典型的微换热器结构如图 1.6 所示[7]。

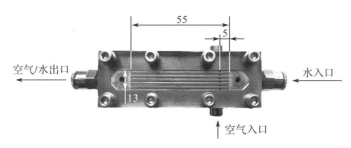

图 1.6　微换热器结构(单位:mm)

1.3.2　微纳米过程装备总结与展望

随着微纳米加工技术的不断发展,越来越多的新的微纳米过程装备被开发出来。这些微纳米过程装备将以其独有的优势,推动工业向高效率、节能、精密化快速发展[2]。除了过程工业,目前许多能源使用、信息储存以及国家安全等领域的技术发展也都体现了微纳米技术的强大影响。

尽管微纳米技术给现代工业和整个社会带来了许多机遇,在工业装备的应用方面具有很大的潜力,但在其未来发展中我们仍然要面临许多的挑战,主要包括以下几个方面。

(1)制造

成功的微纳米制造需要我们具有非常可靠的在微纳米尺度控制材料合成或成型的能力。实验室合成的微纳米材料常因尺度上未达到要求或不可靠而达不到标准,我们和成功的微纳米制造还有一定的距离。且虽然目前在实验室内可以通过自组装、光刻或化学合成等方法加工得到微纳米尺度的材料和器件,但是这些技术的工业化实现仍处于发展初期。尤其是微纳米结构制品的高效成型加工,仍然是制约微纳米过程装备领域发展的重要瓶颈之一。

(2)集成

一些研究者提出,微纳米技术的价值是通过将微纳米过程装备与更复杂的结构和装置集成为一体而实现的。而将微纳米制造和宏观制造方法相结合,增加了制造的难度。微纳米尺度的制造可能包括原子和分子自组装技术,这种工艺与微观尺度使用的光刻技术以及宏观尺度使用的零件组装技术完全不同。微纳米技术与传统制造工艺的集成需要研制新的工具和预测模型,运用自上而下制造和自下而上装配相结合的方法,创造一类新的功能系统。

（3）建模和模拟

建模和模拟对微纳米技术的实现和发展起到非常关键的作用。这是因为：①微纳米尺度的材料和装置与宏观尺度的表现完全不同，简单的直觉推断经常出错，必须依靠建模和模拟来引导思考分析，此外微纳米尺度的集成将增加微纳米技术相关研究的复杂性，建模的挑战性取决于研制的工具和技术；②微纳米技术研究中，小尺寸和微纳米尺度结构，以及该结构与周围环境的相互作用，会导致许多复杂的自发行为，需要理论和模拟工具帮助预测这些自发行为。

参考文献

[1] 刘春城.炼油厂离心泵振动状态监测及故障诊断技术研究进展[J].黑龙江科技信息，2014(26)：7.

[2] 杨玥,郑素霞,许忠斌.微纳米技术在工业装备中的应用研究进展[J].轻工机械,2011(29):117-120.

[3] Farokhzad O C, Langer R. Impact of nanotechnology on drug delivery[J]. ACS Nano, 2009, 3(1)：16-20.

[4] Das T, Banerjee S, Dasgupta K, et al. Nature of the Pd-CNT interaction in Pd nanoparticles dispersed on multi-walled carbon nanotubes and its implications in hydrogen storage properties[J]. Royal Society of Chemistry Advances, 2015, 5(52)：41468-41474.

[5] Yin B, Yue W, Sohan A S M M F, et al. Micromixer with fine-tuned mathematical spiral structures[J]. ACS Omega, 2021, 6(45)：30779-30789.

[6] Lu Y, Chen F, Wu X, et al. Fabrication of micro-structured polymer by micro injection molding based on precise micro-ground mold core[J]. Micromachines, 2019, 10(4)：253.

[7] Vasilev M P, Abiev R S. Gas-liquid two-phase flow and heat transfer without phase change in microfluidic heat exchanger[J]. Fluids, 2021, 6(4)：150.

第2章 纳米科技与纳米材料

2.1 纳米科技

2.1.1 微尺度效应与纳米效应

微尺度效应指的是材料在典型的性能实验条件下,由于本身物理、化学或几何等属性的影响,表现出与宏观的变形规律不一致的现象。例如,如果流体在常规通道中流动,当流体马赫数小于 0.3 时,一般认为该流体为不可压缩流体,但如果流体在微尺度通道中流动,常使通道进、出口压力差达到几个大气压的水平,则进、出口压差造成的流体密度变化不能不予考虑;在常规尺度下,当壁面相对粗糙度小于 5% 时,其对于层流的影响可忽略不计,但在微尺度下,粗糙元的大小、分布形式对流动和换热的影响均不能忽略;微通道系统在几何上最大的特点是其比表面积远远大于常规尺度系统,前者可达 $10^6 m^3/m^3$,而后者一般在 $1m^2/m^3$ 左右,因此在考虑微通道流体的惯性力与摩擦力时,就不能用常规的流体力学理论。

当尺度继续缩小时,则会产生纳米效应。纳米效应令纳米材料具有传统材料所不具备的奇异或反常的物理、化学特性[1]。如原本导电的铜在尺度缩小到某一纳米级界限时就不导电了;而原来绝缘的二氧化硅等,在尺度缩小到某一纳米级界限时开始导电。这是由于纳米材料具有颗粒尺寸小、比表面积大、表面能高、表面原子所占比例大等特点[2]。纳米效应包括量子尺寸效应、小尺寸效应、表面效应、宏观量子隧道效应等,具体如下。

①量子尺寸效应。当粒子尺寸下降到某一值时,金属费米能级(Fermi level)附近的电子能级由准连续变为离散能级的现象,以及纳米半导体粒子存在不连续的最高被占分子轨道和最低未被占分子轨道能级,能隙变宽的现象均称为量子尺寸效应。

②小尺寸效应。当超细粒子的尺寸与光波波长、德布罗意波长以及超导态的相干长度或透射深度等物理特征尺寸相当或比其更小时，晶体的周期性的边界条件将被破坏[3]；非晶态纳米粒子的颗粒表面层附近原子密度减小，导致其内压、磁性、热阻、化学活性、光吸收、催化性等特性都有很大变化。

③表面效应。随着纳米粒子尺寸的减小，表面原子数增多，比表面积增大，使得更多的表面原子处于裸露状态。这种表面原子的裸露不但会引起纳米粒子表面输运和构型的变化，同时也会引起表面电子构象、自旋、能谱的变化。

④宏观量子隧道效应。微观粒子具有贯穿势垒的能力这一现象称为隧道效应。近年来，人们发现一些宏观量，如粒子的磁化强度和量子相干器件中的磁通量等也具有隧道效应，称其为宏观量子隧道效应。

2.1.2 纳米科技及其发展历程

纳米科技是纳米科学与纳米技术的统称。纳米科学融合了物理学、材料科学和生物学等学科，涉及在原子和分子尺度上对材料的操纵的学问；而纳米技术是在纳米尺度上观察、测量、操纵、组装、控制和制造物质的技术。目前，纳米科学和纳米技术已在不同的科学领域取得了进展，并不断向不同的方向扩展，这些方向包括从微纳米尺度观察事物、通过不同类型的显微镜在物理上观察更小的尺度尺寸、研究微米尺寸的块状物质及化学中的小尺寸碳点、开发制造房间大小的计算机与便携超薄笔记本电脑、深入观察生物细胞核的行为，以及在纳米水平上研究单个复杂的生物分子等。

人类对纳米科学与纳米技术的研究已有 60 多年的历史。美国物理学家、诺贝尔奖获得者理查德·费曼（Richard Feynman）于 1959 年提出纳米技术的概念。他认为：用宏观的机器来制造比其体积小的机器，而这较小的机器又可制作更小的机器，这样一步步达到分子线度。日本科学家谷口纪男于 1974 年定义并使用了"纳米技术"（nano-technology）一词："纳米技术主要是通过一个原子或分子对材料进行分离、固结和变形的过程。"1990 年，美国 IBM 公司使用扫描隧道显微镜，在一小片镍晶体上用 35 个氙原子写出了该公司名称的缩写"IBM"（图 2.1），从此开创了一个崭新的纳米世界[4]。

1985 年，罗伯特·科尔（Robert Curl）、哈罗德·克罗托（Harold Kroto）和理查德·斯莫利（Richard Smalley）发现碳可以以非常稳定的球体形式存在，即富勒烯（C_{60}）。几年后，饭岛澄男等人通过透射电子显微镜（TEM）观察发现碳纳米管。富勒烯（C_{60}）和碳纳米管都是富勒烯家族的成员，它们的结构如图 2.2 所示[4]。

图 2.1　美国 IBM 公司将氙原子固定在镍晶体上形成公司徽标

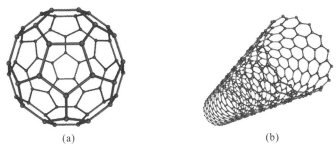

(a)　　　　　　　　　　　　　(b)

图 2.2　富勒烯(C_{60})与碳纳米管的结构

1993 年,中国科学院研究人员运用纳米技术和超真空扫描隧道显微镜,操纵硅原子写出"中国""原子"等字样,这标志着我国纳米技术的快速发展。

2004 年,安德烈·盖姆(Andre Geim)和康斯坦丁·诺沃肖洛夫(Konstantin Novoselov)利用微机械剥离技术和其他纳米技术,以石墨为原料成功制备出了一种新材料——石墨烯。这种材料的二维结构彻底颠覆了先前"热力学涨落不允许二维晶体在有限温度下自由存在"的传统认知,震撼了整个物理界。他们二人也因此获得了 2010 年的诺贝尔物理学奖。

仅在几十年内,纳米技术和纳米科学已扩展至多个领域。如医学工程领域中的生物诊断传感器、药物输送系统和成像所用的探针的制备;在食品工业中,纳米材料可用于大幅提高营养素的生产和包装质量、延长保质期和提升生物利用度;在能源领域中,纳米材料正被用于构建新一代太阳能电池、氢燃料电池和新型储氢系统,它们能够为仍然依赖传统的、不可再生的污染燃料的国家提供清洁能源,促使其能源转型[4]。

2.1.3　纳米材料的性能与应用

(1)纳米材料的概念与分类

纳米材料通常被定义为"具有纳米尺度的任何外部尺寸,或者具有纳米尺度的内部或表面结构的材料"。这既包括纳米物体,也包括纳米结构材料。从广义上讲,纳米材料是指在三维空间中至少有一维处于纳米尺度范围,或者由它们作为基体构成单元的材料。

通常可根据纳米材料的维度、形态、均匀性等对其进行分类。

根据维度,可将纳米材料分成以下几种:①零维纳米材料,它在空间三个维度方向的尺度均为纳米级别,例如纳米尺度颗粒、原子团簇、人造超原子、纳米尺寸的孔洞等;②一维纳米材料,指有两个维度方向为纳米尺寸的材料,如纳米丝、碳纳米管等;③二维纳米材料,指仅有一个维度方向上的尺寸为纳米级别,如纳米薄膜、纳米板、纳米涂层等;④三维纳米材料,指在三个维度方向上的尺寸均超过纳米尺度的材料,如泡沫纤维、纳米块体等。

纳米材料的形态特征通常包括平面度、球形度和纵横比等,其中高纵横比纳米颗粒的形状通常为线形、螺旋形和管形等[5],低纵横比纳米颗粒的形状通常为球形、螺旋形、柱状和金字塔形等。

根据纳米材料的均匀性,又可以将纳米材料分为等距的和不均匀的。从团聚状态来看,纳米颗粒可以是分散的,也可以是团聚的。纳米颗粒的聚集状态通常取决于其电磁性质[2]。而如果在液体环境中,它们是否团聚则还取决于它们的表面形态和功能,例如疏水性或亲水性。

(2)纳米材料的理化性能

①催化性能。纳米材料比表面积大,因此表面上的活性中心数量增多,从而使其具备了催化性能。作为催化剂,纳米材料不含细孔或其他成分,可自由选择组分,使用条件温和且方便。这些优点避免了常规催化剂在反应过程中产生某些副产物的风险,因为反应物可以自由地扩散到纳米材料表面上的活性中心处。

②光学性能。纳米材料具有线性和非线性两种光学性质。在线性光学效应方面,当金属材料的晶粒缩至纳米尺度时,它们的颜色通常变为黑色;而且,颗粒越小,吸收能力就越强,颜色也会更深。在非线性光学效应方面,纳米材料的能带结构发生变化,导致其载流子的迁移、跃迁和复合过程与粗晶材料不同,纳米材料呈现出不同的非线性光学效应。

③电学性能。在金属材料中,原子间距随着粒径减小而变短。当金属晶粒缩至纳米尺度时,自由电子的平均自由程也会减小,导致电导率下降。这使得原本为良好导体的金属成为绝缘体,这种现象被称为纳米尺寸诱导的金属—绝缘体转变。

④磁性能。在磁性方面,纳米材料与粗晶材料有很大的不同。通常情况下,

磁性材料的磁结构是由许多磁畴组成的。这些畴之间由畴壁分隔开,磁性材料通过畴壁运动实现磁化。但是,在纳米材料中,当粒径小于某一临界值时,每个晶粒都呈现单磁畴结构,并且矫顽力显著增强。这些磁学特性使得纳米材料成为制备永久性磁体材料、磁流体和磁记录材料的基础。

⑤热学性能。超细化后的纳米材料的热学性能也发生了变化。相较于大尺寸固态物质,纳米材料的熔点显著降低,特别是当其粒径小于 10nm 时更加明显。例如,金的熔点为 1063℃,而纳米金的熔点只有 330℃。

2.1.4 纳米材料的应用

纳米材料发展至今已经在非常多的领域得到了应用,以下仅通过几个方面说明纳米材料的应用案例。

(1)在光、电和磁中的应用

1997 年,美国科学家首次成功地实现用单电子移动单电子。这种技术使得日后研制出速度和存储容量相比于现在提高上万倍的量子计算机成为可能。2001年,荷兰的研究人员发明了能在室温下有效工作的单电子碳纳米管晶体管。瑞士苏黎世的研究人员则利用巨磁阻效应和大电阻现象,制造了读出磁头和超微磁场传感器,它们可使磁盘记录密度增大 30 倍。这些成果表明,纳米技术对微电子器件的微型化和性能提升具有重要意义。

(2)在医学和生物学中的应用

纳米材料在医学和生物学中的应用非常广泛。其中,利用纳米 SiO_2 微粒可以实现细胞分离技术、局部定向治疗及纳米新型药物的制备等。细胞分离技术是指通过将具有特定表面性质的纳米 SiO_2 微粒与靶细胞结合,使细胞能够在外界刺激下迅速地从混合液中分离出来,这种技术已经成功应用于癌症筛查、肝炎诊断等。局部定向治疗则是指将纳米 SiO_2 微粒作为载体,将药物包裹在其表面,凭借其纳米级别的尺寸优势,使药物能够更加准确地靶向移动到病变组织部位,实现高效治疗。而纳米新型药物的制备则是通过纳米级别的制备工艺,使得药物能够更好地渗透到人体内部,达到更好的治疗效果。除此之外,目前正在研制的生物芯片(包括细胞芯片、蛋白质芯片、生物分子芯片和基因芯片等)具有集成、并行和检测快速等优点,已成为纳米生物工程的前沿科技。

(3)在国防科技上的应用

利用纳米材料制造的小型机器人,可以完成特殊的打击任务,这对军事行动具有重要意义。此外,纳米卫星也是一种应用广泛的纳米技术产品,可以通过一枚小型运载火箭发射千万颗纳米卫星,实现远程通信、地球观测、气象预报等多种功能。纳米材料在隐身技术上的应用也尤其引人注目,这种纳米材料可以有效地遮蔽物体的热辐射和电磁波,使其难以被雷达等探测设备发现,纳米材料在隐形飞机上的应用如图2.3所示[6]。

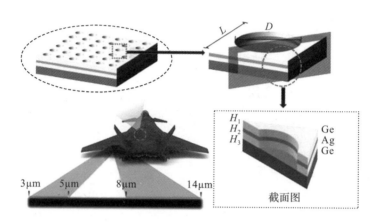

图2.3　纳米材料在隐形飞机上的应用

(4)在特种材料中的应用

陶瓷材料因其脆性而在某些领域的应用中受到限制,这是其难以克服的弱点。然而,纳米陶瓷具有类似金属的超塑性,成为纳米材料研究中的焦点。例如,复合纳米氧化钛陶瓷可以在室温下发生塑性形变,这意味着即使在非常规条件下,该材料也能够承受较大的力而不破裂;在高温环境下,该材料的伸长率可达100%,这使得它成为一种极具潜力的结构材料。此外,纳米陶瓷还具有其他优秀的特性,如高硬度、高强度和抗腐蚀性等,因此纳米陶瓷在航空航天、汽车工业、电子设备和医疗器械等领域具有广泛的应用前景。

(5)在其他领域中的应用

比表面积大、表面反应活性高、表面活性中心多、催化效率高、吸收性质优异等特性使纳米颗粒在化工催化方面有着重要的应用。如纳米镍粉作为火箭固体燃料的反应催化剂,可将其燃烧效率提高100倍。美国密歇根州立大学的化学家们把各种饱和聚合物(如聚氧化乙烯)包封在 MoS_2 夹层中间,获得了纳米级的导电复合物。日本大阪大学的研究人员利用双光子吸收技术实现了以高分子材料制备多功能性微器件的新突破。北京大学的研究人员利用液相纳米组装技术成功研制生产出第四代燃油添加剂,该添加剂可大幅度提高燃油燃烧效率。

2.1.5　纳米材料的制备方法

(1)物理法

制备纳米材料的物理方法主要有超重力技术、高能机械球磨法、惰性气体蒸发冷凝法、离子溅射法、物理压淬法等。利用物理方法制备的纳米材料具有表面清洁、无杂质、粒度可控、活性高等优点,但目前物理制备方法产率大多较低,且成本高。以下介绍几种典型的物理制备方法。

①超重力技术。超重力技术利用高速旋转的超重力旋转床产生相当于百倍重力加速度的离心加速度,以加强相间传质和微观混合。这种技术创造了理想的制备环境,使得纳米材料可以快速均匀地成核制备。

②高能机械磨球法。高能机械球磨法是一种通过球磨机的旋转或振动对原料进行强烈撞击、研磨和搅拌的方法,用于制备金属或合金粉末的纳米微粒。

③惰性气体蒸发冷凝法。该方法指将原料加热蒸发,形成原子雾,并使其在惰性气体原子的碰撞下失去能量,凝聚成纳米尺寸的团簇,再将这些团簇在液氮冷棒上聚集形成的粉状颗粒传送至真空压实装置,在数百至数千 MPa 的压力下制备得到多晶纳米材料。

④离子溅射法。离子溅射法是一种制备超微粒子的方法。使用两块金属作为阳极和阴极,在两极之间注入稀有气体(通常为氩气),其压力为 $40\sim250Pa$,两极之间施加 $13\sim115V$ 的电压,辉光放电产生氩离子;在电场的作用下,氩离子冲击阴极表面,使原子从阴极表面蒸发出来形成超微粒子,并在附着表面上沉积下来。这些超微粒子的大小和尺寸主要取决于两电极之间的电压、电流和注入气体的压力。

⑤物理压淬法。物理压淬法是一种直接制备块状纳米晶体的方法。该方法通过调整压力来控制晶体的成核速率和抑制晶体生长,在熔融合金保持压力的情况下对其进行急冷(即压力下淬火)制得纳米晶体,同时还可通过调整压力来控制晶粒的尺寸。

(2)化学法

化学方法是纳米粉体制备中常用的手段,主要有溶胶-凝胶法、微乳液法、化学沉淀法、燃烧合成法、超分子化学法等。以下介绍几种典型的化学制备方法。

①溶胶-凝胶法。溶胶-凝胶法以金属醇盐为原料,通过水解、缩聚反应将金属醇盐溶胶转化为凝胶,凝胶经过干燥、热处理等步骤制得氧化物、金属单质等纳米材料。这种方法可以用于制备一系列的纳米氧化物、复合氧化物、金属单质和金属薄膜等材料。

②微乳液法。利用表面活性剂使两种互不相溶的溶剂形成均匀的乳液,然后在微小球形液滴内经过成核、生长、凝结和团聚等过程制得纳米颗粒。这种方法使用原材料量小且避免了颗粒间的进一步团聚。

③化学沉淀法。在含有金属离子的盐溶液中加入沉淀剂或在特定温度下使溶液水解,析出不溶性氢氧化物、水合氧化物或盐类,然后经过洗涤、热分解和脱水等步骤制得纳米氧化物或复合化合物。这种方法是最常见的制备方法,可分为直接沉淀法和共沉淀法。

④燃烧合成法。该方法的基本原理是通过金属有机先驱物分子热解,或者在惰性气体的保护下混合燃烧金属与金属化合物,发生置换反应生成金属纳米粉。例如,美国辛辛那提大学的学者通过燃烧氧化卤化物蒸气制备了纳米级的 TiO_2、SnO_2 和 SiO_2 晶粒。

⑤超分子化学法。超分子化学法包括分子自组装法和模板法。其中,分子自组装法是一种新的构建功能材料的方法,利用分子间的弱相互作用力使其自发形成具有特定结构和功能的聚集体系,分子主要通过非共价键结合。而模板法则是以立体结构材料为模板,通过物理、化学或生物方法使物质原子或离子沉积到模板的孔或表面上,然后再移除模板获得所需纳米结构材料。

2.2　纳米颗粒

"纳米"这个词在不同知识领域的应用越来越广泛,经常出现在科学报告、流行书籍和报纸中。在国际单位制(SI)中,"纳"(nano)这个词头被用来表示 10^{-9},例如 $1nm=10^{-9}m$。"纳米"包含了尺寸介于分子尺寸和宏观尺寸之间的系统(尺度一般为 $1\sim100nm$)。本节主要对具体的纳米材料的基本知识、制备方法以及应用等进行介绍。

2.2.1　纳米颗粒简介

纳米材料是指三维空间中至少有一个维度的尺寸小于 100nm 且与宏观材料性质具有显著差异的材料,或以这些材料为基本单元的材料。一般而言,根据材料中载流子的自由度可将纳米材料分为零维、一维、二维和三维纳米材料,其中纳米颗粒(nanoparticle,NP)属于零维纳米材料,它三个维度的尺寸均小于100nm。

纳米颗粒不仅可通过现代科学制备获得,还广泛存在于自然界。自然界中的纳米颗粒既包括有机纳米颗粒(蛋白质、多糖、病毒等),也包括无机化合物纳米颗粒(氢氧化铁、铝硅酸盐、金属等),它们可以在火山爆发、风化、野火或微生物作用等多种自然过程中产生。

根据纳米颗粒的化学成分,可以将其分为金属纳米颗粒、非金属纳米颗粒、金属氧化物纳米颗粒、高分子纳米颗粒等;根据纳米颗粒的形态,可将其分为球状纳米颗粒、棒状纳米颗粒、角状纳米颗粒等,如图 2.4 所示[7]。

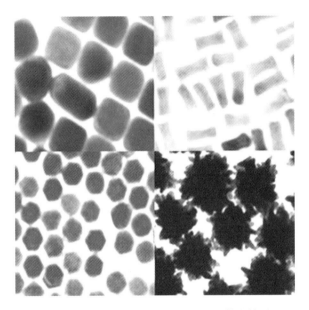

图 2.4　不同形态的金纳米颗粒的透射电镜图

纳米颗粒由于其三维尺寸为纳米尺度,具有一些独特的效应,如表面效应、小尺寸效应、量子尺寸效应、宏观量子隧道效应等。这些内容已经在前文中介绍,这里不再赘述。这些效应使得纳米颗粒在光、电、热、磁、力学等各方面具有独特的性质。例如,粒径 10nm 左右的 Fe_3O_4 纳米颗粒具有超顺磁性;金属纳米颗粒由于内部的位错其硬度与弹性模量显著提高等[8]。纳米颗粒因其特殊的尺度需要特别的制备方法,此外,还因其颗粒间团聚问题需要特殊的分散方法,下面对这些问题进行具体介绍。

2.2.2　纳米颗粒的团聚原理

团聚是指粒径 1~100nm 的纳米颗粒在制备分离、存储等过程中碰撞、黏结为大块团聚体的过程。纳米颗粒的团聚主要有四个原因:纳米颗粒之间的静电力、纳米颗粒的高表面能(如毛细力和桥接等表面作用)、纳米颗粒之间的范德瓦耳斯力(van der Waals force),以及化学键作用。根据纳米颗粒间的相互作用,纳米颗粒的团聚可以分为软团聚和硬团聚。软团聚是指主要受纳米颗粒间静电力、范德瓦耳斯力以及毛细力作用形成的团聚,硬团聚是指主要受纳米颗粒间静电力、范德瓦耳斯力、化学键作用以及颗粒间液相桥或固相桥的强烈结合作用形成的团聚。

纳米颗粒在液相与气相中的团聚机理也略有不同。在液相中,纳米颗粒间主要存在范德瓦耳斯力、双电层作用、液相桥和溶剂化层交叠,此外还存在憎水力、水动力、氢键、量子隧道效应等作用,这些相互作用也受到液体介质的影响,因此纳米颗粒之间的相互作用极为复杂。关于液相纳米颗粒的团聚理论尚不完善,荷兰与苏联学者提出的 DLVO 理论是目前较为常用的计算理论之一,但仍不能完整解释团聚作用。在气相中,除了范德瓦耳斯力、静电力之外,纳米颗粒的团聚还受到颗粒表面润湿性等因素的影响。接下来将介绍几种导致团聚的主要效应。

(1)纳米颗粒的表面效应

纳米颗粒具有很高的比表面积,表面原子比例高达 90%,原子几乎全部集中到颗粒的表面。纳米颗粒在形成过程中需要吸收大量的能量,因此纳米颗粒处于高度活化状态,导致表面原子配位数不足和高表面能,使得这些原子极易与其他原子相结合而稳定下来。Bantz 等[9]对基于二氧化硅的纳米系统进行了研究,结果如图 2.5 所示,它们认为纳米颗粒的表面性质会影响颗粒的团聚状态以及有效尺寸。

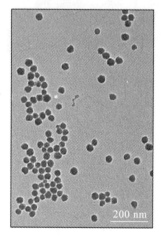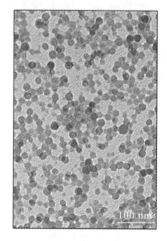

图 2.5　二氧化硅与—NH₂修饰的有机硅氧烷纳米颗粒透射电镜图

(2)布朗运动

颗粒与溶剂的碰撞使得颗粒具有与周围颗粒相同的动能,因此小颗粒运动得快,纳米小颗粒在做布朗运动时经常会彼此碰撞到。由于吸引作用,它们会连接在一起,形成二次颗粒。二次颗粒运动速度慢,但仍有机会与其他颗粒发生碰撞,进而形成更大的团聚体,直到无法运动而沉降下来。

(3)范德瓦耳斯力和氢键的影响

悬浮在溶液中的微粒普遍受到范德瓦耳斯力的作用,很容易发生团聚。范德瓦耳斯力包括诱导力、取向力和色散力。取向力是指极性分子间的相互作用;诱导力既存在于极性与非极性分子之间,也存在于极性分子之间;色散力则存在于所有的分子之间。虽然范德瓦耳斯力与颗粒间距离的 6 次方成反比,但纳米颗粒粒径极小,相互之间的间距很小,范德瓦耳斯力在纳米颗粒之间的作用能够超过重力的作用,故其对纳米颗粒的行为具有很大影响。氢键是一种特殊的分子间相互作用,当氢原子与电负性强的原子以共价键形式结合时,若附近存在原子半径小的强电负性原子,三者即可形成氢键。氢键往往强于范德瓦耳斯力的作用。Hagiwara 等[10]研究了碳量子点在 1-丙醇溶剂中的行为,认为范德瓦耳斯力会阻碍碳量子点的单分散性,碳量子点在 1-丙醇中的分布如图 2.6 所示。

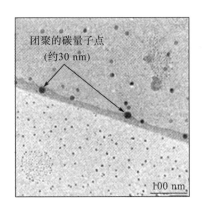
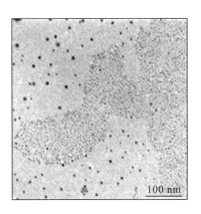

图 2.6　碳量子点在 1-丙醇中的分布透射电镜图

2.2.3　纳米颗粒的分散

在实际生产应用中,纳米颗粒的团聚在大多数情况下都是需要消除的。因为纳米颗粒的团聚使得粒子尺寸不再维持在纳米级别,纳米颗粒的特殊性能不复存在。因此,解决纳米颗粒的团聚是纳米颗粒生产应用中的关键。目前,纳米颗粒的分散方法按其机理可以分为物理分散法和化学分散法。

物理分散法主要借助外加机械力等对纳米颗粒做功,确保纳米颗粒有足够的能量克服吸引力。如对纳米颗粒施加机械搅拌、超声波,使分散的机械力大于黏结的吸引力,即可实现纳米颗粒的重新分散。但物理分散法的缺点是一旦停止外加机械作用,纳米颗粒就有可能在原有的吸引力作用下重新黏结团聚。此外,也可采用静电作用实现纳米颗粒的分散,通过静电喷涂等方式使得纳米颗粒表面带有同种电荷,在静电作用下同种电荷相互排斥,从而实现纳米颗粒的分散。也可采用高真空或惰性气体环境维持清洁纳米颗粒的表面结构,但这种方法需要惰性气体或高真空度,制备、维持纳米颗粒所需的成本较高。

化学分散法则主要通过向环境添加分散剂实现纳米颗粒的有效分散。如采用硅酸钠、氢氧化钠等无机电解质提高粒子表面电位,提高双电层表面斥力;采用聚丙烯酰胺、聚氧化乙烯等有机高聚物在离子表面形成吸附膜,提高空间位阻效应;采用十二烷基苯磺酸钠、脂肪酸甘油酯、十二烷基硫酸钠等表面活性剂降低纳米颗粒的表面能与吸附力。对于金属氧化物纳米颗粒,也可以添加醇类物质,通过酯化反应提高纳米颗粒表面的亲油疏水性,实现纳米颗粒的化学分散。

2.2.4 纳米颗粒制备方法

根据纳米材料制备过程的材料变化形式,可以将纳米颗粒的制备方法分为物理法、化学法和综合法。

物理法制备纳米颗粒主要有球磨法和溅射法。

①球磨法。球磨法是通过塑性变形使粗粒度结构分解来制备纳米颗粒。如图 2.7(a)所示,可采用行星式球磨机、振动式球磨机、高能球磨机等球磨加工设备[11]。该过程是通过在一个高能球磨机中装载一批金属粉末和一种特殊的研磨介质(研磨球)来完成的。研磨球是由高密度材料制成的,如钢或碳化钨。球磨机靠研磨球对物料的冲击和研磨作用来将物料磨碎,在研磨球破碎物料的力学过程中,它作为能量的媒介体将外界能量转变为它对物料的破碎功。

②溅射法。溅射法是在惰性或活性气氛下,在阳极和阴极材料间加上几百伏的直流电压,使之产生辉光放电,靶材中的原子就会从表面蒸发,在气体中冷却或反应生成纳米颗粒,如图 2.7(b)所示[12]。

化学法制备纳米颗粒主要有化学气相反应法(chemical vapor deposition,CVD)、化学气相凝聚法(chemical vapor condensation,CVC)、水热法、溶剂热合成法、湿化学合成法等。

①化学气相反应法与化学气相凝聚法。化学气相反应法是指固体通过蒸气或气相的化学反应沉积在加热的表面。反应所需的能量可以通过多种方法来提供。在加热的化学气相反应法中,反应通过 900℃ 以上的高温实现。一种典型的

化学气相反应法装置如图 2.7(c)所示,包括气体供应系统、沉积室和排气系统。另一种名为化学气相凝聚法的工艺是 1994 年德国开发出来的,它涉及在减压气氛中金属有机前驱体蒸气的热解。

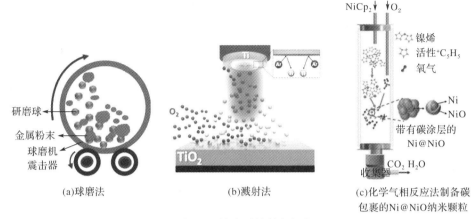

(a)球磨法　　　　　　(b)溅射法　　　　(c)化学气相反应法制备碳
　　　　　　　　　　　　　　　　　　　　　　包裹的 Ni@NiO 纳米颗粒

图 2.7　纳米颗粒制备方法

②水热法与溶剂热合成法。水热法是指在密闭高压反应釜内的高温高压环境下,以水为介质,使难溶的前驱物变得容易溶解,从而完成反应合成。水热法通过提供一种特殊的反应环境,使前驱物形成原子或分子生长基元进行化合,最后成核结晶,其反应过程中还可以实现重结晶。溶剂热合成法与水热法的区别在于其采用了有机溶剂作为反应介质,可扩大这种方法的应用合成范围,如图 2.8 所示[14]。

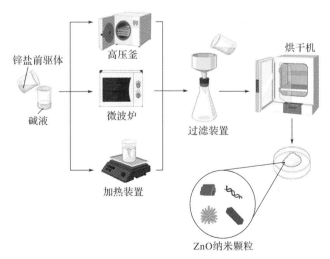

图 2.8　溶剂热合成法制备 ZnO 纳米颗粒

③湿化学合成法。湿化学合成法一般用于制备量子点材料。该方法通过溶液中的化学反应合成,不需要超高压设备或有毒有害气体。对于 $II \sim IV$ 族半导体,可将反应物分子注入热溶剂,使其发生成核和生长过程,溶剂中的有机分子会阻止成核中心变大,从而得到胶体量子点;对于 $III \sim V$ 族半导体,其反应过程则更加复杂,需要较高的反应温度和较长的反应时间。

综合法一般结合了物理与化学两种手段制备纳米颗粒。

①气体冷凝法。气体冷凝法是第一种用于合成纳米晶金属和合金的技术。在这种技术中,使用坩埚、电子束蒸发设备等热源使金属或无机材料蒸发。在蒸发过程中,较高的残余气体压力导致气相碰撞形成超细颗粒(粒径约100nm),气体压力要求大于3MPa。气体冷凝法所需设备包括一个超高真空(ultra-high vacuum,UHV)系统安装蒸发源、一个液氮填充冷指式刮刀组件组装和压实装置的簇收集装置。在加热过程中,原子在靠近热源的过饱和区凝结。纳米颗粒以金属板的形式去除。

②外延生长法。量子点材料的制备也可采用外延生长的综合法。在单晶衬底的表面设计所需的电阻和厚度,则可沿着衬底的结晶方向得到沉积的一层新单晶。外延生长包括气相外延和液相外延、分子束外延(molecular beam epitaxy,MBE)等。

2.2.5　纳米颗粒应用实例

(1)超顺磁性 Fe_3O_4 纳米颗粒

过去的20多年里,Fe_3O_4 磁性纳米颗粒(magnetic nanoparticles,MNPs)在实际应用中表现了优异的磁性、机械性能、光学性能和热性能等。尤其是当它的尺寸缩小至10nm以下时,由于其具有单磁畴结构而表现出超顺磁性质,即高磁化率以及更强、更快的磁响应。油酸包裹的 Fe_3O_4 磁性纳米颗粒透射电镜图与磁化曲线如图2.9所示[15]。因此,在分离技术、环境、催化技术等领域 Fe_3O_4 磁性纳米颗粒有着广泛的应用。此外,Fe_3O_4 具有低毒性,这使得 Fe_3O_4 磁性纳米颗粒的研究也受到了许多医学领域学者的关注。其在医学领域可用于靶向药物治疗、生物传感、热疗、肿瘤检测、磁共振成像等。

Fe_3O_4 磁性纳米颗粒的主要制备方法有以 $FeCl_3$ 和 $FeSO_4$ 为原料的共沉淀法、水热法;以 $Fe(acac)_3$、$Fe(CO)_5$ 为原料的热分解法;以 $(NH_4)_2Fe(SO_4)_2 \cdot 6H_2O$、$NH_4Fe(SO_4)_2 \cdot 12H_2O$ 为原料的微乳液法等。

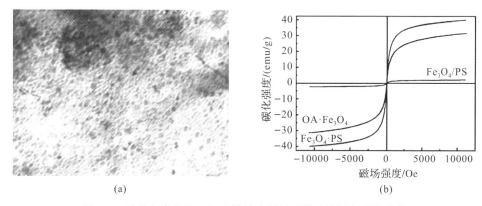

(a)   (b)

图 2.9 油酸包裹的 Fe_3O_4 磁性纳米颗粒透射电镜图与磁化曲线

（2）TiO_2 光催化纳米颗粒

TiO_2 纳米颗粒主要有三种晶体结构：板钛矿（brookite）、锐钛矿（anatase）以及金红石（rutile）。其中，锐钛矿属于四方晶系，不同扫描电镜倍率下的锐钛矿晶体结构 TiO_2 纳米颗粒如图 2.10 所示[16]。锐钛矿 TiO_2 纳米颗粒具有较高的光催化活性、高比表面积、无毒，且具有较好的光化学稳定性。锐钛矿 TiO_2 纳米颗粒所具有的光催化活性源于它具有更负的导带边缘电势。

TiO_2 纳米颗粒的制备方法有很多，如以丁醇钛的异丙醇溶液作为前驱体的水热法、采用钛醇盐的溶胶-凝胶法、TiO_2 的 NaOH 溶液超声浴法等。

图 2.10 不同扫描电镜倍率下的锐钛矿 TiO_2 纳米颗粒

（3）纳米传感探测器

Ag 纳米颗粒因其优异的物理和化学性质而受到广泛的关注，在生物传感领域得到了广泛的研究和应用。同时 PVA（聚乙烯醇）材料因其杰出的热稳定性和化学抗性成为一种优良的金属纳米颗粒的外层壳体材料，用于保护内部的金属纳米颗粒。因此,可以将 Ag 纳米颗粒与 PVA 材料进行复合,得到 Ag-PVA 复合核壳结构的纳米颗粒,这种纳米颗粒可用于生物领域,例如 Ag-PVA 复合的纳米颗粒蛋白质探测器,如图 2.11 所示[17]。

Ag 纳米颗粒的 PVA 封装有两种方法:①用硼氢化钠合成 Ag 纳米颗粒,用 PVA 稳定 Ag 纳米颗粒;②用 PVA 同时合成和稳定 Ag 纳米颗粒。

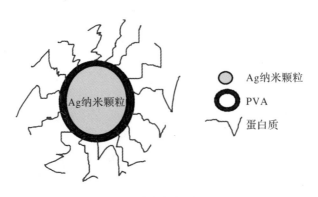

图 2.11　Ag-PVA 纳米复合颗粒蛋白质探测器

(4)量子点

量子点(quantum dot,QD)是一种特殊的纳米颗粒,它是直径为 $2\sim10nm$ 的胶体半导体纳米晶体。量子点可以由各种类型的半导体材料通过胶体合成或电化学来合成。常用的量子点有硒化镉(CdSe)、碲化镉(CdTe)、磷化铟(InP)和砷化铟(InAs)等。量子点具有较高的光稳定性、较宽的激发谱和较窄的发射谱,其最显著的性质是量子限域效应。

2.3　团　簇

2.3.1　团簇简介

团簇(cluster)是由有限数目的原子、分子或离子构成的相对稳定的非刚性聚合体。团簇中的电子在三个维度方向都受到限制,因此团簇也属于零维纳米材料。它的空间尺度为零点几纳米到几十纳米。团簇的许多性质既不同于单个原子或分子,也不同于宏观的液体或固体,也不能由单体或体相材料的性质内插或外延得到,所以团簇可以被视为介于微观粒子与宏观物质之间的物质结构新层次。

根据团簇的构成可以将其分为原子团簇和分子团簇。根据团簇中键合力的类型,又可以将其分为范德瓦耳斯团簇、分子团簇、氢键团簇、离子键团簇、共价键团簇以及金属键团簇。

对于尺寸较小的团簇,每增加一个原子,团簇的结构就会发生变化,这种现象被称为团簇的重构。因此团簇的物理性质会随着团簇中粒子数目的变化而变化。当团簇增大到一定尺寸时,除了表面原子存在弛豫之外,再继续增加原子,团簇的结构不再发生显著变化,团簇的物理性质也基本保持不变,这一尺寸被称为关节点或临界尺寸,不同物质的临界尺寸往往是不同的。而对于同一物质构成的团簇,它也可能具有不同的生长序列,即随着团簇内粒子数目的增加,在同一粒子数目下存在多种可能的团簇结构,故其临界尺寸可能不同。

团簇在具有某些特定的粒子数目时,团簇结构会表现得更加稳定,在其质谱中表现为出现一个峰值,这些特定的粒子数目被称为这一物质的"幻数"。对于不同的物质,其团簇具有不同的幻数数列。

团簇作为一种新的物质形态,它所具有特殊微观结构特点和奇异的物理、化学性质使它可用于制备储氢材料、超导材料和催化剂等,理论上能够促进理论物理、量子力学、计算数学等基础学科的发展。

2.3.2　团簇的制备方法

团簇的制备方法可以分为物理法和化学法两种,主要有快原子轰击/次级离子质谱学法、蒸发和气体冷凝法、磁控溅射法、超声膨胀法。

(1)快原子轰击/次级离子质谱学法

当载能粒子,即离子或中性粒子入射到固体表面时,会溅射出各种次级粒子(电子、离子、原子和团簇等)。用 Ar 原子(能量从几千至几万电子伏)轰击固体靶并用次级离子质谱检测产生的带电团簇,就是快原子轰击/次级离子质谱学(FAB/SIMS)法。该方法产生和收集带电团簇(离子簇)的装置主要由离子源、真空靶室、磁分析器静电分析器和探测器组成。常选用 Ar、Xe 和 Kr 等原子或离子作为入射粒子。

(2)蒸发和气体冷凝法

蒸发和气体冷凝法是指将原物质(元素或化合物)放在低压(通常为 $100 \sim 1000 Pa$)气体腔室中高温加热至汽化。蒸发出的原子或分子与惰性原子或分子碰撞,迅速损失能量冷却下来,在蒸发源附近形成的过饱和区中成核并成长为原子团簇。团簇形成后,通过温差对流作用使其迅速离开过饱和区,避免团簇进一步聚集变大。

因此,可以使用流动的惰性气体控制生成的原子团簇的尺寸,同时也能提高生产效率。用这种方法控制团簇形成过程有三个需控制的基本因素:①给过饱和区提供的单体原子的移动速率;②冷却介质(惰性气体)将蒸发原子能量带走的速率;③团簇形成后从过饱和区离开的速率。对于一定的物质,蒸发率低、惰性气体轻且气压低则形成的团簇尺寸小。

(3)磁控溅射法

磁控溅射的装置包含四部分:①团簇产生室,它是一个由液氮冷却的聚集管,含有磁控溅射放电区;②淀积腔,其衬底支架保持有 30kV 的交变电压;③样品进出及预处理系统;④飞行时间质谱仪(time-of-flight mass spectrometer,TOFMS),通过离子在一定距离真空无场区内按不同质荷比以不同时间到达检测器,从而建立质谱图,用于监测团簇的尺寸。

(4)超声膨胀法

超声膨胀法主要是用于制备范德瓦耳斯团簇,即惰性气体团簇。该方法是通过使高压下的纯净气体从小孔向真空室膨胀,在这种绝热膨胀过程中把气体内能转换成横向能量,从而使其"冷却"下来凝聚成团簇。

2.3.3　C_{60} 团簇及其制备

C_{60} 是一种极具代表性的团簇。下面以 C_{60} 为例,介绍团簇结构和制备方法。C_{60} 由于其结构形似足球又称足球烯,如图 2.12 所示[18]。可以用截角二十面体描述 C_{60} 分子的几何构型,它由 12 个五边形环和 20 个六边形环组成,其中五边形环与六边形环相邻但不与其他五边形共边。五边形环为单键,两个六边形环的公共边为双键。单键长 0.1455nm,双键长 0.1391nm。

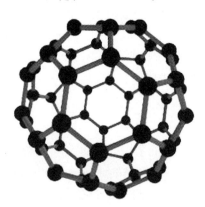

图 2.12　C_{60} 结构

由 C_{60} 的结构可见,其具有二十面体对称性,属 I_h 点群,存在二重、三重和五重对称轴及对称中心,含有 120 次对称操作,是自然界能够得到的最高对称度。C_{60} 分子有 174 个振动自由度,但由于其二十面体对称性而高度简并,其有效振动模式数目减至 46 个,其中红外活性的振动模式有四个,波数分别为 1429、1183、577 和 $528cm^{-1}$,拉曼活性的振动模式有十个。

C_{60} 最早由英国苏塞克大学的哈罗德·克罗托和美国休斯敦大学理查德·斯莫利等通过碳的激光蒸发实验(激光法)制备得到。目前较为成熟的 C_{60} 制备方法主要有电弧法、燃烧法和化学气相沉积法。

(1)电弧法

一般将电弧室抽成高真空,然后通入惰性气体,如氦气。电弧室中安置有制备 C_{60} 的阴极和阳极,阴极材料通常为光谱级石墨棒,阳极材料一般为石墨棒,并在阳极电极中添加铁、镍、铜或碳化钨等作为催化剂。当两根高纯石墨电极靠近进行电弧放电时,石墨棒持续消耗生成等离子体,在惰性气氛下小碳分子经多次碰撞、合并、闭合形成稳定的 C_{60} 分子,它们存在于大量颗粒状烟灰中,沉积在反应器内壁上,可通过收集烟灰提取。电弧法非常耗电、成本高,是实验室中制备 C_{60} 和金属富勒烯常用的方法。

(2)激光法

用高能激光照射石墨,使石墨受热蒸发为游离态的碳,在惰性气体的保护下,游离态的碳在冷却过程中相互碰撞结合,便可形成 C_{60} 和 C_{70} 等分子。

(3)燃烧法

使苯和甲苯在氧气作用下不完全燃烧,燃烧生成的炭黑中含有 C_{60} 和 C_{70},通过调整燃烧的压强、气体比例等可以控制 C_{60} 与 C_{70} 生成的比例,燃烧法是工业生产的主要方法。

2.4　纳米纤维

2.4.1　纳米纤维简介

纳米纤维是指材料的两个维度尺寸都限制在纳米尺度,而另一维度尺寸相对较长的材料。因此,纳米纤维属于一维纳米材料,具有比表面积高、孔隙率可调节和三维形貌等优点。根据纳米纤维的组成,可以将其分为高分子纳米纤维、无机非金属纳米纤维和金属纳米纤维等。

2.4.2 纳米纤维的制备方法

目前制备纳米纤维的主要方法有静电纺丝法、两步水热法、溶液喷射纺丝法和离心纺丝法等。静电纺丝法与两步水热法如图2.13所示。

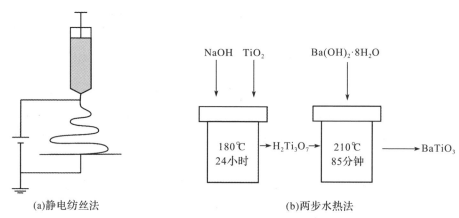

图 2.13　纳米纤维的制备方法

(1)静电纺丝法

静电纺丝是一种通过对溶液或熔体状态的聚合物施加高压电场制备纳米纤维或微米纤维的方法,这种方法简单易行,性价比高,可控性良好。静电纺丝法的装置一般包括前端喷射驱动装置系统(包括原料储存装置、动力装置、泰勒锥和喷头等)、高压电源装置系统和终端接收装置系统。静电纺丝法是目前应用最为广泛的纳米纤维制备方法。

静电纺丝的原理与电流体动力学过程有关。纺丝过程中,施加电压后聚合物溶液感应出电荷,在针头处产生带电液滴,当液体表面的静电斥力足以克服液体的表面张力时,库仑力将液滴拉伸成锥形,形成泰勒锥;带电射流中电荷之间相互排斥使射流更细,射流随溶剂的蒸发凝固,并沉积在金属接收板上,如图2.13(a)所示。

(2)两步水热法

以 $BaTiO_3$ 纳米纤维的制备为例,其具体过程为将24g的NaOH与1.25g的 TiO_2 加水混匀,在高压反应釜中180℃条件下水热反应24小时,将产物洗涤至pH值为7后,加入100mL的0.2mol/L盐酸搅拌反应4小时,离心并洗涤至pH值为7后得到中间产物 $H_2Ti_3O_7$;随后将中间产物与 $Ba(OH)_2 \cdot 8H_2O$ 加水混匀,在高压反应釜中210℃条件下水热反应85分钟,离心、洗涤至pH值为7后避光干燥,得到 $BaTiO_3$ 纳米纤维,如图2.13(b)所示[19]。

(3)机械法

机械法指通过机械作用力将原纤维束的结构破坏,将聚集的单一纳米纤维剥离出来的一类制备方法。目前,常见的机械法主要有高压均质、研磨、搅拌、高强度超声波和双螺杆挤出等。图尔巴克(Turbaket)和赫里克(Herrick)等在 1983 年首次使用高压均质的方法将木浆纤维剥离得到了碳纳米纤维。

(4)溶液喷射纺丝法

溶液喷射纺丝(SBS)是一种以高速气体为驱动力,而非以高电场为驱动力的纳米纤维制备方法。与静电纺丝相比,溶液喷射纺丝的工作量明显减少。溶液喷射纺丝设备包括高速气体供应系统、喷嘴和收集器三个部分。喷嘴是同心的结构,前驱体溶液被推进泵送入内喷丝管,并由外喷嘴将其以恒定的高速气流喷出,流体压力的变化转化为喷嘴尖端的动能,产生一种推动前驱溶液的驱动力。高速气流还会形成气体-溶液界面的剪切,使内部溶液喷嘴变为锥形。前驱溶液被加速的气流拖拽,拉长成和泰勒锥类似的几何形状,从喷嘴飞向空中。在飞行过程中,由于其比表面积很高,前驱溶液射流的溶剂迅速蒸发,在附着到基板之前形成了纳米纤维。

(5)离心纺丝法

离心纺丝法是利用机械力作为驱动力,将熔融态或液体状的聚合物溶液拉伸成纤维。在离心纺丝过程中,当角速度大于由表面张力和离心力决定的临界速度时,就会形成射流。如果聚合物溶液的表面张力过高,射流就会破裂并形成小液滴。聚合物溶液从喷嘴喷出后,在离心力和空气摩擦力作用下,射流经历了一个拉伸过程,聚合物溶液的溶剂被蒸发,射流沿曲线轨迹运动,然后射流以惯性力继续前进,最终到达收集装置。

在各种材料的纳米纤维中,金属氧化物纳米纤维所具有的优异的半导体性质,以及碳纳米纤维所具有的良好导电性质受到了许多研究人员的关注。下面简要介绍金属氧化物纳米纤维和碳纳米纤维的生长机理。

(1)金属氧化物纳米纤维的生长机理

金属氧化物纳米纤维主要存在四种典型的生长机制:气-液-固(VLS)机制、气-固(VS)机制、氧化物辅助生长机制和自催化生长机制。

VLS 机制的生长过程一般要求必须有催化剂存在,在适宜的温度下,催化剂能与生长材料的组元互熔形成液态的共熔物,液态共熔物不断从气相中获得生长材料的组元,当液态共熔物中组元达到过饱和后,晶须将沿着固-液界面择优方向析出,生长成线状晶体。

VS 机制的生长过程为首先通过热蒸发、化学还原、气相反应产生气体,随后该气体被传输并沉积在基底上。这种生长机制常被解释为以液-固界面上微观缺陷为形核中心生长出一维材料。

氧化物辅助生长机制最早由香港的 Lee 小组提出。他们利用氧化物辅助生长法制备了 GaAs、Ge$_2$O$_3$、Si 纳米纤维。在一些制备一维金属氧化物纳米材料的实验中，无须有目的地加入催化剂，仍然可成功合成大量的纳米纤维，如单纯地蒸发氧化锌、单质锌粉都可以生长出纳米纤维。

（2）碳纳米纤维生长机理

目前，碳纳米纤维的生长机理主要有两种模型：开口生长模型和闭口生长模型。开口生长模型在碳管生长过程中，其顶端总是保持开口状态；当生长条件不适应时，则倾向于迅速封闭。而闭口生长模型在碳管生长过程中，其顶端总是保持封闭状态，管的径向生长是由于小碳原子簇（C$_2$）的不断沉积，C$_2$ 的吸附过程在管端五元环缺陷协助下完成，这一模型可用来解释碳纳米管的低温（约 1100℃）生长机理。

2.4.3 纳米纤维的应用

随着纳米纤维研究的深入，大量的研究成果促进了纳米纤维在化工、能源、生物等领域的应用。

（1）生物医药领域的应用

纳米纤维可作为载体装载荧光纳米材料或载药，它具有很多其他材料不具有的优秀性质，如载药量高、与生物体相容性好、透气性好等。纳米纤维可以掺杂其他所需成分，包括药物或荧光检测纳米粒子。也可以很方便地根据需要对纳米纤维进行修饰，以提高其韧性、改变其亲水性等。如曹志凯[20]提出可通过对左旋聚乳酸纳米纤维进行掺杂和修饰后来实现载药与精准可控的药物释放；林梦霞[21]以聚己内酯、壳聚糖等作为原料制备了具有抗菌性能的复合纳米纤维膜；Huang 等[22]制备了酰胺肟聚丙烯腈螯合纳米纤维，如图 2.14 所示。

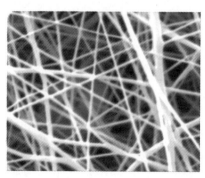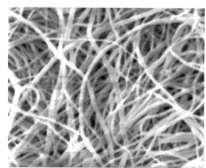

图 2.14　酰胺肟聚丙烯腈螯合纳米纤维电镜图[22]

（放大倍率为 10000）

（2）光催化领域的应用

在光催化领域中,与传统光催化材料相比,中空纳米纤维光催化剂具有独特的优势:①在中空空腔内入射光可以进行多次的反射和散射,这有助于光收集;②中空纳米纤维具有更大的比表面积,因此它能提供更多的表面活性位点;③便于构筑表面异质结,利于电子-空穴的分离和传输;④大长径比使其易于回收。因此,利用中空纳米纤维构筑光催化剂已成为光催化领域一个重要的研究方向。Hou 等[23]制备了一种具有中空结构和中孔壳层的锐钛矿/金红石混合相 TiO_2 纳米纤维光催化剂,该催化剂具有优异的光催化效率和良好的稳定性。

2.4.4　碳纳米管及其制备

碳纳米管是一种极具代表性的纳米纤维,最早于 1991 年由日本科学家饭岛澄男发现。它是一种管状的纳米级石墨晶体,是由单层或多层石墨片围绕中心轴且按一定的螺旋角卷曲而成的无缝纳米级管,每层的 C 是 sp^2 杂化,形成六边形平面的圆柱面,碳纳米管的结构如图 2.15 所示[24]。

侧壁

图 2.15　碳纳米管

碳纳米管的制备方法主要有电弧放电法、化学气相反应法、激光溅射法。

（1）电弧放电法

电弧放电法是制备碳纳米管最原始的方法,也是极为重要的方法之一。该方法也可以用于制备其他类型的一维纳米材料。在一个充有一定压力惰性气体的反应室中安装两根面积不同的石墨棒,其中面积大的作为阴极、面积小的作为阳极,两根石墨棒的间距为 1mm;在放电电压为 20~40V,电流为 60~200A 条件下进行放电反应,在阴极顶端可得到碳纳米管[25]。

（2）化学气相反应（CVD）法

CVD 法是将含碳化合物,如 C_2H_2、CO、CH_4、C_6H_6 等,在金属催化剂 Fe、Ni、Co 或合金催化剂的作用下,通过裂解反应制备碳纳米管。除普通的高温分解之外,这类方法还包括等离子体 CVD、微波增强热丝 CVD、微波 CVD 等。CVD 法可长时间控制反应条件(包括气体种类、流量、压力、温度等),以制备满足要求的碳纳米管,且该方法产物纯度高,制造成本低,已成为当代最流行的制备碳纳米管的方法。

(3)激光溅射法

一种典型的制备单壁碳纳米管的激光溅射方法是:将水平石英管中放入含10%或12%的 Ni 和 Co 的石墨靶,该靶前后各有一个 Ni 收集环,管中通有压力为0.66MPa 的氩气,当炉温达到 1200℃时,采用 Nd-YAD 激光轰击石墨靶,即可得到大量单壁碳纳米管。

2.5　纳米薄膜

2.5.1　纳米薄膜的特点与分类

纳米薄膜是一种厚度极薄的薄膜,其厚度通常为 1~100nm。纳米薄膜通常具有以下特点。[26]

①尺寸效应。当薄膜的厚度小于一定范围时,其物理和化学性质会发生显著变化,如光学、电学、磁学等性质,这种现象被称为尺寸效应。

②高比表面积。纳米薄膜具有极高的比表面积,表面原子或分子数远多于体积内原子或分子数,这使得纳米薄膜在催化、吸附等方面表现出特殊的性质。

③机械性能的改变。由于尺寸效应,纳米薄膜的力学性能(如强度、硬度、韧性等)与厚度有关,因此可以通过控制薄膜的厚度来调节其力学性能。

④电学性能的改变。纳米薄膜的导电性、电阻率、介电常数等电学性质也受到尺寸效应的影响,这些性质的改变使得纳米薄膜在电子器件、电池等领域具有潜在的应用价值。

⑤光学性能的改变。纳米薄膜的光学性质也受到尺寸效应的影响,如透明度、反射率、折射率等,这些性质的变化使得纳米薄膜在光学器件、太阳能电池等领域有广泛的应用前景。

⑥界面效应。纳米薄膜的表面积相对较大,从而增加了与其他材料的接触面积,这种因接触面积产生的化学反应、物理交互等效应称为界面效应。界面效应的存在对纳米薄膜的物理、化学性质产生了影响,使其可用于制备新型的功能材料。

⑦可以制备成各种形状。纳米薄膜可以通过不同的制备方法制备成各种形状,如球形、棒状、片状等,具有多样性和可控性。

由于这些特殊的性质,纳米薄膜在材料科学、纳米科学、电子学、光学、生物医学等领域都有广泛的应用。

纳米薄膜可根据不同的分类标准进行分类,如图 2.16 所示。

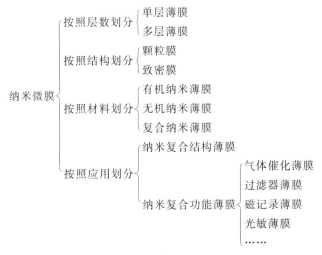

图 2.16　纳米薄膜的分类

①按照层数划分。按照纳米薄膜的沉积层数,可分为单层薄膜和多层薄膜。单层纳米薄膜指的是只有一层纳米厚度的薄膜,通常用于研究表面化学、生物分子等。多层纳米薄膜则是由多层纳米薄膜层叠而成,各层之间通过化学键、范德瓦耳斯力等相互作用进行固定;多层纳米薄膜通常具有更丰富的物理、化学性质,常用于制备光电器件、传感器、储能材料等。

②按照结构划分。可分为颗粒膜和致密膜。颗粒膜是由纳米颗粒聚集而成,颗粒之间存在微小的间隙。致密膜有非常致密的结构,其晶粒尺寸通常在纳米级别。

③按照材料划分。可分为有机纳米薄膜、无机纳米薄膜和复合纳米薄膜。有机纳米薄膜主要指高分子薄膜,而无机纳米薄膜主要指金属半导体、金属氧化物等纳米薄膜,复合纳米薄膜则是指由以上两种或两种以上材料组成的纳米薄膜。

④按照应用划分。可分为两大类,即纳米复合功能薄膜和纳米复合结构薄膜。前者主要利用纳米颗粒所具有的光、电、磁方面的特异性能,通过复合赋予基体本不具备的性能,从而使其获得传统薄膜所没有的功能[27]。常见的纳米复合功能薄膜有以下几种。

a. 气体催化薄膜：这类纳米薄膜通常由纳米颗粒组成，具有较大的比表面积和较好的催化活性，用于处理汽车尾气、有机污染物等。

b. 过滤器薄膜：这类纳米薄膜主要利用其高比表面积和表面活性过滤细微的颗粒物、微生物等有害物质，常用于空气净化器、口罩、水处理等。

c. 磁记录薄膜：这类纳米薄膜通常由磁性材料组成，具有较高的磁化强度和矫顽力，可用于高密度磁记录材料的制备。

d. 光敏薄膜：这类纳米薄膜主要利用其对光的响应性能，将光能转化为电能或化学能，常用于太阳能电池、光催化等。

e. 平面显示薄膜：这类纳米薄膜通常由氧化物、硝酸盐、金属等组成，具有较好的光学性能和电学性能，用于液晶显示器、有机发光二极管（OLED）等。

f. 超导薄膜：这类纳米薄膜由超导材料组成，具有较高的超导转变温度和较好的电流承载能力，可用于制备超导电缆等。

2.5.2 纳米薄膜制备方法

纳米薄膜的制备方法可分为物理方法和化学方法两大类，分别简称为"干"法和"湿"法。物理方法主要包括分子束外延法、脉冲激光沉淀法、高频或射频溅射法、离子束溅射法等；化学方法则包括各种化学气相沉积、溶胶-凝胶法（sel-gol）法、LB法等。部分制备方法的优缺点、适合的材料和应用如表 2.1 所示。

表 2.1 不同方法制备纳米薄膜的特点

	方法	优点	缺点	适用材料	应用
物理法	分子束外延法	高纯度、低缺陷率、可控性强、薄膜厚度均匀	生长速度较慢，设备成本较高，对真空环境要求严格	半导体、金属材料等	用于制备半导体器件，研究表面物理、表面化学
	脉冲激光沉淀法	高质量、高致密度，可制备多种材料的薄膜	生长速度较慢，对激光功率、频率等参数要求高，薄膜厚度均匀性较差	金属、氧化物、硫化物等	用于制备光电器件、传感器、薄膜涂层等
	溅射法	生长速度较快，薄膜厚度均匀性较好，对材料种类适应性广	薄膜缺陷率较高，材料利用率低，对真空环境要求较高	金属、合金、氧化物、氮化物等	用于制备导电膜、透明导电膜等

续表

方法		优点	缺点	适用材料	应用
化学法	金属有机化合物化学气相沉积法	生长速度较快,薄膜厚度均匀性较好,对材料种类适应性广	对反应条件要求高、对真空环境要求高、产生有害气体	半导体、金属材料等	用于制备 LED、激光器等
	溶胶–凝胶法	生长速度较快,成本较低,适合大面积薄膜制备	对反应条件要求严格、薄膜厚度均匀性较差	氧化物、硅	用于制备光电材料、传感器、生物医学材料等
	LB 法	可制备单分子层的膜、薄膜厚度可控、膜与基底结合强度高	薄膜厚度有限、生长速度较慢、需要精细的表面处理	长链分子、金属离子等	用于制备分子电子学器件、生物传感器等

制备纳米薄膜的物理如图 2.17 所示,以下对部分方法作详细介绍。

(1)分子束外延法

该方法是目前制备纳米薄膜最先进的方法之一。其基本原理是在超高真空的条件下使蒸发器中蒸发出的分子束或原子束在真空室中不受碰撞而直接沉积在衬底表面,并沿着原来衬底的晶格方向生长。这种方法得到的薄膜晶体的质量非常高,同时可在分子束外延设备上装备先进的表征设备,在薄膜生长时对其进行表征和监控。该方法特别适用于化合物半导体纳米薄膜的制备。

(2)脉冲激光沉淀法

其基本原理为使一束激光通过透镜聚焦后照射到靶上,引发物质烧蚀现象,烧蚀物沿着靶的法线方向传输,形成一个羽毛状的发光团,即羽辉,并最终在前方的衬底上沉积形成薄膜。该方法在高温超导化合物纳米薄膜制备上取得了显著的成功。此后,它也被应用于微电子和光电子多元氧化物纳米薄膜的制备,以及氮化物、碳化物、硅化物和各种有机化合物纳米薄膜的制备。

(3)溅射法

该方法是一种经典的物理气相沉积法。其基本原理为利用带电粒子轰击靶材表面,使粒子从靶面溅射出来,并在对面的衬底上沉积形成薄膜。溅射法可分为射频溅射和直流溅射两种形式,其中直流溅射要求靶材为导电材料,而射频溅射可以使用绝缘靶材。目前许多溅射方法采用磁控,在靶的周围施加环形磁场以控制离子的运动,增加等离子体密度,从而提高薄膜的沉积速率和质量。

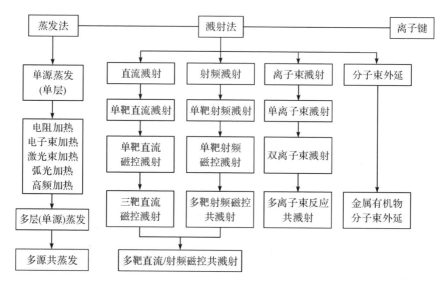

图 2.17　制备纳米薄膜的物理法总图

制备纳米薄膜的化学法如图 2.18 所示,以下对部分方法作详细介绍。

(1)金属有机化合物化学气相沉积(MOCVD)法

金属有机化合物化学气相沉积法是一种制备化合物半导体纳米薄膜的有效方法,其得到的晶体质量可以与 MBE 法相媲美。其原理是利用金属有机化合物作为源物质,将其输运到淀积区,使其分解后形成化合物半导体纳米薄膜。现在很多多元氧化物纳米薄膜也用该方法来制备。MOCVD 法对源物质的要求比较高,如蒸气压、纯度等,同时金属有机化合物由于含有碳元素,所以可能会造成碳污染。

(2)溶胶-凝胶法

溶胶-凝胶法是一种液相制备纳米薄膜的方法。首先,使金属无机盐或金属醇盐在适当溶剂中缓慢水解,形成胶体溶液,然后通过浸渍法或旋涂法等将其制备成薄膜并覆盖在衬底上。在制备过程中,一般通过多次涂膜、干燥等工艺来控制薄膜的厚度。溶胶-凝胶法的工艺设备简单,可以获得成分均匀的大面积纳米薄膜;但不适当的工艺控制也可能导致微细裂纹的产生。

(3)LB 法

LB 法是由欧文·朗缪尔(Irving Langmuir)提出的一种单分子膜制备方法,制得的 LB 薄膜是一种超薄有机薄膜。其基本原理是在水-气界面上将不溶解分子紧密有序排列,使其形成单分子膜,然后再转移到固体表面上。这类分子一般都为两亲分子,如硬脂酸(十八烷酸),分子的一头是亲水基团羧基,另一头是疏水的烷基长链。

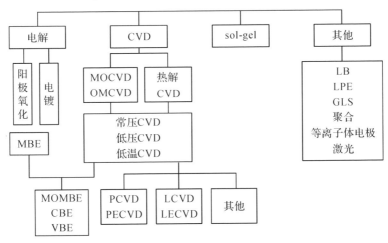

注:有机分子束外延法(MOMBE)、化学束外延生长法(CBE)、蒸汽束外延法(VBE);金属有机 CVD(MOCVD)、有机金属 CVD(OMCVD)、等离子体一般 CVD(PCVD)、等离子体增强 CVD(PECVD);激光诱导 CVD(LCVD)、低能量 CVD(LECVD);液相外延法(LPE)、气-液-固色谱法(GLS)。

图 2.18　制备纳米薄膜的化学法

2.5.3　纳米薄膜的应用

(1)光学涂层

纳米薄膜对光具有特殊的吸收作用,在薄膜厚度达到毫米级后,其可以对厘米波、毫米波、红外光及可见光等波段的光进行吸收,借此达到雷达隐身、环境保护、节约能源等目的。例如,在平板玻璃上覆盖二氧化钛纳米薄膜,可利用其光催化性质在紫外线的照射下,对玻璃上的污染物进行分解,并杀害空气中的有害细菌和病毒;在眼镜镜片上覆盖纳米薄膜,可以吸收过滤太阳光中的紫外线,保护视力。

(2)食品包装

纳米薄膜可以被设计成具有释放抗菌剂、抗氧化剂、酶、香料等功能的包装材料,为包装材料带来一系列先进的功能特性。使用生物基包装材料,如用可再生资源制成的、可食用的和可生物降解的薄膜,可以在一定程度上减少资源浪费,有些还可延长食品保质期,提高食品质量。例如,使用纳米二氧化钛和碱式次氯酸镁制成的线性低密度聚乙烯纳米薄膜作为葡萄包装材料,可以有效控制葡萄的腐坏速度,显著延长葡萄的保质期,纳米薄膜为水果包装材料提供了更好的选择。

(3)过滤分离

目前常见的用于过滤分离的纳米薄膜大多是由聚乙烯醇、醋酸纤维素等材料制备的。用于过滤分离的薄膜内含有微纳米级别的筛孔,可以分离分子结构大小不同的多组分溶液。此外,滤膜上带有电荷,还可以对带有电荷的离子进行筛选分离。通过对滤膜的特殊设计,可以定向筛选截留所需分子,如有机分子、带电离子等。目前纳米滤膜已经在石化、生化、食品、纺织以及水处理等方面得到广泛应用。

(4)传感检测

纳米薄膜因其特殊结构和独特的性能成为电化学生物传感器和气体传感器的优秀材料。以碳纳米管为例,碳纳米管可以增强重要生物分子的电化学反应活性,促进蛋白质的电子转移反应。除了可增强电化学反应外,碳纳米管还可以进行电极修饰,在电极上覆盖生物分子(例如核酸),并减轻表面污垢效应。碳纳米管对表面吸附物的电导率具有显著的灵敏度,其自身电导率会受表面吸附物影响而发生变化,这使得碳纳米管可以用作高灵敏度的纳米传感器。例如,一种基于碳纳米管传感器的非处理血液检测快速诊断方法已被开发出来,用于特异性检测乙肝病毒,这种方法可以在较低浓度的电解液中检测出病毒的存在,让可疑血清样本中及早检测到乙肝病毒感染成为可能,即便是未经处理的血清也可以直接用于医学诊断中的实时灵敏检测直接的活体监测。

(5)涂层材料

纳米薄膜有许多特殊的性质,根据目的将纳米薄膜做成涂层材料可以有效提高涂层性能。例如,在一些需要高硬度的表面上覆盖纳米薄膜,可以有效提高表面的硬度、耐磨性以及韧性;在需要高润滑的表面上覆盖碳纳米管,可以极大地减小其摩擦系数,使其达到自润滑甚至超润滑;在飞行器、潜艇等装备上覆盖具有吸波能力的纳米薄膜,可以让其隐身;纳米氧化铬、氧化铁和氧化锌等具有半导性质的纳米颗粒制成的纳米材料可以屏蔽静电。

2.6 纳米块体材料

纳米块体材料是一种以纳米结构单元为基础形成的三维大尺寸纳米固体材料,也被称为纳米结构材料。它因具有特殊的晶粒结构和出色的力学性能而备受关注。纳米块体材料的一个显著的特点是具有明显的立体结构,通常为六面体、四面体等形状。它由大量晶粒和界面构成,其中界面原子比例较高,其微观结构既有长程有序的晶粒结构,又有界面无序的独特结构。

与传统材料不同,表面和界面不再被视为缺陷,而是纳米块体材料的重要组成部分,它们赋予了纳米块体材料许多独特的性质,如高热膨胀性、高比热、高扩散率、高电导性、高强度、高溶解度、界面合金化、高韧性、低熔点、低饱和磁化率等。这些特性使得纳米块体材料在表面催化、磁记录、传感器和工程技术等领域有广泛应用,也可用于制作超高强度材料和智能金属材料等。其中,大块纳米块体材料是材料界,尤其是金属材料界追求的主要目标之一。

2.6.1 纳米晶体材料和纳米非晶材料

纳米块体材料分为纳米晶体和纳米非晶材料。纳米晶体材料由尺寸小于100nm 的晶粒组成,具有晶体生长方式和明显的晶体学特征。纳米非晶材料由非晶相或准晶相组成,具有非晶态或部分有序状态,没有明显的晶体学特征。

纳米晶体和纳米非晶材料在结构上有显著区别,这导致它们具有不同的物理、化学性质。纳米晶体材料通常具有晶体结构,晶粒尺寸小且晶界密集,具有高位错密度和内应力,晶格结构有明显的定向性和周期性,从而使其具有优异的力学性能和高强度。纳米非晶材料则是原子结构呈非晶态,缺乏长程有序性,但具有较高的均匀性和稳定性,因此相对于纳米晶体材料具有更高的抗疲劳性、韧性和耐蚀性。

由于其结构特殊,纳米块体材料具有良好的力学性能,如高比强度、高比刚度和较高的材料疲劳极限。此外,由于其晶粒尺寸小、表面积大,纳米块体材料还具有良好的催化性能、光学性能和磁性能等,在相关领域应用前景广阔。

近年来,不少研究人员关注到纳米块体材料的制备、性能表征和应用,他们通过调节晶粒尺寸、取向和晶界特性等结构参数来优化和调控材料性能[28]。同时,研究人员也对纳米块体材料在超高强度材料、智能金属材料、柔性电子器件等领域的应用进行了探索,并取得了一些进展。

2.6.2 纳米块体材料的制备方法

在纳米块体材料的制备过程中,晶体的粒径大小、形状以及晶体结构等对材料的性能有着重要的影响,因此,需要精确控制制备过程中的不同参数,以实现对材料性能的优化。其中,纳米晶体材料和纳米非晶材料的制备方法也有所不同。通常纳米晶体材料的制备方法包括惰性气体蒸发原位加压法、高温固相淬火法、大塑性变形方法、机械合金化、气相沉积、溶液化学法、球磨法等;而纳米非晶材料则常通过非晶晶化法、快速凝固技术、溶液淀积法等方法制备。常用的部分纳米块体材料的制备方法如表 2.2 所示。

表 2.2　常用的纳米块体材料的制备方法

制备方法	优点	缺点	适用材料类型	主要仪器设备
惰性气体蒸发原位加压法	生长速度快、单晶性好、化学纯度高	设备复杂、需要高真空环境、产量低	晶体材料	惰性气体蒸发原位加压法装置
高能球磨法	可以制备大量纳米材料、制备简单、成本低	球磨时间长、易受污染	晶体材料非晶态材料	高能球磨仪
非晶晶化法	制备纳米晶体的方法多样、制备过程可控性好	纯度低、制备时间长	晶体材料非晶态材料	非晶晶化装置
高温固相淬火法	制备纳米晶体的方法多样、制备速度快	易产生非均匀晶粒尺寸、难以制备大尺寸材料	晶体材料	高温固相淬火装置
大塑性变形方法	可以制备大尺寸高强度纳米材料、不需要高真空环境	设备需要大型压力设备、制备过程难以控制	晶体材料	压力设备

以下对这些常见制备方法进行详细介绍。

(1)惰性气体蒸发原位加压法

该制备方法的步骤为:纳米颗粒制备、颗粒收集、块体压制。通常情况下,这些步骤在真空环境中进行。其制备装置主要由纳米粉体制备、收集和压制装置三个部分组成。惰性气体蒸发原位加压法是一种"一步法",即制粉和成型同时进行。

这种方法适用范围广泛,微粉表面洁净,有助于纳米材料的理论研究。但其工艺设备复杂,产量非常低,很难满足性能研究和应用上的需求。且通过该方法制备的纳米晶体样品存在大量微孔隙,致密样品的密度仅有金属体积密度的 75%～97%,这些微孔隙对纳米材料的结构性能研究和某些性能的提升非常不利。

在原有制备装置的基础上,可以通过改进热源和金属升华方式(如感应加热、等离子体法、电子束加热法、激光热解法、磁溅射等)以及改良其他设备,获得克级到几十克级的纳米晶体样品。目前这种方法正用于研究更小的纳米超饱和合金、纳米复合材料等,朝着多组分、计量控制、多副模具和超高压方向改进。

(2)高能球磨法

干燥的球形装料机内,在高真空氩气保护下,通过机械研磨过程中高速运行的硬质钢球与研磨体之间的相互碰撞,对粉末粒子反复进行熔结、断裂、再熔结的过程,使晶粒不断细化,最终达到纳米尺寸。其中纳米颗粒可采用相关的粉体方法制备,在获得纳米晶体粉末的基础上,采用热挤压、热等静压等技术加压制得块状纳米材料。研究表明,晶体、非晶、液晶、超导材料、稀土永磁合金、超塑性合金、金属间化合物、轻金属高比强合金等纳米块体材料均可通过这一方法合成。

该方法合金基体成分不受限制、成本低、产量大、工艺简单,特别是在难熔金属的合金化、非平衡相的生成及开发特殊使用合金等方面显示出较强的适用性。该方法在国外已进入实用化阶段。但是由于在研磨过程中易产生杂质、污染、氧化及应力,因此使用这种方法很难得到洁净的纳米晶体界面。

(3)非晶晶化法

非晶晶化技术近年来迅速发展,这种方法通过控制非晶态固体的晶化动力学过程,将产物晶化成纳米级晶粒,通常包括两个步骤:非晶态固体的制备和晶化过程。其关键在于精确控制温度和时间,确保非晶态材料在适当的条件下转化为所需的晶体结构,以获得特定的性能和特性。

非晶态固体的制备可以采用多种方法,如熔体快速冷却、高速直流溅射、等离子体雾化和固态反应等,常用的方法还有单辊或双辊旋淬法。然而,通过这些方法只能获得低维材料,如非晶粉末、丝或条带,因此还需要通过热模压、热挤压或高温高压烧结等工艺将低维材料转化为块状样品。晶化过程通常采用等温退火的方法,近年来也发展出分级退火、脉冲退火和激波诱导等方法。

非晶晶化法的优势在于成本低、产量高、界面清洁致密,且样品中不存在微孔隙,而且易于控制晶粒尺寸,有助于研究纳米晶体材料的形成机制以及验证快速凝固条件下经典的形核长大理论。然而,该方法依赖于非晶态固体的获得,仅适用于具有较强非晶形成能力的合金系列,如镍、铁、钴、钕合金等。

(4)高压高温固相淬火法

该方法通过将真空电弧炉熔炼的样品置于高压腔体中,施加数吉帕的压力后进行升温,以实现晶粒的纳米化。高压可以抑制原子的长程扩散和晶体的生长速率。随后,在高温下进行固相淬火,以保持高温高压下的组织结构。

该方法的特点是工艺简单、界面清洁,并可直接制备大块致密的纳米晶体材料。然而,该方法需要较高的压力,并且获得较大尺寸的样品相对困难。此外,该方法仅适用于特定的合金系列。

(5)大塑性变形方法

20 世纪 90 年代初,俄罗斯科学院瓦利夫(Valiv)研究小组发现采用纯剪切大变形方法可获得亚微米级晶粒尺寸的纯铜组织。近年来他们在发展多种塑性变形方法的基础上,又制备了晶粒尺寸在 $20\sim200nm$ 的纯 Fe、Fe-1.2%C 钢、Fe-C-Mn-Si-V 低合金钢、Al-Cu-Zr 合金、Al-Mg-Li-Zr 合金、Mg-Mn-Ce 合金、Ni_3Al 金属间化合物、Ti-Al-Mo-Si 合金等纳米块体材料。

2.6.3　纳米块体材料的应用

在实际应用中,纳米晶体材料与纳米非晶材料常用于不同的领域和场景。例如,纳米晶体材料常用于制造高强度的机械零部件、传感器、催化剂等,而纳米非晶材料则用于制造高效电池、磁性材料、导电黏合剂等。

纳米块体材料具有许多独特的性质,包括高比表面积、高机械强度、高化学反应活性、独特的表面吸附行为和优异的光电学性能等。这些性质使得纳米块体材料除了在传统材料领域的应用外,还有望在新兴领域中发挥更大的作用。

①在医学领域,由于纳米块体材料具有高比表面积和高化学反应活性,可用于制备高效的药物输送系统、生物传感器和医用材料等;它能够有效地吸附和释放药物,可用于制造生物传感器以检测细胞和分子等生物标志物。

②在能源领域,纳米块体材料优异的光电学性能和高比表面积使其对能源的捕获和转换能力大大提高,可用于制备高效的太阳能电池、储能材料等,它还可用于制造高效的储能材料,如超级电容器和锂离子电池等。

③在航空航天领域,纳米块体材料的高机械强度和独特的表面吸附行为使其能够在极端环境下保持强度和稳定性,可用于制造超轻型、高强度的航空器零部件,提高航空器的燃油效率和载荷能力。

④在汽车工业领域,纳米块体材料的高机械强度和独特的表面吸附行为使其被用于制造更加轻量化和高强度的汽车部件,提高汽车的燃油经济性和安全性能,它还可以用于制造高温材料,如碳纤维增强复合材料等。

⑤在智能金属材料领域,纳米块体材料的高比表面积和独特的表面吸附行为使其可用于制造出具有形状记忆、可控变形、可重构等智能功能的金属材料,拓展了金属材料的应用范围。

2.7　纳米复合材料

根据国际标准化组织对复合材料所下的定义,复合材料就是由两种或两种以上物理和化学性质不同的物质组合而成的一种多相固体材料。典型的纤维增强复合材料由基体、纤维增强体和界面组成。基体是指复合材料中起支撑作用的主要成分,它可以是金属、陶瓷或高分子等。基体的选择需要考虑使用条件、强度、刚度、韧性、耐腐蚀性等要求。界面是指基体与增强体之间的接触面或界面区域,它起到了使两者紧密结合的作用,保证复合材料具有较高的强度和刚度。界面一般会受到应力集中等因素的影响,因此在设计和制备复合材料时需要重点考虑界面的性质和质量。增强体是指复合材料中起增强作用的成分,它可以是纤维、颗粒、层状结构或其他形式的微观结构。增强体的选择需要考虑到材料的性能要求以及应用环境等。

复合材料中各个组分虽然保持相对独立,但复合材料的性质却不是各个组分性能的简单叠加,而是各个组分材料在保持其某些特点基础上,协同作用所产生的综合性能。

纳米复合材料是由两种或两种以上不同材料在一定比例下混合形成的且至少有一种材料是纳米尺度的复合材料。这些纳米尺度的材料可以是均匀分散在基质中的纳米颗粒,也可以是聚集在一起的纳米颗粒簇团。通过控制复合材料中纳米颗粒的形貌、尺寸、分布和含量等,可以调控纳米复合材料的结构和性能,如力学、电磁、热学、光学和化学性能等。可利用已知纳米材料的物理、化学性质设计纳米复合材料,使其具有优良的综合性能。纳米复合材料可应用于航空、航天及人们日常生产、生活的各个领域,被誉为"21 世纪的新材料"。

本节首先介绍纳米复合材料的分类方法;其次,由于不同基体材料的纳米复合材料存在较大的差异,因此分别从以陶瓷、金属和高分子树脂为基体的纳米复合材料入手,介绍这些材料的性质和制备方法。

2.7.1　纳米复合材料分类

纳米复合材料多种多样,根据不同的分类方式有以下几种情况。

(1)按基体形状分类

①0-0 复合材料指由不同成分、不同相或不同种类的纳米颗粒组成的纳米复合材料。这种复合材料可以由金属、陶瓷和高分子等纳米颗粒中的两者及以上构成。

②0-2 复合材料指纳米颗粒分散在二维薄膜材料中的复合材料,可分为均匀弥散型和非均匀弥散型两类。均匀弥散型指纳米颗粒在薄膜基体中均匀分布,而非均匀弥散型指纳米颗粒以随机混乱的方式分散在薄膜中。

③0-3 复合材料指纳米颗粒分散在常规的三维固体材料中的复合材料。

总的来说,0-0复合材料中的纳米颗粒分布在三维空间中,可以形成不同形态的结构,如纳米晶体、纳米晶粒等;0-2复合材料中的纳米颗粒主要分布在二维空间中,可以形成纳米膜、纳米线等结构;0-3复合材料中的纳米颗粒主要分布在三维空间中,可以形成纳米孔等结构。

(2)按增强体形状分类

①零维(颗粒增强)纳米复合材料由基体材料和零维的纳米颗粒组成。纳米颗粒通常是球形或者类球形的颗粒,其直径一般在 $1 \sim 100nm$。零维纳米复合材料具有很高的比表面积和活性,纳米颗粒可以增强基体材料的力学性能和化学性能。

②一维(纤维、晶须增强)纳米复合材料由基体材料和一维的纳米增强体组成。一维的纳米增强体通常是纳米级别的纤维、晶须或纳米管等,其直径和长度都在纳米级别。一维纳米复合材料具有高强度、高模量、高导电性和高导热性等优异性能。

③二维(晶片、薄层、叠层增强)纳米复合材料由基体材料和二维的纳米增强体组成。二维的纳米增强体通常由纳米片、纳米层或纳米管堆积而成,具有优异的力学性能和电学性能,可以有效地增强基体材料的性能。二维纳米复合材料还包括石墨烯等特殊的二维材料,这些材料因其单层结构和超高比表面积表现出很多独特的性质和丰富的应用前景。

不同增强体形状的纳米材料如图 2.19 所示。

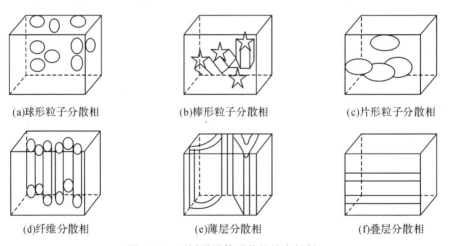

(a)球形粒子分散相　　　　(b)棒形粒子分散相　　　　(c)片形粒子分散相

(d)纤维分散相　　　　(e)薄层分散相　　　　(f)叠层分散相

图 2.19　不同增强体形状的纳米材料

(3)按复合方式分类

①晶内型纳米复合材料的纳米粒子主要分散在基体晶粒内部,如图 2.20(a)所示,这种复合方式通常通过物理气相沉积、物理球磨、等离子喷涂等方法实现。晶内型纳米复合材料中的纳米粒子可以有效增强基体的力学性能,如硬度、强度、耐疲劳性等,同时还可以提高基体的热稳定性和抗氧化性能。

②晶间型纳米复合材料的纳米粒子主要分散在基体晶粒之间的区域,如图 2.20(b)所示,这种复合方式通常通过机械合金化、等离子喷涂、液相沉积等方法实现。晶间型纳米复合材料中的纳米粒子可以有效改善基体的界面强度和界面结构,提高材料的综合性能。

③晶内-晶间型纳米复合材料是晶内型和晶间型的组合,同时在晶粒内部和晶粒之间均匀地分散着纳米粒子,如图 2.20(c)所示。这种复合方式可以进一步提高纳米复合材料的力学性能和抗腐蚀性能。

④纳米-纳米型复合材料由纳米级增强体和纳米基体粒子构成,如图 2.20(d)所示,增强体使材料增加了某些新的功能。

  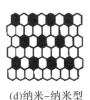

(a)晶内型　　　　　(a)晶间型　　　　　(c)晶内-晶间型　　　　(d)纳米-纳米型

图 2.20　不同复合方式的纳米材料

2.7.2　陶瓷基纳米复合材料

陶瓷基纳米复合材料是一种由陶瓷基质和纳米级别的增强体构成的复合材料。其中,增强体通常是金属氧化物、碳化物、氮化物等陶瓷材料的纳米粒子,将其与陶瓷基质进行复合,形成分散均匀、大小一致的纳米粒子增强结构,可以大大提高材料的力学性能、抗氧化性、耐磨性和高温稳定性等[29]。

陶瓷基纳米复合材料常见的制备方法如下。

(1)无压烧结法

无压烧结法是指将无团聚的纳米粉末通过模压制成块体,并在一定温度下进行烧结达到致密化。相比于其他方法,无压烧结法更为简单且不需要特殊设备,成本较低。然而,在烧结过程中,晶粒的快速长大和大孔洞的形成可能会使材料的致密化难以实现。为了解决这个问题,可以加入一种或多种稳定剂,避免晶粒生长过快,以获得高致密度的纳米陶瓷材料。无压烧结制备的 Al_2O_3/SiC 微纳米复合材料如图 2.21 所示[30]。

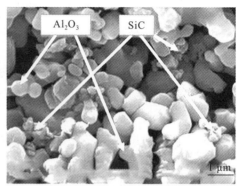

图 2.21　无压烧结制备的 Al_2O_3/SiC 微纳米复合材料

(2)热压烧结(HP)法

将纳米粉末在一定温度和一定压力下进行烧结,称为热压烧结。

该方法可以在较低的温度和压力下制备高致密度的陶瓷基纳米复合材料。与无压烧结相比,热压烧结工艺可以更好地控制晶粒的尺寸和形状,从而获得更均匀的微观结构。此外,由于高压作用,热压烧结中可以实现纳米粉末的等轴化,从而更好地发挥其优异的力学和物理性能。

在热压烧结过程中,烧结温度和压力的控制非常重要。一般情况下,烧结温度和压力越高,得到的材料致密度越高,晶粒尺寸也越小。同时,添加剂也是至关重要的。添加剂可以作为晶界固溶体阻止晶粒长大,从而使晶粒保持纳米尺寸,它还可以在热压烧结过程中提高物质的流动性,促进材料致密化。

例如,将 Si_3N_4 和纳米 SiC 晶须作为原料,加入一定量的添加剂进行热压烧结,在 1600～1700℃ 的 Ar 气氛,200～300 个大气压的压力下进行热压烧结,可获得致密的 SiC/Si_3N_4 纳米复合材料。

(3)反应烧结(RS)法

指将陶瓷基体粉末和增强体纳米粉末混合均匀,添加黏结剂并压制成所需形状,然后高温加热,在加热过程中,陶瓷基体粉末与增强体纳米粉末发生氮化或碳化反应,把纳米级第二相紧密地结合在一起,从而形成具有优异性能的陶瓷基纳米复合材料。这种方法具有简单、灵活的特点,并且可制备出高强度、高硬度、高韧性的纳米复合材料。

（4）微波烧结（MS）法

在陶瓷基纳米复合材料的烧结过程中，纳米级第二相晶粒很快长大。为了避免其过度生长，需要采用快速升温和快速降温的烧结方法。

微波烧结在制备陶瓷基纳米复合材料时具有独特的优势，其制备过程如图 2.22 所示[31]。利用微波电磁场中材料的介质损耗效应，可以将整个陶瓷材料迅速加热到烧结温度，从而实现致密化。微波烧结的速度非常快，能够在很短的时间内将陶瓷粉末加热到很高的温度，从而实现快速烧结；微波烧结的升温速度可达到 500℃/min，升温时间可以控制在 2min 以内，解决了普通烧结方法不可避免的纳米晶粒异常长大的问题。其次，微波烧结可以在大气压下进行，不需要真空环境或惰性气体保护，省去了高温下环境控制的麻烦。此外，微波烧结还能够实现局部加热，避免整体加热过程中出现的晶粒变大和变形等问题。

图 2.22　微波烧结制备纳米复合材料

（5）自蔓燃合成（SHS）法

自蔓燃合成法是一种快速制备陶瓷基纳米复合材料的方法。首先将陶瓷基体粉末和增强体纳米粉末混合均匀，在一端将其点燃，被点燃的纳米粉末发生反应快速生成所需的陶瓷基体和增强体。该反应能放出大量的热，足以维持块体其他部分的粉体继续反应。反应自行向未反应粉体蔓延直至蔓延完毕，形成纳米复合材料，如图 2.23 所示。这种方法具有操作简单、反应快速、温度低、能量效率高等特点。例如，制备 TiC_p/Al_2O_3 纳米复合材料时，将 TiO_2 和 Al 纳米粉末按一定比例混合，经过高压制备成形，点燃其一端后使反应自行蔓延；反应产生的高温、高压条件使纳米粉末反应生成 TiC_p 和 Al_2O_3 纳米颗粒，最终形成致密的 TiC_p/Al_2O_3 纳米复合材料。

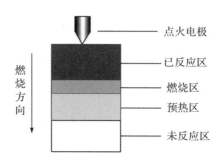

图 2.23　自蔓燃合成法

　　但是自蔓延高温合成的产物是多孔状的,必须经过后处理。比较方便的方法是在自蔓延高温合成的同时加压(类似反应热压法);或者把产物粉碎后再成型,然后无压烧结;也可将产物再热压烧结。

　　自蔓延高温合成的粉末粒度很细(100~500nm),团聚的粉末通过球磨后较容易分散,而且粉末中含有少量的游离碳,使其在高于 1850℃ 时出现低共熔液相,而不需要添加剂就可无压烧结而成,烧结温度为 1875~1950℃。

(6)浆体法

　　在热压烧结制备复合材料时,基体和增强体粉末混合不均匀是一个常见问题,尤其是当增强体为纳米晶须或纤维时。为解决这一问题,可以将纳米级第二相材料弥散到基体陶瓷的浆体中,从而使各组分保持散凝状态并在浆体中呈弥散分布。调整浆体溶液的 pH 值和超声波搅拌可以进一步提高浆体的弥散性。混合好的浆体可以直接浇注成型,也可以进行冷压烧结或热压烧结。浆体法制备的陶瓷基纳米复合材料具有良好的结合强度和抗拉强度,适用于高温、高压等严酷工况。

(7)溶胶-凝胶法

　　指使基体组元形成溶胶或溶液,再加入增强体材料组元,如纳米颗粒、晶须、纤维或晶种,然后搅拌,使增强体材料能够均匀地分散在基体材料中。这种方法特别适用于增强体材料为纳米晶须和纤维的复合材料的制备,因为这些材料很难通过传统的混合方法均匀地分散在基体中[32]。该方法的优点是基体成分易控制、复合材料的均匀性好、加工温度较低。相对于浆体法,其缺点是制备的复合材料收缩率大,导致基体常发生开裂,所以为了增加材料的致密性,一般反复多次将基体材料浸泡在含有增强体材料的溶胶或溶液中,以确保增强体材料已被吸附到基体材料中。

以 SiC 增强 SiO_2-Al_2O_3-Cr_2O_3 陶瓷基纳米复合材料为例,使用该法制备的这种材料具有良好的力学性能和高维氏硬度。在这种材料的制备中,首先将纳米 SiC_w 加入 SiO_2-Al_2O_3-Cr_2O_3 系统溶胶中,经过凝胶化和热处理后在高温下进行烧结,得到具有优异力学性能的复合材料;其次,在 SiO_2-Al_2O_3 凝胶中加入莫来石纳米晶种,经烧结后,出现了长径比 10∶1 的莫来石晶须,这进一步提高了复合材料的力学性能。

2.7.3　金属基纳米复合材料

金属基纳米复合材料是由金属基体和纳米级增强体组成的复合材料。增强体可以是纳米颗粒、纳米晶须、纳米管或纳米片等,这些纳米材料可以增强金属基体的力学性能等。金属基纳米复合材料具有机械性能好、剪切强度高、工作温度较高、耐磨损、导电导热性好、不吸湿不吸气、尺寸稳定、不老化等优点,因此其在航空航天、汽车、电子、建筑等领域有着广泛的应用。例如,铝基纳米复合材料可以用于生产汽车和航空航天领域的零部件,镍基纳米复合材料可以用于制造高温材料,铁基纳米复合材料可以用于制造电磁材料和磁性材料等[33]。此外,金属基纳米复合材料还可应用于催化剂、生物医学和环境保护等领域。

金属基纳米复合材料常见的制备方法如下。

(1)粉末冶金(PM)法

粉末冶金法通过混合增强体和金属粉末来制备金属基纳米复合材料。首先将金属粉末和增强体材料混合均匀,然后进行封装、除气或采用冷等静压等预处理工艺,提高混合物的致密性;接着采用热等静压或无压烧结进一步提高材料的致密性和强度;经过热等静压或无压烧结后,一般还需要进行二次加工,如热挤压、热轧等,来获得金属基纳米复合材料零件毛坯,如图 2.24 所示。此外,也可以将混合好的增强体与金属粉末压实封装于包套金属之中,然后加热直接进行热挤压成型,同样可获得致密的金属基纳米复合材料。

粉末冶金法具有许多优点。在该方法中,可以根据设计要求,将增强体材料与基体金属粉末以任意比例混合,增强体含量可超过 50%。同时,采用粉末冶金方法制备的复合材料不要求增强体与基体材料具有相容性或相同的润湿性,这降低了对增强体与基体粉末密度差的要求,使得纳米颗粒、纳米晶片、纳米晶须等都能够均匀分布在金属基纳米复合材料中。

通过控制热等静压或无压烧结时的温度、压力和时间等工艺参数,还可以对界面反应进行控制。粉末冶金法的条件温度低于金属熔点,界面反应相对较少,

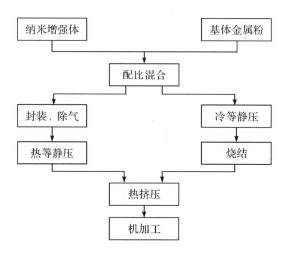

图 2.24　粉末冶金法工艺流程

从而减少了界面反应对复合材料性能的不利影响,使得金属基纳米复合材料能够保持较高的性能和优良的界面结合。采用这种方法制备的金属基纳米复合材料具有组织细化、致密、均匀等优点,并且能够通过传统的金属加工方法进行二次加工,得到所需形状的复合材料零件毛坯。

(2)压铸成型(SC)法

压铸成型是一种通过压力作用将液态或半液态的金属基纳米复合材料充填至压铸模型腔,或将金属充填至纳米增强材料预制体的孔隙中,快速凝固成型的制备方法。

该方法包括四个步骤。首先,将含有纳米增强体的金属熔体倒入预热模具中,然后迅速施加压力,通常压力在 70～100MPa。在高压力的作用下,液态金属基纳米复合材料迅速凝固,形成所需形状和尺寸的坯料或压铸件。最后,通过去除余料和后续加工等,得到金属基纳米复合材料制品。

(3)半固态复合铸造(CC)法

采用搅拌法制备金属基复合材料时,常常会受到一些负面影响。一方面,强烈的搅拌可能会将气体或表面金属氧化物带入金属熔体中,影响复合材料的质量;另一方面,当纳米颗粒与金属基体的润湿性差时,纳米颗粒难以与金属基体充分复合,而且纳米颗粒与金属基体的比重差异使得纳米颗粒在金属基体中难以均匀分布,从而影响复合材料的性能。

半固态复合铸造法是一种针对搅拌法的缺点提出的改进工艺。其过程为将纳米第二相(主要是纳米颗粒)添加到处于半固态状态的金属基体中;通过搅拌,使纳米颗粒在金属基体中均匀分布,并实现良好的界面结合;接着浇注成型或者将半固态复合材料注入模具压铸成型。该方法的原理是将金属熔体的温度控制在液相线与固相线之间,搅拌过程中部分树枝晶破碎成固相颗粒,而熔体中的固相颗粒则具有非枝晶结构,有效防止半固态熔体黏度的增加;当加入预热后的增强体颗粒时,由于熔体中含有一定量的固相金属颗粒,增强体颗粒受到阻碍并停留在半固态金属熔体中,增强体颗粒不会结集和偏聚而是得到一定程度的分散;同时,强烈的机械搅拌也促进了增强体颗粒与金属熔体的直接接触和相互反应,有利于它们之间的润湿作用,进一步促进增强体颗粒与金属基体之间的结合。

半固态复合铸造法的独特之处在于,在浇注时金属基纳米复合材料处于半固态的熔体状态,之后直接浇注成型的铸件几乎没有缩孔或孔洞,并且具有细密的组织结构。

(4)喷射沉积法和喷涂沉积法

喷射沉积法和喷涂沉积法是派生自表面强化处理的方法。这两种方法被广泛应用于制备各种金属基复合材料,其中喷涂沉积法适用于制备纤维增强的金属基复合材料,而喷射沉积法则用于制备颗粒增强的金属基复合材料。这两种方法的主要特点是对增强材料与金属基体的润湿性要求较低,且二者接触时间短,从而减少了界面反应的发生。喷射与喷涂沉积技术可以将多种金属基体(如铝镁、钢、高温合金等)与各种纳米陶瓷颗粒、晶须、纤维复合,适用范围广泛。

喷涂沉积法利用等离子体或电弧加热金属基体和增强体粉末,并通过喷涂气体将其沉积到基板上。低压等离子沉积技术可以制备增强材料体积含量不同,以及各种分布相结合的复合材料。

喷射沉积是一种将混合和凝固两个过程结合的粉末冶金工艺。其过程为在压力作用下,将基体金属于坩埚中熔化后,经喷嘴送入雾化器,在高速惰性气体射流作用下,液态金属被分散成细小液滴,形成雾化锥;同时,通过一个或多个喷嘴将增强颗粒喷入雾化锥中,使其与金属液滴一起在基板上沉积,并快速凝固形成颗粒增强金属基复合材料。该方法工序简单,喷射沉积效率高,有利于工业化生产,且以该方法生产的复合材料密度较高,直接沉积的密度可达到理论密度的95%~98%;凝固速度快,金属晶粒细小,组织致密;消除了宏观偏析,使得合金成分更为均匀;增强材料与金属液滴接触时间短,界面反应很小,几乎没有;适用于多种金属材料基体,可直接形成接近零件实际形状的胚体。但该方法中雾化所使用的气体成本较高的问题还有待解决。

2.7.4 树脂基纳米复合材料

树脂基纳米复合材料是由树脂基体和纳米级别的增强剂组成的复合材料。增强剂通常是一些具有高强度、高刚度、高热稳定性和高化学稳定性的纳米颗粒，如纳米氧化铝、纳米硅酸盐、纳米碳纤维、碳纳米管等。这些纳米颗粒通常具有较小的颗粒尺寸和高比表面积，能够提供较好的增强效果。此外，纳米颗粒还可以在树脂基体中形成网络结构，从而增强材料的耐热性、抗疲劳性、阻燃性和抗化学腐蚀性等性能[34]。故树脂基纳米复合材料通常具有较高的机械性能、化学稳定性和热稳定性，同时具有较低的密度和更好的加工性能，在许多领域都有广泛的应用。

树脂基纳米复合材料常见的制备方法有以下三种。

(1)直接填充法

直接填充法是最常用的制备树脂基纳米复合材料的方法之一，如图 2.25 所示。其步骤为：首先将纳米颗粒与树脂基体通过机械搅拌、超声波处理等方式均匀混合，使纳米颗粒分散在树脂基体中，之后将混合物放置在适当的条件下固化，如加热至适当的温度或在常温下添加硬化剂等，最终形成树脂基纳米复合材料。

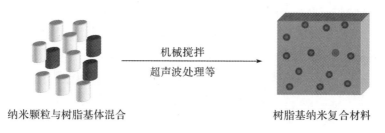

机械搅拌
超声波处理等

纳米颗粒与树脂基体混合　　　　　　　树脂基纳米复合材料

图 2.25　直接填充法制备树脂基纳米复合材料

该方法制备过程简单，成本低廉，可以制备大尺寸和复杂形状的复合材料，实现了纳米颗粒的均匀分散和高浓度填充，从而提高复合材料的力学性能，还可通过调整纳米颗粒的含量和类型来调节复合材料的性能，满足不同应用的需求。

(2)反应共混法

反应共混法是将两种或多种聚合物以及其他添加剂（如纳米颗粒、稳定剂等）混合在一起，通过化学反应（如交联、共聚）使它们黏结在一起形成新的材料[35]。在树脂基纳米复合材料的制备中，将纳米颗粒与树脂基体混合，使其通过交联或共聚反应形成树脂基纳米复合材料。聚乙烯(PE)和尼龙 6(PA6)通过反应共混生成纳米复合材料的原理如图 2.26 所示。

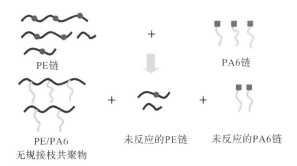

图 2.26 聚乙烯(PE)和尼龙 6(PA6)通过反应共混生成纳米复合材料

具体来说,这个方法可以通过交联反应和共聚反应两种不同的反应机制实现。交联反应:在这种情况下,两种或多种聚合物之间形成共价键,从而使它们交联成为一个新的材料;通常需要添加交联剂或诱导剂来促进反应。共聚反应:在这种情况下,两种或多种聚合物中的单体相互作用,形成新的共聚物,通常需要选择合适的反应条件,如温度、催化剂、单体浓度等来促进反应。

(3)原位聚合和原位相容法

原位聚合法通过将不同的单体混合在一起,并使其在反应条件下发生聚合反应,形成新的聚合物,从而实现将两种或多种材料黏结在一起的目的。在制备树脂基纳米复合材料中,原位聚合法被广泛应用,可以将纳米颗粒与树脂混合在一起,使其聚合形成树脂基纳米复合材料。

原位聚合的基本步骤为将两种或多种单体混合在一起,加入引发剂(促进反应发生的物质)和其他助剂,然后使其在一定的反应条件下(如温度、时间、压力等)发生聚合反应。以合成石墨 iPP 纳米复合材料为例,其过程如图 2.27 所示[36]。这种方法通常需要选择适当的引发剂、反应条件和单体配比,以控制反应速率和产物的性质与性能。

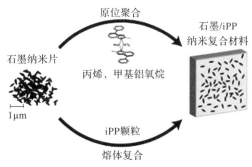

图 2.27 原位聚合法合成石墨/iPP 纳米复合材料

原位相容法是将互不相容的聚合物混合,并添加相容化剂、引发剂和其他助剂,在特定反应条件下进行相容化反应。该方法需选取适当的相容化剂、引发剂和反应条件以控制反应速率和产物性质。

原位聚合法与反应共混法的主要区别在于聚合物形成的方式和机制。原位聚合法是将单体和反应引发剂分别加入含有活性基团的基体中,然后引发单体的自由基聚合反应,从而最终形成聚合物基体。该方法有以下优点:直接在基体中形成聚合物,确保聚合物与基体良好结合;根据基体类型和需求可选择不同单体和引发剂,调控聚合物结构和性能;可实现大规模生产,提高生产效率。原位聚合法使纳米颗粒均匀分散于树脂中,提升了复合材料的力学性能、导电性能等。原位相容化法改善不同聚合物间的相容性,提高了复合材料的力学性能、耐热性、耐化学腐蚀性等。原位聚合、原位相容共混物如图 2.28 所示。

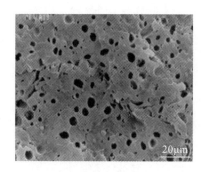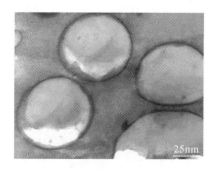

图 2.28　原位聚合、原位相容共混物

2.7.5　纳米复合材料的应用

纳米复合材料作为一种新型复合材料,具有高强度、高刚度、高韧性、高耐腐蚀性和优异的电、热性能等特点,以下是各类纳米复合材料在不同领域的应用情况。

(1)陶瓷基纳米复合材料

①电子工业领域,陶瓷基纳米复合材料被广泛应用于制造高性能电子元件。例如,具有高介电常数和低介电损耗的铝酸锆陶瓷可以用于制造陶瓷基电容器,以及高频、高温工作环境下的电子元件和设备;铝酸铈陶瓷被用于制造高精度压电换能器和声波滤波器。

②能源领域,陶瓷基纳米复合材料被广泛应用于制造高温设备和热管理器件。例如,锆酸锆钛陶瓷因其良好的化学稳定性和高温耐受性用于制造高温燃烧器和氧化物燃料电池,铝酸锆陶瓷用于制造高温热交换器。

③医疗领域,陶瓷基纳米复合材料可以用于制造人工关节、骨修复材料和牙

科修复材料等。例如,具有高硬度和良好的生物相容性的氧化锆陶瓷用于制造人工关节,氧化铝和氮化硅陶瓷也被用于作为牙科修复材料和制造牙科植入体。

④光学领域,陶瓷基纳米复合材料被广泛应用于制造高精度的光学元件。例如,锆酸铈陶瓷可以用于制造高精度的透镜和棱镜,因其具有良好的光学性能和机械强度;氮化硅陶瓷用于制造高温和高压下的光学元件。

(2)金属基纳米复合材料

①生物医学领域,金属基纳米复合材料良好的生物相容性和可调控性使得它们可以用于制备具有特定功能的生物材料,如控释药物、生物成像和治疗的材料等。例如,银纳米粒子可以用于制备抗菌剂、病毒治疗和癌症治疗药物,铜纳米材料可以用于治疗食管癌、前列腺癌等。此外,金属基纳米复合材料还可以用于制备生物传感器、生物标记、生物成像等。

②纳米电子学领域,金属基纳米复合材料因其良好的导电性和可调控性用于制备高性能的电子元件,如晶体管、电容器、电阻器、磁性存储器等。例如,铜纳米材料可以用于制备高性能的晶体管,银纳米材料可以用于制备高性能的电容器。

③能源领域,金属基纳米复合材料的光电转换和电催化性能使其可用于制备高效的太阳能电池、储能材料和催化剂等。在太阳能电池中主要是利用其良好的光电转换性能,提高太阳能电池的效率。

(3)树脂基纳米复合材料

①航空航天领域,树脂基纳米复合材料具有很好的抗疲劳性、耐腐蚀性和高温性能,可以提高航空器的性能和安全性能,常用于制备高强度、轻量化的航空航天材料,如复合材料飞机结构、导弹结构、卫星结构等。

②汽车工业领域,树脂基纳米复合材料具有较低的密度和优异的强度,常用于制备轻量化的汽车部件,如车身、底盘、发动机等,使汽车部件具备更好的机械性能,实现汽车轻量化,提高汽车的燃油经济性和行驶性能。

③化学工业领域,树脂基纳米复合材料具有很好的化学稳定性和催化效果,在化学工业中发挥着重要作用,使用树脂基纳米复合材料制备的高效催化剂、分离膜、电极材料等,可以提高化学反应速率和选择性,提高化学产品质量和产率。

2.8　纳米结构体系

纳米结构体系是纳米材料领域中的一个重要分支学科。它基于纳米尺度的物质单元,通过有序的构筑方式创造出全新的材料体系。这个领域因其独特的物理现象及其与下一代量子结构器件的关联而备受关注。自 20 世纪 90 年代以来，学术界对纳米结构体系的研究已经取得了显著的进展，这些研究成果在推动纳米技术的发展和应用方面发挥着重要的作用。

纳米结构体系由多种纳米结构单元组成，包括纳米微粒、稳定的团簇、纳米管、纳米棒、纳米丝以及纳米尺寸的孔洞等。这些结构单元具有一系列特殊的性质，如量子尺寸效应、小尺寸效应和表面效应等。此外，在纳米结构单元之间的组合效应下，还会产生新的效应，如量子耦合效应和协同效应等。这些效应为纳米结构体系带来了特殊的物理和化学性质。

纳米结构体系的另一个重要特点是易于通过外场（如电、磁、光）实现对其性能的控制。这一特点为纳米超微型器件的设计提供了基础。通过调节外场的大小和方向，可以实现对纳米结构体系性能的调控和优化，从而满足不同应用需求。

2.8.1　纳米结构体系的分类

关于纳米结构体系的分类，目前尚未达成一个成熟的共识。根据纳米结构体系构筑过程中的驱动力是靠外部因素还是靠内部因素，一般可将其分为两大类：人工纳米结构组装体系和自组装体系。

人工纳米结构组装体系是指人为设计和构筑的纳米结构体系，通常需要依赖外部工具或手段进行组装。它可以有效地控制纳米结构的形状和大小，并实现对其物理和化学性质的精确调控。人工纳米结构组装体系的特点是高度的可控性和可重复性。

以下是一些人工纳米结构组装体系的实例。

①单电子晶体管原型器件：由加利福尼亚大学洛杉矶分校和 IBM 公司的华森研究中心合作研制。这种超小型的纳米结构器件具有低功耗特性，可用于高度集成，被视为 21 世纪微型器件的基础。

②量子开关：将两个人工制造的超原子组合在一起，利用耦合双量子点的可调隧道库伦堵塞效应，开发出超微型的开关装置。

③超小型激光器：由美国 IBM 公司的华森研究中心和加利福尼亚大学合作研制。它基于三维人工超原子的纳米结构阵列体系，通过调控量子点的尺寸和三维阵列的间距，实现对发光波长的精确控制，故其发光具备可调节性。

④可调谐发光二极管：美国贝尔实验室采用纳米硒化镉构建的阵列体系，展示出不同波长的波可以通过量子点尺寸调控的红、绿、蓝光发射。

相比之下，自组装体系和分子自组装体系是指能通过自发的物理或化学反应进行组装，不需要外部工具或手段的干预的纳米结构组装体系。它们能够实现自然界中常见的自组装现象,如分子自组装和晶体生长等。自组装体系的特点是低成本和高效率。

以下是一些纳米自组装结构体系的实例。

①2000 年,Lopinski 等[37]报道了在已经附有氢原子的硅表面上自组装成一排排有序队列的苯乙烯分子的纳米尺度表面改性方法。首先,在高真空中使硅表面变得光滑,然后将其与原子连接氢;接着,利用扫描隧道显微镜从硅表面除去单个氢原子,使其形成一个不稳定的硅单键,提供苯乙烯分子连接的场所。这种方法可用于实现有序的分子自组装,为构建纳米电子器件和光电子器件提供了新的可能。

②1997 年,Stupp 等[38]利用小型三嵌段共聚物,自组装出形状与尺寸具有高有序性的蘑菇状纳米结构。这种结构是由化学性质完全相同的嵌段结晶而成的,并且这些单元能够自组装成由许多层堆积起来的薄膜。

③Lee 等[39]将硅晶片的一端浸入悬浮微小玻璃球的溶液中,随着溶液蒸发,球体自组装成了完美的晶体排列。为了将这种球体排列转化为光子晶体,他们将晶片暴露在硅蒸气中,硅蒸气逐渐填充球体之间的缝隙。随后,他们利用氢氟酸溶解球体,使其形成充满空气孔的硅点阵。硅网络结构与空气之间存在较高的光学对比度(折射率差异),从而制成了仅能传播特定波长光线的滤光器。

④2008 年,Zhao 等[40]使用十八烷基三氯硅烷(OTS)作为分子材料,成功地制备了一种羟基化 Si(111) 表面的自组装单层膜。他们采用了 AFM(atomic force microscope,原子力显微镜)机械刻蚀技术来创造不同结构的纳米图案,以金刚石针尖为加工工具,通过预设针尖移动距离和扫描头 Z 轴位移等参数来控制纳米结构的大小,以及纳米图案或刻蚀在样品表面的结构厚度。这种技术可以用于制造各种微型结构和纳米器件,为纳米科学和技术领域的发展带来了新的可能性。

2.8.2　纳米结构的制备

纳米结构的制备有许多不同的方法和技术。这些方法通常基于物理、化学或生物学的原理,涵盖了从底层材料的组装到高级加工的所有步骤。不同的纳米结构的制备方法也不尽相同,这里列举几种常用的方法。

(1)厚膜模板法

纳米阵列体系通常采用纳米阵列孔洞膜作为模板,以厚膜模板法制备。在高温高压下,将熔化的金属压入模板孔洞,得到具有高密度纳米柱形孔洞的薄膜。模板分为两种类型:有序孔洞阵列氧化铝模板和无序孔洞分布的高分子模板。氧化铝模板通过低温草酸或硫酸溶液中的阳极腐蚀制备,其孔洞呈六角柱形,直径可调节,孔洞密集度高达 10^9 个/cm^2;可以通过改变电解液的条件调控模板的性质。制备高分子模板时,可使 $6\sim20\mu m$ 的聚碳酸酯、聚酯等膜经核裂变碎片轰击和化学腐蚀形成圆柱形孔洞;孔洞分布无序,密集度约为 10^9 个/cm^2。

选择适当的组装方法对于成功获得所需纳米结构至关重要,在选择时需考虑化学前驱溶液的浸润性、沉积速度和反应条件。保持模板稳定性和避免不必要的化学反应是确保纳米结构成功组装的关键。

(2)电化学沉积法

这种方法常用于在氧化铝和高分子模板孔内组装金属和导电高分子的纳米丝和管,例如 Cu、Pt、Au、Ag、Ni 和聚苯胺等纳米丝和纳米管阵列的制备。具体步骤为在模板的一侧涂覆金属薄膜作为电镀阴极,选择所需金属的盐溶液作为电解液,在特定电解条件下进行组装。其中,通过控制沉积量可以控制金属丝的长短,即纵横比。在组装过程中,需要注意选择合适的化学前驱溶液浸润孔洞孔壁,从而保证组装的成功。同时,需要控制孔洞内的沉积速度,以免因孔洞通道口堵塞导致组装失败。另外,在模板管壁上附着一层特殊物质(分子锚)可以使金属优先在管壁上形成膜,这种方法还可用于生产金属纳米管阵列。需要注意的是,在使用电化学沉积法组装纳米结构时,需要控制反应条件,避免组装介质与模板发生化学反应,并在组装过程中保持模板的稳定性。

(3)化学气相沉积(CVD)法

化学气相沉积法通常用于生长高质量的薄膜、纳米管和纳米线等纳米材料。该方法中,气体中的化学物质在高温下分解并沉积在基底上形成薄膜或纳米材料。这种方法可以制备出高纯度、高质量、均匀性好的纳米材料,并且具有能够较灵活地控制沉积速率和沉积物形貌等优点。此外,化学气相沉积法还可以实现大面积、连续、高效的纳米材料生长。例如,对于制备碳纳米管阵列而言,该方法是最常用的方法之一。具体已经在前文中描述,此处不再赘述。

(4)纳米自组装技术

纳米自组装技术是指利用分子间的相互作用,使分子自发地形成具有特定结构和功能的纳米级结构,例如纳米颗粒、纳米线、纳米片等。这种技术具有可控性好、制备成本低、生产效率高等优点,已广泛应用于纳米材料、纳米电子学、纳米生物学等领域。

自组装技术是一种自下而上的制备方法,利用分子间相互作用力(如氢键、范德瓦耳斯力、静电力等)构建具有特定结构和功能的纳米材料。纳米结构自组装体系利用弱的非共价键(如氢键、范德瓦耳斯力、弱离子键等)将原子、离子或分子连接起来形成纳米结构材料。自组装的前提是具备足够数量的非共价键或氢键且自组装体系能量较低,这样形成稳定的结构[41]。

纳米材料的自组装方法主要包括层层自组装法、生物膜模拟自组装法、模板合成法、热解法、化学气相沉积法、激光烧蚀法和电化学沉积法等。其中,层层自组装法包括聚阴离子电解质和聚阳离子电解质的层层组装,以及聚电解质和无机纳米粒子的层层组装。生物膜模拟自组装法则通过两性表面活性剂的自聚集形成有序结构,如层状、球状或囊泡状微空间,类似于生物体内的卵磷脂组装体[42]。

2.9　纳米材料的未来展望

近 20 年,纳米材料的商业应用发挥了巨大的经济作用,我们可以期待纳米技术的进步为世界经济带来更多突破和新前景。纳米材料在电子、光学、化学、机械和磁性等方面表现出的特殊性质,也许会彻底改变许多商业纳米技术。纳米材料在改善健康方面具有巨大的潜力,人们期望通过提高纳米药物或纳米设备的安全性和效率来治愈许多疾病。其在医学领域的进步取决于纳米设备在纳米水平上准确且可重复地测量纳米材料的特性和性能的能力。为了确保纳米系统测量的准确性,需要具有纳米级精密计量的高度复杂的工具。因此,随着纳米材料和技术的进步,非常需要纳米计量工具和技术。

纳米材料被广泛地应用于生物、医学领域,尤其是肿瘤治疗。纳米材料在肿瘤治疗中的应用将大大改进目前的肿瘤细胞检测、肿瘤成像和肿瘤治疗方法,同时与传统肿瘤治疗相比毒性更低。然而,纳米材料在用作治疗药物时仍存在较多的问题,例如潜在的慢性和急性毒性作用。纳米材料可以通过吸附或静电相互作用附着在生物膜表面,产生活性氧对细胞造成损害,导致蛋白质变性、脂质过氧化、DNA 损伤等,并最终导致细胞死亡。所以有必要对纳米材料进行详细的毒性研究,以确保其进一步应用于医学治疗的安全性。

纳米材料因具有许多独特的性质在多个领域都具有广泛的应用,例如能源、催化剂、生物学、医学等领域。然而,不同的应用场景对纳米材料的性能提出了更高的要求,如更高的催化活性、更高的光学性能、更好的生物相容性等。这就需要通过控制纳米材料的结构和形貌来实现这些性能的优化,而纳米材料的复杂结构和形貌的控制是制备过程中的难点之一。因此,高效可控地合成复杂形貌和结构的纳米材料并不断提高其性能是一项长期的挑战,只有通过不断的研究和创新,才能开发出更具有应用潜力的纳米材料,以满足不同领域的需求。

参考文献

[1] 孙露. 以凹凸棒石为模板制备纳米管的实验研究[D]. 武汉:中国地质大学,2013.

[2] 李岭岭. 天然多酚对蚕丝纤维的染色及功能改性[D]. 苏州:苏州大学,2017.

[3] 李园园. 氧化钛纳米结构的形貌控制与表征[D]. 武汉:华中师范大学,2006.

[4] Bayda S, Adeel M, Tuccinardi T, et al. The history of nanoscience and nanotechnology: from chemical-physical applications to nanomedicine[J]. Molecules, 2019, 25(1):112.

[5] Buzea C, Pacheco I. Nanomaterials and their classification[J]. EMR/ESR/EPR Spectroscopy for Characterization of Nanomaterials, 2017:3-45.

[6] Wang L, Dong J, Zhang W, et al. Deep learning assisted optimization of metasurface for multi-band compatible infrared stealth and radiative thermal management[J]. Nanomaterials, 2023, 13(6):1030.

[7] Heiligtag F J, Niederberger M. The fascinating world of nanoparticle research[J]. Materials Today, 2013, 16(7/8):262-271.

[8] Guo D, Xie G, Luo J. Mechanical properties of nanoparticles: basics and applications[J]. Journal of Physics D: Applied Physics, 2014, 47(1):013001.

[9] Bantz C, Koshkina O, Lang T, et al. The surface properties of nanoparticles determine the agglomeration state and the size of the particles under physiological conditions[J]. Beilstein Journal of Nanotechnology, 2014, 5:1774-1786.

[10] Hagiwara K, Uchida H, Suzuki Y, et al. Role ofalkan-1-Ol solvents in the synthesis of yellow luminescent carbon quantum dots (CQDs): van der Waals force-caused aggregation and agglomeration[J]. RSC Advances, 2020, 10(24):14396-14402.

[11] Dhand C, Dwivedi N, Loh X J, et al. Methods andstrategies for the synthesis of diverse nanoparticles and their applications: a comprehensive overview[J]. RSC Advances, 2015, 5(127):105003-105037.

[12] Vahl A, Veziroglu S, Henkel B, et al. Pathways to tailor photocatalytic performance of TiO_2 thin films deposited by reactive magnetron sputtering[J]. Materials, 2019, 12(17):2840.

[13] Yang M, Zhu H, Zheng Y, et al. One-step chemical vapor deposition fabrication of Ni@NiO@graphite nanoparticles for the oxygen evolution reaction of water splitting[J]. RSC Advances, 2022, 12(17):10496-10503.

[14] Droepenu E K，Wee B S，Chin S F，et al. Zincoxide nanoparticles synthesis methods and its effect on morphology：a review［J］. Biointerface Research in Applied Chemistry，2021，12(3)：4261-4292.

[15] Zhong W，Liu P，Shi H G，et al. Ferroferricoxide/polystyrene（Fe₃O₄/PS）superparamagnetic nanocomposite via facile in situ bulk radical polymerization［J］. Express Polymer Letters，2010，4(3)：183-187.

[16] Nasikhudin，Diantoro M，Kusumaatmaja A，et al. Study onphotocatalytic properties of TiO₂ nanoparticle in various PH condition［J］. Journal of Physics：Conference Series，2018，1011：012069.

[17] Thamilselvi V，Radha K V. A review on the diverse application of silver nanoparticle ［J］. IOSR Journal of Pharmacy（IOSRPHR），2017，07(1)：21-27.

[18] Wang X，Tang F，Cao Q，et al. Comparative study of three carbon additives：carbon nanotubes，graphene，and fullerene-C₆₀，for synthesizing enhanced polymer nanocomposites［J］. Nanomaterials，2020，10(5)：838.

[19] 阮璐洁.钛酸钡纳米纤维制备及压电催化染料降解和固氮研究[D].金华:浙江师范大学,2022.

[20] 曹志凯.电纺荧光纳米纤维在释药和监控方面的应用[D].青岛:青岛大学,2022.

[21] 林梦霞.同轴纳米纤维的构建及其抗菌性能研究[D].天津:河北工业大学,2022.

[22] Huang F，Xu Y，Liao S，et al. Preparation of amidoxime polyacrylonitrile chelating nanofibers and their application for adsorption of metal ions［J］. Materials，2013，6(3)：969-980.

[23] Hou H，Shang M，Wang L，et al. Efficient photocatalytic activities of TiO₂ hollow fibers with mixed phases and mesoporous walls［J］. Scientific Reports，2015，5(1)：15228.

[24] Mohd Nurazzi N，Asyraf M R M，Khalina A，et al. Fabrication，functionalization，and application of carbon nanotube-reinforced polymer composite：an overview［J］. Polymers，2021，13(7)：1047.

[25] 沈海军,穆先才.纳米薄膜的分类、特性、制备方法与应用[J].微纳电子技术,2005(11):22-26.

[26] Qureshi A，Kang W P，Davidson J L，et al. Review on carbon-derived，solid-state，micro and nano sensors for electrochemical sensing applications［J］. Diamond and Related Materials，2009，18(12)：1401-1420.

[27] Raghuwanshi V S，Garnier G. Cellulose nano-films as bio-interfaces［J］. Frontiers in Chemistry，2019，7：535.

[28] 栾庆彬.基于硅纳米晶体的薄膜和块体材料的研究[D].杭州:浙江大学,2014.

[29] 梁玉平.陶瓷纳米复合材料[J].材料工程,1994(6):1-4.

[30] Jaafar M, Fantozzi G, Reveron H. Preparation and characterization of pressureless sintered alumina/5 vol% SiC micro-nanocomposites[J]. Ceramics, 2018, 1(1): 13-25.

[31] Ubaid F, Reddy Matli P, Shakoor R A, et al. Using B4C nanoparticles to enhance thermal and mechanical response of aluminum[J]. Materials, 2017, 10(6): 621.

[32] Balanov V A, Zhao Z, Pan M, et al. Sol-gel synthesis and structural characterization of band gap engineered ferroelectric perovskite oxide potassium sodium barium nickel niobate[J]. Journal of Sol-Gel Science and Technology, 2020, 96: 649-658.

[33] 田雅琴,朱书豪,张小平.金属基纳米复合材料的研究进展[J].功能材料,2019,50(6): 6023-6027.

[34] 王丹,宋湛谦,商士斌.热塑性树脂基纳米复合材料研究与应用[J].生物质化学工程, 2008(5):51-55.

[35] Obande W, Gruszka W, Garden J A, et al. Enhancing the solvent resistance and thermomechanical properties of thermoplastic acrylic polymers and composites via reactive hybridisation[J]. Materials & Design, 2021, 206: 109804.

[36] Cromer B M, Scheel S, Luinstra G A, et al. In-situ polymerization of isotactic polypropylene-nanographite nanocomposites[J]. Polymer, 2015, 80: 275-281.

[37] Lopinski G P, Wayner D D M, Wolkow R A. Self-directed growth of molecular nanostructures on silicon[J]. Nature, 2000, 406(6791): 48-51.

[38] Stupp S I, LeBonheur V, Walker K, et al. Supramolecular materials: self-organized nanostructures[J]. Science, 1997, 276(5311): 384-389.

[39] Lee W, Pruzinsky S A, Braun P V. Multi-photon polymerization of waveguide structures within three-dimensional photonic crystals[J]. Advanced Materials, 2002, 14(4): 271-274.

[40] Zhao J, Chen M, An Y, et al. Preparation of polystyrene brush film by radical chain-transfer polymerization and micromechanical properties[J]. Applied Surface Science, 2008, 255(5): 2295-2302.

[41] 曹耀宇.金属微纳结构制备中多光子光化学还原过程控制研究[D].北京:中国科学院研究生院(理化技术研究所),2009.

[42] 李媛.碳钢表面纳米 SiO_2 薄膜的制备及性能研究[D].北京:北京化工大学,2004.

第3章　微纳米流动理论与控制技术

在微机电系统和微全分析系统中,如微换热器、微泵、微阀、微流量传感器等,微纳尺度的流动是非常普遍的。微纳尺度流动中会出现与常规尺度流动明显不同的一些现象。当通道的特征尺寸与流体分子的平均自由程相当时,连续介质假设不再适用。除此之外,在微纳尺度下,影响流动的各种作用力的相对重要性都将发生改变。

3.1　微尺度流动特点

在微纳尺度流动中,当通道的特征尺寸远大于流体分子的平均自由程时,虽然连续介质假设依旧成立,常规尺度下的模型和方程仍然适用,但由于流动特征尺度变小,各种影响因素的相对重要性发生了变化,从而导致流动规律发生变化。当通道的特征尺寸缩小到与流体分子的平均自由程同一量级时,基于连续介质假设的模型和方程不再适用,黏性系数等概念也需重新讨论。在微纳尺度流动中,还存在壁面滑移、热蠕动、稀薄、黏性加热、可压缩性等效应,分子间的作用力和其他一些非常规效应也应当加以考虑[1]。在微纳尺度流动中,发生显著变化的影响因素主要如下[2]。

①比表面积。在流体运动中,作用于流体上的力主要为体积力和表面力。长度尺度是表征作用力的基本特征量,体积力以特征长度的三次幂标度,而表面力则依赖于特征尺度的一次幂或二次幂。随着流动尺度的减小,比表面积增大,大大强化了表面效应。同时,比表面积的增大还将直接影响通过表面的质量、动量和能量的传输。

②表面力。微纳系统中的流动会因一些表面力的作用而出现一些新的现象。这些表面力在宏观尺度的流动中通常可以忽略。表面力来自分子间的相互作用

力。分子间基本作用力本质上是力程小于 1nm 的短程力,但其累计效果可大致等同于 $0.1\mu m$ 以上的长程力,如液体的表面张力效应等。

③相对表面粗糙度。在常规尺度流动中,管壁的表面形状对层流流动没有影响,仅对湍流流动及由层流向湍流过渡区有一定的影响。在微纳尺度流动过程中,管内几乎为层流,但由于通道特征尺寸小,相对表面粗糙度(管壁粗糙度 Δ 与管径 d 之比)增加,导致表面粗糙引起的微小扰动也能渗入主流区影响整个通道内的流动,进而可能造成提前转捩。此外,表面粗糙还可使流体的流动阻力增加。

④阻力。在阻力较低的情况下,当微通道的直径为十几微米时,通道内的阻力与连续介质假设下求解纳维–斯托克(Navier-Stokes,N-S)方程所得到的结果基本一致。而当微通道的直径为几微米时,管壁粗糙度以及壁面材料将对边界条件产生明显的影响,使得通道的阻力规律与宏观情况不同。

⑤流体黏度。在连续介质假设成立和温度变化不太大的情况下,流体的黏度只与流体本身的性质有关。但是在微纳尺度流动中,流体黏度受多方面因素的影响,目前尚不能用量化的方式准确表达流体黏度与各种因素的关系。

⑥流体极性。流体在总体上虽不呈现极性,但流体是否含有极性离子对其流动特性有显著影响。由于极性离子的吸附作用,极性流体的流动阻力将大于非极性流体。而各种非极性流体的流动阻力也各不相同。虽然流体中的极性离子对流动的影响目前还没有令人满意的解释,但流体的极性对其流动的影响是显而易见的。

⑦气泡。存在于微纳尺度流动通道中的气泡对流动有着非常显著的影响,且气泡浸没在流体中还是附着在管壁上对流动的影响也是不同的。当气泡浸没在流体中时,表面张力产生的表面压差互相抵消,不会产生附加压力影响流体的运动;但是,若气泡跟随流体一起运动,随着压力的变化,气泡的体积也会发生变化,使流速产生微小脉动。当气泡附着在管壁上时,会随着流动状态的变化沿管壁移动或者破灭,这也会导致流场的不稳定。

⑧电动效应。在一般的微纳尺度流动特别是微流控芯片流道中,电解质溶液接触的管壁上有来自离子化基或者流动中被强烈吸附在表面不动的表面电荷。在表面电荷的静电吸附和分子扩散作用下,溶液中的抗衡离子会在固液界面上形成双电层,而管道中央液体中的净电荷几乎为零,形成电势差[3]。电泳、电渗和电黏是微纳尺度流动中常见的现象。

3.2　微尺度流动流场参数与划分

3.2.1　克努森数

在微纳尺度流动中,克努森(Knudsen)数(Kn)是一个表征流动尺度的重要参数。其定义为流体分子的平均自由程 λ 与流场的特征尺度 L 之比:

$$Kn = \frac{\lambda}{L} \tag{3.1}$$

对于气体而言,分子平均自由程是分子两次碰撞之间通过的平均距离。当采用硬球模型时,气体分子平均自由程可以写成

$$\lambda = \frac{1}{\sqrt{2}\,\pi n d^2} \tag{3.2}$$

式中,n 为分子的数密度,d 为分子直径。

根据压力与温度的表达式

$$p = n k_B T \tag{3.3}$$

式中,k_B 为玻尔兹曼(Boltzmann)常数,$k_B = 1.38 \times 10^{-23}\,\mathrm{J/K}$,气体分子平均自由程可以写成

$$\lambda = \frac{k_B T}{\sqrt{2}\,\pi d^2 p} \tag{3.4}$$

流场的特征尺度可以取成系统的某个特征长度,也可以定义为宏观量 Q 的梯度,有

$$L = \frac{Q}{\dfrac{\mathrm{d}Q}{\mathrm{d}x}} \tag{3.5}$$

3.2.2　流场区域划分

根据克努森数的大小,可以把流场分成 4 个区,$Kn \leqslant 10^{-3}$ 为连续区;$10^{-3} < Kn < 0.1$ 为滑移区;$0.1 \leqslant Kn \leqslant 10$ 为过渡区;$Kn > 10$ 为自由分子区。在连续区,流体运动可以用基于连续介质假设的控制方程描述,即不考虑流体黏性时用欧拉(Euler)方程;考虑黏性时用 N-S 方程以及无滑移边界条件。在滑移区,流体开始偏离热力学平衡,此时流体运动仍然可以用 N-S 方程描述,但需要采用滑移边界条件。在自由分子区,必须采用粒子运动的方法来描述流体运动,如直接模拟蒙特

卡罗(direct simulation Monte Carlo，DSMC)方法。而在过渡区，流体既不能被当作纯粹的连续介质，也不能被当作自由分子流看待，这个区域流场的模拟最困难[4]。气体微纳尺度流动模拟中的近似界限如图 3.1 所示，图中 n/n_0 为相应条件下归一化的分子密度，δ 为平均分子间距，$L/\delta=20$ 线以下统计涨落(由大量子系统组成的系统的可测宏观量在每一时刻的实际测度相对平均值或多或少的偏差)明显。

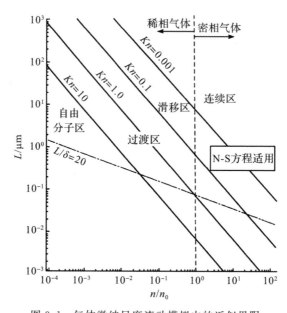

图 3.1 气体微纳尺度流动模拟中的近似界限

3.2.3 其他重要参数

在微纳尺度流动中，除了克努森数，也会经常涉及一些其他重要参数。

雷诺(Reynolds)数(Re)的定义为惯性力和黏性力的比值：

$$Re=\frac{\rho u L}{\mu} \tag{3.6}$$

式中，ρ 为流体密度，u 为流体特征速度，μ 为流体动力黏度。

马赫(Mach)数(Ma)的定义为流动速度和声速之比：

$$Ma=\frac{u}{c} \tag{3.7}$$

它是描述流体可压缩性的一个参数，其中 c 是声速，即

$$c=\sqrt{\gamma R T} \tag{3.8}$$

式中,R 为气体常数,T 为温度,γ 为比热容比,即

$$\gamma = \frac{c_p}{c_V} \tag{3.9}$$

式中,c_p 和 c_V 分别为定压比热容和定容比热容。

由气体运动论可知,分子平均自由程与流体黏性有关,有

$$\mu = \frac{1}{2} \rho \lambda \bar{c} \tag{3.10}$$

式中,$\bar{c}$ 为分子平均速度,其与声速的关系为

$$\bar{c} = \sqrt{\frac{8}{\pi\gamma}} c \tag{3.11}$$

综合上述方程,可以得到 Kn、Ma 和 Re 之间关系:

$$Kn = \sqrt{\frac{\pi\gamma}{2}} \frac{Ma}{Re} \tag{3.12}$$

3.3 微尺度流动基本方程

3.3.1 连续区和滑移区流体运动基本方程

流体分子的运动规律可由玻尔兹曼方程描述,这在任何克努森数下都成立。当采用恰普曼-恩斯科格(Chapman-Enskog)展开来推导玻尔兹曼方程里的应力和热通量项时,改变展开项阶数,可以得到各种连续性方程。当克努森数非常小乃至趋向于零时,由恰普曼-恩斯科格展开的零阶近似可得到欧拉方程。当不考虑流体黏性影响时,欧拉方程能够较好地描述流体运动[5]。

当 $Kn<0.1$ 时,流动处于连续区和滑移区,由恰普曼-恩斯科格展开的一阶近似可以得到 N-S 方程。N-S 方程应用广泛,在宏观流动中可以描述牛顿流体的运动,但是该方程忽略了流体的分子本性,把流体视为密度、速度和压力等宏观量随空间和时间变化的连续介质[4]。当 $Kn \leqslant 10^{-3}$ 时,流动处于连续区,使用 N-S 方程结合无滑移边界条件能够得出较好的计算结果。当 $10^{-3}<Kn<0.1$ 时,流动处于滑移区,此时仍旧可以采用 N-S 方程描述流体运动,但必须引入滑移边界条件。一般而言,只要满足两个条件,使用 N-S 方程就能得出足够精确的解:一是流体微元在微观上充分大而在宏观上充分小,在微元上能定义密度、速度等流场变量;二是流动没有较大偏离热力学平衡。N-S 方程是黏性不可压缩流体微分形式下的

动量守恒方程,其表达式为

$$\rho \frac{\mathrm{d}u}{\mathrm{d}t} = \rho g_x - \frac{\partial p}{\partial x} + \frac{\partial}{\partial x}\left[\mu\left(2\frac{\partial u}{\partial x} - \frac{2}{3}\nabla \cdot \boldsymbol{V}\right)\right] + \frac{\partial}{\partial y}\left[\mu\left(\frac{\partial u}{\partial y} + \frac{\partial v}{\partial x}\right)\right] + \frac{\partial}{\partial z}\left[\mu\left(\frac{\partial w}{\partial x} + \frac{\partial u}{\partial z}\right)\right]$$

$$\rho \frac{\mathrm{d}v}{\mathrm{d}t} = \rho g_y - \frac{\partial p}{\partial y} + \frac{\partial}{\partial x}\left[\mu\left(\frac{\partial u}{\partial y} + \frac{\partial v}{\partial x}\right)\right] + \frac{\partial}{\partial y}\left[\mu\left(2\frac{\partial v}{\partial y} - \frac{2}{3}\nabla \cdot \boldsymbol{V}\right)\right] + \frac{\partial}{\partial z}\left[\mu\left(\frac{\partial v}{\partial z} + \frac{\partial w}{\partial y}\right)\right]$$

$$\rho \frac{\mathrm{d}w}{\mathrm{d}t} = \rho g_z - \frac{\partial p}{\partial z} + \frac{\partial}{\partial x}\left[\mu\left(\frac{\partial w}{\partial x} + \frac{\partial u}{\partial z}\right)\right] + \frac{\partial}{\partial y}\left[\mu\left(\frac{\partial v}{\partial z} + \frac{\partial w}{\partial y}\right)\right] + \frac{\partial}{\partial z}\left[\mu\left(2\frac{\partial w}{\partial z} - \frac{2}{3}\nabla \cdot \boldsymbol{V}\right)\right]$$

$$(3.13)$$

式中,ρ 为流体密度;u、v、w 为 t 时刻流体在点 (x,y,z) 处的速度分量;p 为压力;g_x、g_y、g_z 为单位体积流体受的外力 $\boldsymbol{g}$ 在坐标轴三个方向上的分量;μ 为流体动力黏度;$\boldsymbol{V}$ 为速度矢量;哈密顿算子 $\nabla = \frac{\partial}{\partial x}\boldsymbol{i} + \frac{\partial}{\partial y}\boldsymbol{j} + \frac{\partial}{\partial z}\boldsymbol{k}$。

对于不可压缩流体,其动力黏度 μ 可看作常数,有 $\nabla \cdot \boldsymbol{V} = \frac{\partial u}{\partial x} + \frac{\partial v}{\partial y} + \frac{\partial w}{\partial z} = 0$。故式(3.13)可简化为

$$\rho \frac{\mathrm{d}u}{\mathrm{d}t} = \rho g_x - \frac{\partial p}{\partial x} + \mu\left(\frac{\partial^2 u}{\partial x^2} + \frac{\partial^2 u}{\partial y^2} + \frac{\partial^2 u}{\partial z^2}\right)$$

$$\rho \frac{\mathrm{d}v}{\mathrm{d}t} = \rho g_y - \frac{\partial p}{\partial y} + \mu\left(\frac{\partial^2 v}{\partial x^2} + \frac{\partial^2 v}{\partial y^2} + \frac{\partial^2 v}{\partial z^2}\right)$$

$$\rho \frac{\mathrm{d}w}{\mathrm{d}t} = \rho g_z - \frac{\partial p}{\partial z} + \mu\left(\frac{\partial^2 w}{\partial x^2} + \frac{\partial^2 w}{\partial y^2} + \frac{\partial^2 w}{\partial z^2}\right)$$

$$(3.14)$$

引入拉普拉斯算子 $\nabla^2 = \frac{\partial^2}{\partial x^2} + \frac{\partial^2}{\partial y^2} + \frac{\partial^2}{\partial z^2}$,则式(3.14)各方程右边第三项可分别表示为 $\nabla^2 u$,$\nabla^2 v$,$\nabla^2 w$。式(3.14)的三个方程可用矢量形式统一表示为

$$\rho \frac{\mathrm{d}\boldsymbol{V}}{\mathrm{d}t} = \rho\boldsymbol{g} - \nabla p + \mu \nabla^2\boldsymbol{V} \qquad (3.15)$$

式中,压强梯度 $\nabla p = \frac{\partial p}{\partial x}\boldsymbol{i} + \frac{\partial p}{\partial y}\boldsymbol{j} + \frac{\partial p}{\partial z}\boldsymbol{k}$,$\nabla^2\boldsymbol{V} = \nabla^2(u\boldsymbol{i}) + \nabla^2(v\boldsymbol{j}) + \nabla^2(w\boldsymbol{k}) = \nabla^2 u\boldsymbol{i} + \nabla^2 v\boldsymbol{j} + \nabla^2 w\boldsymbol{k}$;$\boldsymbol{i}$、$\boldsymbol{j}$、$\boldsymbol{k}$ 为三维空间单位向量。

前文所述的第一个条件很容易满足,限制 N-S 方程应用范围的往往是第二个条件。因为连续介质模型里包含了应力张量和热通量,为了使方程组封闭,应力张量和热通量必须通过其他宏观量来表示。只有当流动处于热力学平衡状态附近时,应力和应变之间的线性关系才会成立。在微纳尺度流动中,如果流场的特征尺度很小,微元内的流体分子缺乏足够的碰撞,使得气体偏离热力学平衡,应力和应变之间的线性本构关系不再成立,则 N-S 方程不再适用[5]。

　　当 $Kn<0.1$ 时,流动处于连续区和滑移区,此时连续介质的假设成立,可以根据质量守恒、动量守恒和能量守恒定理,分别得到描述流体运动的连续性方程、运动方程和能量方程:

$$\frac{\partial \rho}{\partial t}+\frac{\partial (\rho u_k)}{\partial x_k}=0 \tag{3.16}$$

$$\rho\left(\frac{\partial u_i}{\partial t}+u_k\,\frac{\partial u_i}{\partial x_k}\right)=\frac{\partial \boldsymbol{\sigma}_{k_i}}{\partial x_k}+\rho g_i \tag{3.17}$$

$$\rho\left(\frac{\partial e}{\partial t}+u_k\,\frac{\partial e}{\partial x_k}\right)=-\frac{\partial q_k}{\partial x_k}+\boldsymbol{\sigma}_{k_i}\frac{\partial u_i}{\partial x_k} \tag{3.18}$$

式中,ρ 为流体密度,u_i、u_j、u_k 为流体各方向速度分量,$\boldsymbol{\sigma}_{k_i}$ 为二阶应力张量,e 为内能,g_i 为单位质量的体积力,q_k 为传导和辐射的总热流量,x_k 为该方向位移分量。

　　这里共有一个连续性方程、三个动量方程[将式(3.17)中的二阶应力张量分别写出后]和一个能量方程,但有 17 个未知数。即使考虑 $\boldsymbol{\sigma}_{k_i}$ 为对称张量,也还有 14 个未知数。未知量个数多于方程个数,无法求解,需要考虑应力张量和变形速度、温度和热流量之间的关系式。此外,还有状态方程[3],即式(3.22)。考虑理想状态下的各向同性牛顿流体,则有

$$\boldsymbol{\sigma}_{k_i}=-p\boldsymbol{\delta}_{k_i}+\mu\left(\frac{\partial u_i}{\partial x_k}+\frac{\partial u_k}{\partial x_i}\right)+\lambda\left(\frac{\partial u_j}{\partial x_j}\right)\boldsymbol{\delta}_{k_i} \tag{3.19}$$

$$q_i=\kappa\frac{\partial T}{\partial x_i}+H_r \tag{3.20}$$

$$c_V=\frac{\mathrm{d}e}{\mathrm{d}T} \tag{3.21}$$

$$p=\rho\Re T \tag{3.22}$$

式中,p 为压力;T 为温度;H 为辐射热;$\boldsymbol{\delta}_{k_i}$ 为克罗内克(Kronecker)二阶单位张量,x_i、x_j 为各方向位移分量;κ 为导热系数;$\Re=k/m$ 为克拉珀龙(clapeyron)常数,k 为玻尔兹曼常数,m 为单个分子质量;c_V 是定容比热容;μ 和 λ 分别为第一和第二黏性系数,根据斯托克(Stokes)假设,μ 和 λ 满足 $\lambda+2\mu/3=0$ 的关系。将式(3.19)—(3.22)分别与连续性方程、运动方程和能量方程联立并忽略辐射热,可得

$$\frac{\partial \rho}{\partial t}+\frac{\partial (\rho u_k)}{\partial x_k}=0 \tag{3.23}$$

$$\rho\left(\frac{\partial u_i}{\partial t}+u_k\,\frac{\partial u_i}{\partial x_k}\right)=-\frac{\partial p}{\partial x_i}+\frac{\partial}{\partial x_k}\left[\mu\left(\frac{\partial u_i}{\partial x_k}+\frac{\partial u_k}{\partial x_i}\right)+\boldsymbol{\delta}_{k_i}\lambda\,\frac{\partial u_j}{\partial x_j}\right]+\rho g_i \tag{3.24}$$

$$\rho c_V\left(\frac{\partial T}{\partial t}+u_k\,\frac{\partial T}{\partial x_k}\right)=\frac{\partial}{\partial x_k}\left(\kappa\,\frac{\partial T}{\partial x_k}\right)-p\,\frac{\partial u_k}{\partial x_k}+\varphi \tag{3.25}$$

式中,φ 为黏性耗散率,对各向同性牛顿流体有

$$\varphi = \frac{1}{2}\mu \left(\frac{\partial u_i}{\partial x_k} + \frac{\partial u_k}{\partial x_i} \right)^2 + \lambda \left(\frac{\partial u_j}{\partial x_j} \right)^2 \tag{3.26}$$

对不可压缩流体,式(3.19)~(3.21)可简化为

$$\frac{\partial u_k}{\partial x_k} = 0 \tag{3.27}$$

$$\rho \left(\frac{\partial u_i}{\partial t} + u_k \frac{\partial u_i}{\partial x_k} \right) = -\frac{\partial p}{\partial x_i} + \mu \frac{\partial^2 u_i}{\partial x_k^2} + \rho g_i \tag{3.28}$$

$$\rho c_p \left(\frac{\partial T}{\partial t} + u_k \frac{\partial T}{\partial x_k} \right) = \frac{\partial}{\partial x_k} \left(\kappa \frac{\partial T}{\partial x_k} \right) + \varphi_{\text{incom}} \tag{3.29}$$

式中,c_p 为定压比热容,黏性耗散系数 φ_{incom} 为

$$\varphi_{\text{incom}} = \frac{1}{2}\mu \left(\frac{\partial u_i}{\partial x_k} + \frac{\partial u_k}{\partial x_i} \right)^2 \tag{3.30}$$

3.3.2 低克努森数过渡区流体运动基本方程

当克努森数进一步增大时(过渡区),必须考虑恰普曼-恩斯科格展开的二阶近似。伯内特(Burnett)方程就是对玻尔兹曼方程采用恰普曼-恩斯科格展开的二阶近似而得到的。因为伯内特方程采用了比 N-S 方程更高阶的近似,所以能更好地描述应力和应变之间的非线性本构关系。伯内特方程能够在更大的克努森数范围内描述气体的运动,故其在低压高超声速气体流动中获得了广泛的应用[4]。在克努森数不太小和大马赫数下,使用伯内特方程应当可以得出比 N-S 方程更好的计算结果,但边界条件也更为复杂。由于其复杂性和数值求解时其对高频扰动的不稳定性,伯内特方程的可靠性遭到了质疑。但在与由直接模拟蒙特卡罗法所得的计算结果以及实验结果的对比中发现,伯内特方程在滑移区的计算结果的确优于 N-S 方程[4]。有关伯内特方程的详细介绍可以参考《微纳流动理论及应用》[2]第三章。

3.3.3 边界条件

以上在不同克努森数范围内的基本方程组如果想要得到恰当的解,就需要给出边界条件。流体运动方程的基本物理量是速度,其边界条件一般针对速度给出。若假设流体为无黏流体,对应的欧拉方程中速度的最高阶空间导数为一阶,壁面条件只需壁面法向速度分量。若为黏性流体,相应的动量方程有速度的二阶导数,因此,壁面条件除了壁面法向速度分量外,还需沿壁面的切向速度分量。

当 $Kn \leqslant 10^{-3}$ 时,流动位于连续区,流体处于热力学平衡状态。此时沿壁面的切向速度条件可以采用无滑移边界条件。相应地,能量方程的壁面条件为无温度

跳跃条件。然而,当 $Kn \geqslant 10^{-3}$ 时,流体分子与壁面的碰撞频率不够高,流体不能处于热力学平衡状态。此时会存在壁面的切向速度滑移和温度跳跃,在微纳尺度流动中,经常会出现这样的情况。

在连续介质假设下,气体和液体都遵循相同的运动方程,但液体在运动中的质量、动量和能量传递与气体不一样。气体中的分子基本上处于自由运动状态,分子间的相互作用很弱。而液体中分子间的相互作用使得它们,处在不断碰撞中。液体中自由分子流引起的动量传递相对分子间的相互作用可以忽略,应变使液体分子与原来附近的分子分离,重新进入另一个分子力场,在剪切平面内分子间作用的力要与作用的剪力相平衡[3]。其余的液体只传递法向力,但是如果有速度梯度存在,就会有切向力。液体没有气体那样的分子层面上的流动理论,分子自由程的概念无法使用,定义液体流动的准平衡状态也很难,因此液体无法跟气体一样用克努森数作为依据来判断速度无滑移边界是否精确以及本构关系是否线性。已有研究表明,用克努森数来判断液体流动会有较大偏差。例如流变学研究发现,非牛顿流体的应变速率比分子频率尺度的两倍还大,即

$$\frac{\partial u}{\partial x} \geqslant 2t^{-1} \tag{3.31}$$

式中,t 为分子时间尺度

$$t = \left[\frac{ml^2}{\varepsilon}\right]^{\frac{1}{2}} \tag{3.32}$$

式中,m 为分子质量,l 和 ε 分别为特征长度尺度和能量尺度[3]。

对于普通液体,由于其分子时间尺度特别小,所以只有在应变速率特别大的时候才会具有非牛顿流的性质。而对于大分子量的液体,其 m 和 l 都较大,所以很容易具有非牛顿流体的性质即本构关系的非线性。液体喷射到固体壁面时的固液接触线和角落流动是速度滑移边界条件的典型例子。

3.4 微尺度流动实验测试与模拟技术

3.4.1 微尺度流动实验测试技术

要对微纳尺度流动进行深入研究,离不开足够高的空间分辨率,以及高精度的实验仪器和技术。微纳尺度流动相关实验展开的难度主要体现在两个方面:①流动特征尺度小,测量用传感器要小于被测量的微器件,制造生产困难;②流动

的动量与能量非常小,为了使测量传感器对流动状态的影响降至最小,要求传感器与流动之间的动量和能量交换很小,但流动实验影响因素多且变化难以预料。以下对各种流动参数的测量方法进行简单介绍。

微纳尺度流动的压差、温度和流量等的测量方法有三种。①采用管道与宏观测量仪器结合进行测量,例如压差和流量的测量。②采用微机械技术在管道中集成各种流体测量的传感器,如压力传感器和温度传感器。以上两种方法,方法①只能测量参数的平均值,不能反映局部参数的瞬时变化,而方法②虽然可以测得流场中某点或某几点的参数的瞬时变化,但却不能显示参数的全场分布;而且传感器会对流场本身产生影响,影响的程度无法量化描述[6]。③采用示踪物的方法,如在运行缓冲液中加入荧光染料,利用门控光漂白方法在液流中产生一段"印记"(液流荧光强度的倒峰信号),然后在与其相距一定距离的下游通道检测液流荧光强度的变化,这种方法可用于测定电渗流驱动下较稳定的内液流速,能达到很高的测定精度和较宽的测定范围;或利用干涉反向散射检测器测定热变化,然后测定流体的速度,其具体步骤为首先对液流的某一区段进行加热,然后在其下游几百微米的距离处对液流折射率的变化进行测试,由此检测液流微小的温度变化,从而测定流体流速[7]。

在微流体速度与流型的测量中,通常是在液流中引入不同大小的微粒作为示踪粒子,测量流体流动参数,以及在宏观体系中常用的粒子成像流速仪,也被应用于微纳尺度流动的实验研究。其具体步骤为首先将示踪物粒子加入流体中,以高速摄像装置如 CCD(charge coupled device,电耦合器件)照相机连续拍摄流场;然后,通过对比在一定时间间隔内示踪粒子位置的变动即可得到有关流体流动的信息,这种方法的测量结果具有良好的精度和空间分辨率[7]。

在微纳尺度流动的温度测定中,通常采用外部测定的方法,但这种方法的操作虽较为简便,由于体系内外温度存在差异,准确度却不高。这种方法对仪器设备要求不高,只需标准的荧光显微镜和 CCD 照相机;对于微通道内流体温度的测试,仪器设备在空间分辨率为 $1\mu m$,时间分辨率为 $30ms$[7]。

3.4.2 微尺度流动模拟技术

流体运动可以从宏观或者微观的角度进行模拟。宏观角度的模拟认为流体介质连续、无间隙地分布于物质所占有的整个空间。流体的速度、密度、压力和温度等宏观物理量是空间和时间的连续函数,通过质量、动量和能量守恒定律,可以推导出描述流体运动的非线性偏微分方程。计算流体动力学就是通过计算机数值计算和图像显示,对包含流体流动和热传导等相关物理现象的系统进行分析,把原来在时间及空间域上连续的物理量的场,用一系列有限个离散点上的变量值的集合来代替。通过一定的原则和方式建立起关于这些离散点上场变量之间关系的代数方程组,然后求解代数方程获得场变量的近似值[2]。微观角度的模拟是把流体视为分子的集合,在此基础上产生了许多基于分子的模型,这些模型可以分为确定性方法和统计性方法两大类[4]。分子动力学(molecular dynamic,MD)方法是确定性方法,而统计性方法的出发点是刘维尔(Liouville)方程在速度和物理空间组成的 $6N$ 维相空间里考虑 N 个颗粒的分布函数。以下从宏观(连续介质)和微观(离散介质)两个方面对微尺度流动模拟技术进行介绍。

N-S 方程与 Burnett 方程的边界滑移修正方法都是基于连续介质假设的方法,有着计算效率高的显著优点,对模拟单组分、简单形状通道内的气体流动和换热有明显优势。基于连续介质假设的方法在数学上更易处理,其计算效率远高于分子模型,所以在其适用的情况下,应优先采用。但是当流动跨流区,马赫数大,边界条件复杂时,这种方法将不再适用[2]。基于连续介质假设的数值模拟方法主要有有限差分法和有限体积法。

(1)有限差分法

有限差分法是指将流场求解域划分为差分网格,用有限个网格节点代替连续的求解域。通过泰勒级数展开,对控制方程中的导数用网格节点上的函数值的差商代替进行离散,从而建立以网格节点上的值为未知数的代数方程组。有限差分格式从精度上可分为一阶格式、二阶格式和高阶格式,从差分的空间形式上可分为中心格式和逆风格式。考虑时间因子的影响,差分格式还可以分为显式、隐式、显隐交替格式等。目前常用的差分格式主要是上述几种形式的组合,不同的组合构成不同的差分格式,差分方法主要用于有结构网格,网格的步长一般根据实际情况和柯朗-弗里德里希斯列维条件(Courant-Friedrichs-Lewy conditions,CFL)来决定。有限差分方法可用于对方程的守恒形式进行处理,所有的守恒方程都具有相似的结构且可以看作输运方程的特殊形式:

$$\frac{\partial(\rho u_j \varphi)}{\partial x_j} = \frac{\partial}{\partial x_j}\left(\Gamma \frac{\partial \varphi}{\partial x_j}\right) + q_\varphi \tag{3.33}$$

式中,x_j 为位移,ρ 和 u_j 分别为密度和速度,Γ 为扩散系数,q_φ 为源项,φ 为考虑的物理量。

有限差分的概念来自导数的定义,对于任意连续函数 $\varphi(x)$,有

$$\left(\frac{\partial \varphi}{\partial x}\right)_{x_i} = \lim_{\Delta x \to 0} \frac{\varphi(x_i + \Delta x) - \varphi(x_i)}{\Delta x} \tag{3.34}$$

比较常见的差分格式有向前差分

$$\frac{\partial \varphi}{\partial x} \approx \frac{\varphi_{i+1} - \varphi_i}{x_{i+1} - x_i} \qquad (3.35)$$

向后差分

$$\frac{\partial \varphi}{\partial x} \approx \frac{\varphi_i - \varphi_{i-1}}{x_i - x_{i-1}} \qquad (3.36)$$

中心差分

$$\frac{\partial \varphi}{\partial x} \approx \frac{\varphi_{i+1} - \varphi_{i-1}}{x_{i+1} - x_{i-1}} \qquad (3.37)$$

式(3.33)中的对流项 $\dfrac{\partial(\rho u \varphi)}{\partial x}$ 需要对一阶导数进行离散,常用的离散方式有以下几种。

① 泰勒级数展开法

$$\varphi(x) = \varphi(x_i) + (x - x_i)\left(\frac{\partial \varphi}{\partial x}\right)_i + \frac{(x - x_i)^2}{2}\left(\frac{\partial^2 \varphi}{\partial x^2}\right)_i + \frac{(x - x_i)^3}{3!}\left(\frac{\partial^3 \varphi}{\partial x^3}\right)_i + \cdots$$
$$+ \frac{(x - x_i)^n}{n!}\left(\frac{\partial^n \varphi}{\partial x^n}\right)_i + H \qquad (3.38)$$

式中,H 为高阶项。

② 多项式拟合法

在构造差分格式时,也可以用多项式曲线或样条曲线来拟合函数,然后用拟合曲线的导数来近似原函数的导数。例如采用抛物线来拟合 x_{i-1}、x_i、x_{i+1} 三点可得

$$\left(\frac{\partial \varphi}{\partial x}\right)_i = \frac{\varphi_{i+1}(\Delta x_i)^2 + \varphi_{i-1}(\Delta x_{i+1})^2 + \varphi_i\left[(\Delta x_{i+1})^2 - (\Delta x_i)^2\right]}{\Delta x_{i+1} \Delta x_i (\Delta x_i + \Delta x_{i+1})} \qquad (3.39)$$

采用不同的插值曲线可获得不同的差分格式,三阶精度向后差分

$$\left(\frac{\partial \varphi}{\partial x}\right)_i = \frac{2\varphi_{i+1} + 3\varphi_i - 6\varphi_{i-1} + \varphi_{i-2}}{6\Delta x} + o\left[(\Delta x)^3\right] \qquad (3.40)$$

三阶精度向前差分

$$\left(\frac{\partial \varphi}{\partial x}\right)_i = \frac{-2\varphi_{i+1} - 3\varphi_i + 6\varphi_{i+1} - \varphi_{i+2}}{6\Delta x} + o\left[(\Delta x)^3\right] \qquad (3.41)$$

四阶精度中心差分

$$\left(\frac{\partial \varphi}{\partial x}\right)_i = \frac{-\varphi_{i+2} + 8\varphi_{i+1} - 8\varphi_{i-1} + \varphi_{i-2}}{12\Delta x} + o\left[(\Delta x)^4\right] \qquad (3.42)$$

有限差分法是一种直接将微分问题变为代数问题的近似数值解法,数学概念直观、表达简单,是发展较早且较成熟的数值方法。

(2)有限体积法

有限体积法又称为控制体积法,指将计算区域划分为网格,并使每个网格点周围有一个互不重复的控制体积;然后将待求解的微分方程在每一个控制体积分,从而得到一组离散方程,其中的未知数是网格节点上的因变量 φ。为了求出方程在控制体的积分,必须假定 φ 在网格节点之间的变化规律。从积分区域的选取方法来看,有限体积法属于加权余量法中的子域法。每个控制体上建立的离散方程的物理意义是 φ 在控制体内的守恒,如同微分方程表示因变量在无限小的控制体积中的守恒原理一样。在有限体积法的离散方程中,要求 φ 的积分守恒对任意一个控制体积都能得到满足,这样对整个计算区域就自然也能得到满足,这是有限体积法的优点。有些离散方法如有限差分法,仅当网格极其细密时,离散方程才满足积分守恒,而有限体积法即使在粗网格下也显示出准确的积分守恒。目前比较专业的 CFD(computational fluid dynamics,计算流体动力学)仿真模拟软件主要有 Fluent、CFX 等,若需要多场多尺度的耦合也有 COMSOL 等软件可供选择。

基于分子模拟的方法将流体视为由许多离散分子组成,这些分子含有位置、速度和其他分子的信息。这种方法是在计算中追踪大量分子的运动、分子与边界的碰撞、分子互相之间的碰撞以及碰撞中分子内能的变化和化学反应等。在模拟时要保证追踪过程能够再现真实流动的过程。在计算中,引入与真实流动同步的时间,记录分子的位置、速度及内能等量,这些量因分子运动、分子与壁面的相互作用而随时间变化。随着计算机技术的快速发展,该方法开始逐渐发展起来[6]。基于分子模拟的方法可以分为确定性方法和统计性方法。

(1)确定性方法

确定性方法是分子模拟法中最基础的方法,阿尔德(Alder)和温莱特(Wainwright)提出的分子动力学方法是应用最广泛的一种,该方法在一定的初始条件下,对分子运动、分子与边界的相互作用以及分子之间碰撞的计算都是确定性的。例如,在判断碰撞发生时,要观察两个分子的碰撞截面在同一时刻是否发生重叠。而通过它们之间的相对位形可以得出碰撞的命中参数,同时相对位形也决定了碰撞后分子的速度。想要使用这种模拟方法完全再现物理过程,要求模拟分子的性质、数密度等与流动真实情况完全一致。

(2)统计性方法

统计性方法中有两种比较常用,一种是由哈维兰(Haviland)和拉文(Lavin)发展起来的试验分子蒙特卡罗方法,该方法要求对于流场中每个网格的分布函数有初步估计,据此布置靶分子;然后计算大量试验分子的轨迹,考虑它们与靶分子的碰撞,基于试验分子的轨迹再建立新的靶分子的分布;重复此过程直至收敛,即试验分子与靶分子的分布达到一致。这种方法要从设为已知的初始分布开始迭代,且计算时间与试验分子的轨道个数成正比,因而只局限于一维的定常流动。另一种是直接模拟蒙特卡罗方法,该方法由伯德(Bird)提出并发展,经过众多研究者的共同努力现已比较成熟,这种方法最早用来模拟均匀气体中的松弛问题和激波结构,后来发展到用于解决二维、三维的几何形状较复杂且流动中包含复杂物理、化学过程的问题[6]。蒙特卡罗模拟计算方法将在第五章中继续深入介绍。目前分子模拟的专业软件有 Lammps、Vasp 和 Gromacs 等。

3.5 微纳米流动控制概况

微纳米流动控制技术(简称微流控技术)是在微米甚至纳米尺度上对微小的流体量进行精确控制和操作的技术。微流控芯片也称为芯片实验室(lab-on-a-chip,LOC)或微全分析系统(micro total analysis system,μ-TAS)。它可以将生物、化学等实验室的基本功能(如样品制备、反应、分离和检测等)集成实现,具有高集成度、高灵活度的优点。

微流控芯片的相关研究是从芯片毛细管电泳开始的。20 世纪 90 年代初,曼兹(Manz)等人率先提出了微流控芯片概念,并通过早期的芯片电泳研究提出了微全分析系统的概念。1993 年,他们在玻璃芯片上创建了一个微全分析系统,证明了用于复杂分析的小型芯片实验室的可能。但由于玻璃和硅材料不透气,微流控技术在生物医学领域的应用受到很大限制,研究人员开始选择替代材料。1998 年,怀特塞兹(Whitesides)引入了聚二甲基硅氧烷(PDMS)作为微流控芯片快速成型制造的材料,降低了芯片的制作成本。20 世纪初,进一步发展出了数字微流体技术,用于对离散的液滴和气泡进行控制。在发展早期,微流控技术主要应用于样品分析,它可以实现在少量样本和试剂情况下进行高精度的分离和检测,具有费用低、分析时间短等优点。随着微流控技术的不断成熟,发展出了微流控技术与类器官技术相结合的细胞/器官芯片,它可用于药物筛选和开发。目前,微流控技术在分析、微加工、材料合成、生物医学等领域发挥了巨大的作用并具有广阔前景。

微流控芯片通道尺寸的减小不仅使设备微型化、轻量化,便于携带进行现场分析,更重要的是芯片性能也得到了显著提升。这种提升主要有两方面原因:①微流控芯片通道内流动与宏观尺寸流动存在较大区别,由于通道尺寸小且流体流速慢,其流动场呈现低雷诺数下的层流状态,从而可以实现对流体的精确控制;

②微流控芯片的通道尺寸小,一般具有较高的比表面积,传热效率高。

微流控系统通常由微泵、微阀、微流体传感器、微混合器和微反应器等基本功能组件组成。其中,微泵是微流控系统的动力源,起到输送流体的作用;微阀起到控制流体的作用,微混合器与微反应器则为微流控系统的输出部件。这些器件的具体结构和设计方法将在第 5 章中介绍,后文主要介绍微流控芯片的加工方法和部分典型微流控技术。

3.6　微流控芯片材料及加工方法

3.6.1　微流控芯片的材料

随着微流控芯片领域的快速发展,到目前,微流控芯片材料主要分为无机材料、有机聚合物材料、纸质材料三大类,近年来逐渐出现了水凝胶等新型微流控芯片基底材料。其中,无机材料范围从早期的玻璃、硅,拓展到低温共烧陶瓷、玻璃陶瓷等二氧化硅材料;有机聚合物材料根据其物理性质主要分为热塑性材料[如甲基丙烯酸甲酯(polymethylmethacrylate,PMMA)、聚碳酸酯(polycorbonate,PC)、聚苯乙烯(PS)]、热固性材料和弹性体[如聚二甲基硅氧烷(polydimethylsiloxane,PDMS)];纸质材料则是近年来兴起的一种新材料,物理、化学性质与前两者存在很大的差别。

不同材料的特性和应用场景不同,选择材料时,需要综合考虑材料性能,以及芯片的功能性和集成度。不同微流控芯片材料的优缺点和应用场景如表 3.1 所示[8]。

表 3.1　微流控芯片材料性能

性能	材料类别					
	硅/玻璃	弹性体	热固性材料	热塑性材料	水凝胶	纸质材料
杨氏拉伸模量/GPa	$130\sim180/$ $50\sim90$	$\leqslant0.0005$	$2.0\sim2.7$	$1.4\sim4.1$	低	$3\times10^{-4}/$ 2.5×10^{-3}
常用加工方法	光刻	软光刻	—	模塑	—	光刻
最小通道尺寸	$<100nm$	$<1\mu m$	$<100nm$	$\leqslant100nm$	$\leqslant10\mu m$	$\leqslant200\mu m$
耐热性	非常高	中	高	中/高	低	中
抗氧化性	非常好	较低	好	中	低	低
溶剂相容性	非常高	低	高	中/高	低	中
疏水性	亲水	疏水	疏水	疏水	亲水	亲水
氧气渗透性/barrer	<0.01	$\leqslant500$	$0.03\sim1$	$0.05\sim5$	>1	>1
透明度	无/高	高	高	中/高	低/中	低

玻璃和硅是早期微流控芯片的主要材料。这一类无机材料通常具有良好的化学稳定性、溶剂稳定性、热稳定性，以及易于金属沉积，可以用于高温高压环境下与腐蚀性试剂中。此外，玻璃材料还具有良好的光学性能、生物相容性和绝缘性，适用于实验观察。但是这一类材料硬度大，装置制作复杂（黏接困难，制作通常需要高温、高压、超洁净的环境），生产成本高；更重要的是，玻璃和硅材料具有封闭性，在细胞等的培养方面应用受限。低温共烧陶瓷是一种较新的微流控芯片材料，它具有独特的表面化学性质且耐高温和腐蚀，但是这种材料较脆，难以精确控制尺寸，因此使用这种材料实现完整集成芯片较为困难。

与基于无机材料的相比，基于有机聚合物的微流控芯片具有更好的灵活性且材料价格更加低廉，更加适合大规模生产。热固性聚合物材料指的是在加热或添加化学物质后，其分子之间形成刚性网络，且其固化过程不可逆转的材料。这类材料通常具有耐高温、光学透明、耐有机溶剂等特点。基于这类材料的微流控芯片制造中通常需要搭配合适的键合方法以形成完整的微流控芯片，如有机溶剂键合法、热键合法等。但是热固性聚合物材料加工工艺不可逆，相较热塑性聚合物材料制造成本高，应用受限。而热塑性聚合物材料在加热固化后可以重塑，应用于微流控芯片的热塑性聚合物材料主要有 PMMA、PC、PS 等。

聚二甲基硅氧烷（PDMS）是制造微流控芯片最常用的弹性体材料。这一类材料适合采用软光刻技术加工成微流控芯片，制作简单、成本低。与硅、玻璃、热塑性聚合物等材料不同，PDMS 材料具有透气性和良好的生物相容性，这使得其可以广泛应用于细胞培养、细胞筛选等生物医学领域。同时，它还具有高弹性和易于并行集成等显著优势。除此之外，可以通过等离子氧化 PDMS 表面或使用 PDMS 作为胶水薄涂，将 PDMS 与 PDMS、玻璃和硅片粘连在一起实现密封。当然，PDMS 用于制作微流控芯片也存在一些问题：①PDMS 的弹性和热膨胀会使获得的复制通道尺寸出现偏差，影响复制通道精度；②PDMS 的耐有机溶剂性和透气性有限，基于 PDMS 的微流控芯片并不适合用于有机微反应器或聚合酶链式反应（PCR）等；③PDMS 表面与生物样品之间的疏水性会造成微流控芯片的性能大大降低，而与硅基芯片不同的是，PDMS 的表面改性较为困难，且维持时间短。

纸基微流控芯片以纸质材料为基底，纸质材料中的纤维素多孔结构可实现流体在毛细管作用下的无动力输送。通过紫外光刻、喷墨打印、等离子处理等各种加工技术，可以在纸基上加工出所需的通道网络结构将流体精确送至目的地。较硅、玻璃等材料的芯片，纸基微流控芯片成本更低，且易于携带，但是它存在检测灵敏度较低，样品利用率低等缺点。

传统的微流控芯片材料(玻璃、硅、有机聚合物、纸质材料等)的加工工艺需要在洁净环境下进行,加工条件受限,同时这些材料往往是不透气的,无法应用于生物医学领域。PDMS 材料虽然具有良好的生物相容性和透气性,但是容易出现溶液溶胀等问题。在此背景下,以水凝胶材料为基底的微流控芯片出现并逐渐发展。水凝胶是一种亲水的高分子聚合物,具有良好的吸水性、柔韧性和生物相容性。可利用水凝胶材料本身纳米至微米量级的孔隙结构构建微通道,用于输送溶液、细胞和其他物质。目前的水凝胶微流控芯片的加工方法主要有软光刻、模塑法及 3D 打印等,水凝胶材料的缺点是其结构加工比较困难,其结构的微细加工的分辨率(微米级)比其他聚合物(纳米级)更低。此外,水凝胶本身的含水高分子结构有可能与通道中的水性流体和载荷发生相互作用,自身功能将受到影响。

3.6.2 微流控芯片加工方法

微流控芯片的性能不仅与其基底材料有关,还受限于芯片微通道的成型质量。且不同材料的芯片所需的加工技术也不同。随着微流控芯片应用领域的不断拓展,对其加工技术也有了更高的要求,如更高的加工精度、更加复杂的结构以及更低的成本。以下介绍几种常见的微流控芯片加工方法及其适用材料。

(1)光刻和湿法刻蚀

早在 20 世纪 70 年代,特里(Terry)等人就在硅材料芯片上形成了一套比较完整的微全分析系统。同时,微细加工技术的进步推动了玻璃和硅一类材料的微流控芯片的发展。对于硅、石英和玻璃这一类材料的微流控芯片,主要采用微细加工技术进行制造,如光刻(lithography)、湿法刻蚀(wet etching)和流动光刻等。光刻和湿法蚀刻技术通常由薄膜沉积、显影和光刻/刻蚀等工序组成,其工艺流程如图 3.2[9]所示。首先,在基底上均匀涂覆一层光刻胶薄膜。掩模上的图案通过紫外光照射转移到光刻胶上并显影。对于光刻法,光刻胶可以直接作为模具使用。对于湿法刻蚀,则通过特定的化学环境对衬底进行进一步刻蚀,随后将光刻胶去除,以刻蚀后的衬底作为微模具或直接作为芯片形成微通道,并用平坦的基板和热键合等方法对通道进行密封。这种工艺可以实现复杂通道结构的制备,且制备的微通道结构精度高。但是必须事先通过光刻工艺制造掩模,掩模的成本昂贵且加工时间较长。

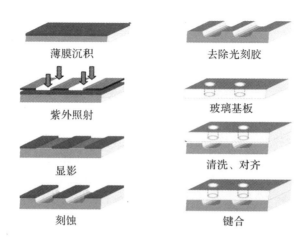

图3.2 光刻和湿法蚀刻技术工艺流程

(2)模塑法

有机聚合物的微流控芯片的加工方法主要有模塑法（热压法、压印法、注塑法、软光刻法等）和直接加工方法（激光加工、3D打印法、微铣削等）。模塑法主要是利用光刻和蚀刻的方法，先制出与微通道图案具有相同轮廓的凸起模板（阳模），然后将液态的有机聚合物材料浇注在阳模上，固化后与阳模剥离，得到微模具。这种方法具有分辨率高、简便易行等优点，但是需要制作模具，制作成本高。

Whitesides小组开发的软光刻技术是模塑法的典型代表技术之一。这一方法由用于加工玻璃和硅芯片的标准光刻技术发展而来，也是目前实验室规模制备微流控芯片最流行的方法之一。PDMS材料具有良好的光学性能和易于快速成型的特点，故其加工常采用软光刻法。软光刻技术的流程如图3.3[10]所示。首先，使用SU-8光刻胶在硅片上刻出所需微通道作为阳模，再将PDMS的主剂与固化剂以10∶1的比例均匀混合浇铸在阳膜上，并在40～70℃环境下热固化两小时，最后将PDMS微通道与阳膜分离。除去制造阳模的光刻机外，软光刻法不需要其他昂贵的设备，且比用硅和玻璃模板刻蚀更加简单，成本更低，且可以获得具有良好光学性能和生物相容性的高精度、纳米级的微通道。另外，软光刻法还适用于可光固化的全氟聚醚等光敏聚合物和聚合水凝胶等材料。

之后在软光刻法的基础上，又发展了多种类似的加工技术，如微接触打印（μCP）、复制成型（REM）、微传递成型（μTM）、毛细管微成型（MIMIC）和溶剂辅助微成型（SAMIM）。在此主要对微接触打印、毛细管微成型、溶剂辅助微成型这三种方法进行简要介绍。微接触打印是指用制备的PDMS弹性体作为软模具，让聚合物材料覆盖在模具表面，通过复制获得所需图案，这种方法成型简单高效。毛

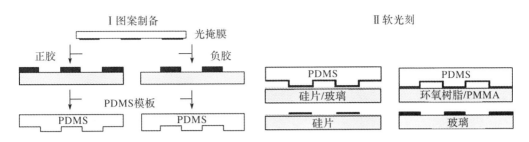

图 3.3　软光刻工艺流程

细管微成型是指首先将 PDMS 模具放至玻璃平板或其他基底上,让它们之间形成通道,再将低黏度预聚物放置在通道的开口端,加热至玻璃融化温度,预聚物液体通过毛细管作用自发地填充通道,待其固化后,去除 PDMS 模具,即可获得所需结构。溶剂辅助微成型是指在选取良好的溶剂使其不影响 PDMS 模具的情况下溶解(或软化)材料,然后蒸发溶剂得到所需要的微通道结构。

热压法和压印法也是模塑法中常用的一类方法,这两种方法也需要事先获得阳模。其中,热压法的具体步骤为首先将材料(通常是热塑性聚合物)加热到软化温度,然后使软化的材料在模板的压力下形成所需的微结构;这个过程通常发生在高温下。压印法也是通过对材料施加压力来形成微结构,但与热压法不同,压印过程中会对模板造成磨损,且不一定要在高温环境下进行,模板通常采用耐高温、高压材料,如金属、陶瓷和环氧树脂等。其中,环氧树脂材料成本低,且可以承受多次热压的循环,因而被作为阳模冲压材料广泛使用。随着微流控芯片的深入发展,复杂结构的微通道需求不断增加,这对芯片的微结构精度和加工效率等提出了更高的要求,简单的压印制造方法难以完全满足要求。为此,通常塑料微流控芯片的大规模制造采用模具注射成型的方法如 LIGA 技术等。

LIGA 是德文 lithographie(深层光刻)、galvanoformung(电镀,也称电铸)和 abformung(注塑)的缩写,LIGA 技术是一种典型的基于模具注射的方法。其工艺流程如图 3.4 所示,主要分为两步:①先将聚合物层(如 PMMA)涂覆在导电基板上,利用 X 射线或紫外光刻将掩模上的图案转移至聚合物层,在这里,X 射线能够穿透厚达数百微米甚至数毫米的聚合物层,让聚合物在一个曝光时间内均匀且迅速沉积形成高精度微观结构,进一步再用化学试剂对图案进行修饰;②通过微电镀让微通道中金属沉积,得到所需要的金属微模具(阳模),最后进行微模具注塑,形成所需的微通道。LIGA 技术的优势在于,可以一步制成较大厚度、高精度的微结构,但是需要光刻掩模生产和模具注射设备,其生产成本通常很高。尽管如此,它仍然是目前加工高深宽比、高分辨率、高效率聚合物芯片的最佳方法之一。除此之外，LIGA 技术还广泛适用于多种材料，包括金属、陶瓷、有机聚合物和玻璃等，例如镍是 LIGA 技术常用的金属之一，可以形成高精度的镍微结构。

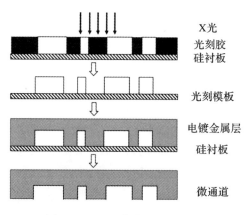

图 3.4　LIGA 技术工艺流程图

(3)其他加工方法

模塑法虽然适用于大多材料，但在实际应用中，需要加工的微通道结构往往是三维的、更加复杂且精度要求高，这是较难通过模塑法实现的。此外，模塑法需要先加工模具，因此耗时长，成本高，不利于定制化加工。针对这些问题，目前发展出了激光加工和 3D 打印等加工方法。

与传统的微细加工技术不同，激光加工技术是一种非接触的加工方式。这省去了制模的过程，缩短了生产的时间，提高了生产效率。激光加工技术具有精度高、快速等优点，它还可直接根据 CAD(computer aided design，计算机辅助设计)软件创建的数据进行加工，其设备投资小、柔性化程度高、能够加工复杂的三维微通道结构，有利于实现微流控芯片的低成本、大批量生产。此外，模塑法获得的微通道通常需要后处理，如采用黏合剂或键合的方法使其形成封闭通道，而在激光加工技术中，可以利用激光烧灼和激光焊接形成封闭微通道。

微纳米尺度的 3D 打印技术是一种增材制造的加工方法，这种加工方法不仅不需要传统的机床、刀具和夹具等工具，还可以与计算机辅助设计相结合，快速、准确地直接生成最终产品。除此之外，这种加工方法成本低廉、工艺简单、效率高，已经逐渐应用于微流控芯片加工的制造。3D 打印技术不仅可以显著简化微流控芯片的加工过程，同时其打印材料的选择也非常灵活，除了各种有机聚合物材料外，生物材料也可以直接打印，基于 3D 打印技术制备的微流控芯片如图 3.5[11] 所示。

相比其他微加工技术,3D 打印技术极大地降低了微流控芯片制造的技术门槛和
加工成本,对微流控芯片的推广应用有着非常积极的意义。

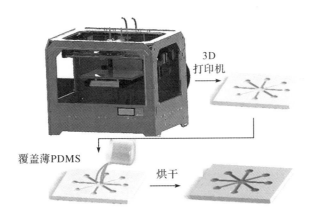

图 3.5　基于 3D 打印技术制备的微流控芯片

3.7　微流控技术及应用

时至今日,微流控技术已经发展出了大量的功能性操作单元和技术模块,微
泵、微阀、惯性微流控、开放式微流控、液滴/颗粒的生成和筛选,以及器官芯片
等。这里主要选取典型的液滴微流控技术、微流控浓度梯度芯片、微流控器官
芯片,以及一些新型交叉微流控技术作为代表性技术进行介绍。关于惯性微流
控可以参考文献[12]和[13],关于开放式微流控可以参考文献[14],本书不再
具体介绍。

3.7.1　液滴微流控

液滴微流控技术是微流控技术的重要类别之一。早期的微流控技术研究主
要集中于混合流体的连续流动,而液滴微流控技术的发展使得微流控技术在微尺
度流体控制中的优势得到了更充分的发挥。液滴微流控技术具有试剂消耗少、重
复性高、通量高等优点,被广泛应用于分析检测、材料合成等领域。以下主要对微
液滴的分类与制备方法进行介绍。

（1）微液滴的分类

通常根据液滴的组分可将其分为单组分液滴和多组分液滴，根据两相流体的不同，又可将多组分液滴分为气-液相液滴和液-液相液滴两种。根据液滴结构的不同，可将液滴分为单液滴和包裹液滴，液-液相液滴根据其连续相和分散相的不同可分为水包油（O/W）、油包水（W/O）、油包水包油（O/W/O），以及水包油包水（W/O/W）等。而气-液相液滴由于其易在微通道中挥发和造成交叉污染，应用受限。

①单组分液滴

单组分液滴是最基本的微液滴形式，这种微液滴中只包含均一组分或溶液。单组分液滴系统是单组分离散相分散在与之不相容的连续相中的两相系统，如油包水（W/O）和水包油（O/W）体系。单组分液滴的制备方法除传统的剪切搅拌法外，还有多种微流控制备方法。与传统制备方法相比，微流控制备方法获得的液滴具有更高的单分散性和可控性，且该方法的应用场景更加广泛。微流控台阶乳化法制备的单组分液滴如图 3.6 所示[15]。

图 3.6　微流控台阶乳化法制备单组分液滴

②多组分液滴

多组分液滴是指一个液滴中包含多个化学成分、颜色、极性或表面不同的部分。Janus 液滴是以罗马双面神 Janus 命名的，指由化学成分、颜色、极性或表面不同的两个独特部分组成的一种功能性微液滴，属于多组分液滴。Janus 液滴除了可由单组分液滴通过相分离技术制备外，还可通过液滴融合技术以及微流控直接生成等方法制备。Janus 液滴在生化反应、细胞分析和材料合成中均有广泛的应用。Janus 液滴可作为自驱动微型泵推动药物、细胞或微生物在微流体中运动，磁性或光敏 Janus 液滴可作为磁控或光控开关用于微气分析系统,Janus 液滴固化后形成的具有胶体光子晶体(colloidal photonic crystals,CPCS)的 Janus 颗粒还可用于制作显示屏等。其他多组分液滴的制备方法与 Janus 液滴相同,可通过液滴融合技术或微流控直接生成等方法制备。

③包裹液滴

包裹液滴是指由一相包裹另一相形成的核壳结构形式的液滴。典型的包裹液滴有两相的水包油包水(W/O/W)和油包水包油(O/W/O)液滴,此外还有多相(相数>2)包裹液滴和复包裹液滴(多层包裹)。包裹液滴的拓扑结构如图 3.7 所示[16]。其制备方法一般是根据包裹液滴的核壳数量,选用一定数量的单组分液滴制备装置,通过串或并联实现包裹液滴的制备。包裹液滴主要应用于细胞包裹、药物包裹、药物储存与材料制备等领域。Janus 包裹液滴常用于功能材料的合成与制造。包裹率、包裹稳定性和按需释放是液滴包裹领域的主要技术要求。

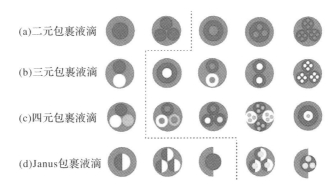

图 3.7 形式多样的包裹液滴

注:虚线左侧为单包裹、右侧为复包裹。

(2)微液滴生成理论

①作用力及无量纲数

微液滴的生成是多种作用力共同作用的结果。在两相或多相流动系统中,存在多种作用力,主要包括黏性力、惯性力、重力、毛细压力和剪切力等。假设在无外力作用下,密度为 ρ_d,黏度为 η_d,表面张力为 γ 的单位体积离散流体以流速 υ_d 在特征尺寸为 L 的微通道中流动(粒子尺寸与微通道特征尺寸同量级),则液滴生成的四种主要作用力如下(单位面积受力)。

a. 黏性力

$$\sigma_v \propto \frac{\eta_d v_d}{L}$$

黏性力是流体运动时受到的阻滞运动的作用力,运动停止时,黏性力为零。黏性力的方向与作用表面平行。

b. 惯性力

$$\sigma_i \propto \rho_d v_d^2$$

惯性力是假设的质量流体运动时其具有的惯性使其保持原有运动状态的虚拟力,运动停止时,惯性力为零。惯性力的方向与流体流动方向相同。

c. 重力

$$\sigma_g \propto \rho_d g L$$

重力是流体在重力场中受到的力,重力与运动状态无关,方向垂直向下,g 为重力加速度。

d. 毛细压力

$$\sigma_\gamma \propto \frac{\gamma}{L}$$

毛细管压力是指毛细管中产生的液面上升或下降的曲面附加压力。毛细管压力与表面张力有关,方向垂直界面。

e. 雷诺数 Re

雷诺数用于描述流体在运动中惯性力与黏性力的相对重要性,雷诺数可表示为

$$Re = \frac{\sigma_i}{\sigma_v} = \frac{\rho_d v_d L}{\eta_d} \tag{3.43}$$

在液滴微流控系统中,雷诺数的范围通常在 $10^{-6} \sim 10^2$,微流控芯片中流体的流动呈现层流效应。

f. 毛细管数 Ca

液滴断裂是界面不稳定造成的,因此界面张力在液滴生成过程中发挥主要作用。毛细管数是黏性力和毛细压力的比值,其表达式为

$$Ca = \frac{\sigma_v}{\sigma_\gamma} = \frac{\eta_d v_d}{\gamma} \tag{3.44}$$

毛细管数是微流控分析中最常用的一个参数。在液滴微流控系统中毛细管数一般在 $10^{-3} \sim 10$,表面张力的作用大于黏性力或与黏性力相当。

g. 韦伯数 We

韦伯数为流体惯性力与毛细压力之比,其表达式为

$$We = \frac{\sigma_i}{\sigma_\gamma} = \frac{\rho_d v_d^2 L}{\gamma} \tag{3.45}$$

在大多数微流控系统中,韦伯数的取值小于 1。这是因为在液滴微流控系统中,表面张力的作用通常远大于惯性力,惯性力通常可以忽略不计。但在较高的流速下,如射流或非线性液滴生成时,惯性力的作用会大大增强。

h. 邦德数 Bo

邦德数表示重力与毛细压力的相对重要性,其表达式为

$$Bo = \frac{\sigma_g}{\sigma_\gamma} = \frac{\Delta \rho g L^2}{\gamma} \tag{3.46}$$

式中,$\Delta \rho$ 表示离散相和连续相两相的密度差。通常,液-液两相微流体的 $\Delta \rho$ 和 L 都很小,因此在液滴生成过程中邦德数远小于 1,量级一般为 10^{-3}。

② 液滴生成模式

微液滴的生成主要分为三个阶段:生长阶段、颈缩阶段和断裂脱离阶段。液滴生成过程中,在毛细管压力、黏性力和惯性力的作用下,液滴会有不同的断裂生成模式,主要有五种:挤压(squeeze)、滴流(dripping)、射流(jetting)、尖端流(tip-streaming)和尖端多重破碎流动(tip-multi-breaking),如图 3.8 所示[17]。

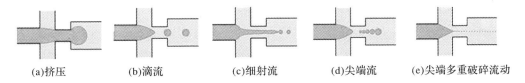

(a)挤压　　　　(b)滴流　　　　(c)细射流　　　　(d)尖端流　　　　(e)尖端多重破碎流动

图 3.8　液滴生成模式

a. 挤压

挤压模式发生在 Ca 较小时,是一种当离散相增大到堵塞通道时,由跨过液滴的连续相压力差诱导界面不稳定产生的液滴断裂形式,如图 3.8(a)所示。挤压模式产生的液滴具有高度单分散性,但液滴尺寸理论上要比通道特征尺寸大。因此,在挤压模式中,液滴尺寸的调节主要依靠调整微流控芯片的物理尺寸。此外该模式中离散相与通道壁面相接触,通道壁面接触角对液滴生成有较大影响。

b. 滴流

滴流模式发生在 Ca 较大,而两相流速较低的情况下,离散相主要在黏性剪切力(流体在剪切运动中由于黏性力面产生的剪切应力)作用下,克服通道端口处的界面张力以液滴的方式断裂脱落,如图 3.8(b)所示。由于黏性剪切力作用较强,液滴在生长到堵塞通道前便发生断裂,因此滴流模式产生的液滴尺寸略小于通道

特征尺寸。当黏性剪切力保持恒定时,滴流模式产生的液滴为单分散性。该模式液滴的大小可调节性高,可以通过调节两相流速以控制剪切力大小来改变生成的液滴大小,因此应用比挤压流模式更广泛。

c. 射流

射流模式可分为两种:细射流(narrow jetting)和粗射流(wide jetting)。粗射流指的是当离散相的流速较高时,离散相流出通道端口一段距离后发生膨胀形成头部,这个头部不断增长,最终在普拉托-瑞利不稳定性作用下断裂。粗射流生成的液滴直径通常很大,远远超过通道的特征尺寸,而且液滴单分散性较差。而细射流中,由于流速较高,流出端口的离散相在强烈的黏性剪切力作用下发生变形,变得更加细长,最终在普拉托-瑞利不稳定性、拉普拉斯压力和黏性剪切力共同作用下,细射流的尖端发生断裂,如图 3.8(c)所示。相较粗射流,细射流生成的是连续相流通道特征尺寸级别的液滴,液滴直径更小且单分散性更好。

d. 尖端流

尖端流模式发生在临界 Ca 时,表面活性剂在强剪切应力作用下积累在离散相流体的尖端,使其局部表面张力急剧降低直至接近于零,从而形成一个更尖的尖端,称之为"泰勒锥"。在适当的条件下,一根细流线从高度变尖的"泰勒锥"上生长出来,称其为临界毛细管数流线,然后在界面张力和黏性剪切力等作用下分解成几微米或更小的小液滴,如图 3.8(d)所示,这种现象称为尖端乳化。这种模式生成的液滴大小不受流动装置通道最小特征尺寸的限制,是一种很有前景的亚微液滴制备模式。临界毛细管数流线的直径和生成的液滴的大小很大程度上取决于表面活性剂的量,因此,可以通过调节表面活性剂含量改变尖端乳化产生的液滴大小。

e. 尖端多重破碎流动

尖端多重破碎流动是在黏性剪切力和界面张力的平衡中产生的液滴由大到小周期性顺序排列的液滴生成模式。如图 3.8(e)所示,该模式具有多分散性和几何级数的粒度分布。液滴数 n 由连续相毛细管数决定,随着连续相毛细管数的增加,液滴数量增加,一般为 2~10。虽然这种模式产生的液滴是多分散的,但在液滴簇中,液滴大小服从有规律的几何级数分布,这种独特的几何形态,使这种模式成为加密和防伪识别领域应用的候选对象。

(3)微液滴制备方法

微流控液滴的制备过程指的是一相流体在另一相不互溶的流体中分散的过程,其中一相作为连续相,另一相作为离散相,离散相以液滴形式分散在连续相中。液滴生成过程要求两相界面存在足够大的作用力使得该处的表面张力失稳，这时离散相会突破界面张力进入连续相中生成液滴。

目前微液滴已经有多种方法制备，根据是否有外界能量的输入，可以把液滴的制备方法分为主动式和被动式。主动式指通过施加外力刺激或局部驱动来实现微流体的控制，如外加电场、磁场、声、光和热等方式。主动式液滴制备方法操控灵活性更高，响应时间快，可以在极端条件下（界面张力较低、流体黏度高等难乳化条件）制备可控性较高的微液滴，但该方法所用的装置与连接通常很复杂，装置组合困难且精度要求较高，很难实现微型化。而被动式液滴制备方法通常无须外力作用，主要借助流体微观领域显著的物理现象，如表面张力、毛细作用，以及流体通道的几何结构和流体特性，使流体在流场交界面变形生成液滴。被动式液滴制备方法不仅可以生成可控性高、单分散性良好的微液滴，而且可以减少外力驱动造成的能量损失。以下对一些常见的被动式、主动式液滴制备方法进行简单介绍。

①被动式液滴制备方法

被动式液滴制备方法主要分为基于外力作用的方法和自发型方法，如图 3.9 所示[17]，前者主要包括 T 形通道法、流动聚焦法、同轴流动法和膜乳化法，后者主要是台阶乳化法。其中，T 形通道法、流动聚焦法、同轴流动法主要是利用普拉托–瑞利不稳定性和特殊几何形状前剪切式的通道生成液滴；而台阶乳化法则是利用离散相在通道被挤压后的拉普拉斯压力差，当离散相经过台阶处时，拉普拉斯压力差释放迅速生成液滴，这种断裂原理使得生成液滴尺寸受流量的影响更小，该方法生成的液滴较其他方法具有更高的单分散性和稳定性。

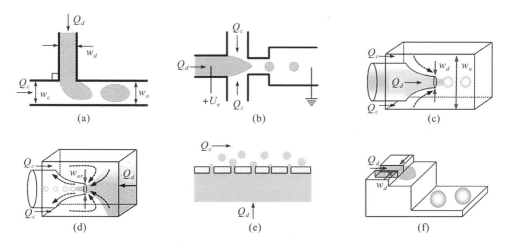

图 3.9　被动式液滴制备方法

2001年,Thorsen等[18]最早使用了T形交叉结构来生成液滴。如图3.9(a)所示,T形通道法中通过T形的通道让离散相和连续相交叉流动,离散相在连续相的剪切作用下生成液滴。同时,可以通过调整两相黏度、流速以及通道的特征尺寸来调节液滴的尺寸以及生成频率。还可以引入多个T形结构实现液滴的多层包裹。流动聚焦法是在T形通道法的基础上提出的,也是利用连续相的剪切作用生成液滴。如图3.9(b)所示,离散相和连续相共轴流过收缩区,在两侧连续相流体的剪切作用下,离散相流体在这个收缩区断裂生成大小均匀的液滴。流动聚焦结构中的两侧对称结构使生成的液滴受到外部因素(外部扰动或不均匀条件引起的液滴生成不稳定性)的影响更小,更稳定。与T形通道法类似,可以通过调整两相流量比、两相黏度以及通道的特征尺寸来改变液滴生成尺寸与生成频率。但是这种方法往往会伴随着生成卫星液滴,生成液滴的单分散性将大大降低。同轴流动法则是利用一组同轴的微通道在两种不互溶的共流动流体之间形成界面来生成液滴,如图3.9(c)、(d)所示,让连续相和离散相反向同轴或同向同轴流动,利用四周连续相均匀的剪切作用生成液滴。同轴流动结构的缺点在于连续相会受到离散相的强黏性剪切力,这使得同轴流动法较前两种制备方法更加复杂且更加不稳定,不适合用于细胞等的研究。膜乳化法是让离散相流体通过一系列具有微孔结构的膜发生乳化而产生液滴,如图3.9(e)所示。台阶乳化(step emulsification)的概念是由日本学者Kawakatsu等[19]于1997年提出,其发展来源于直通式微通道乳化。台阶乳化法是通过在微通道末端设置台阶结构,使离散相流出通道出口,并进入限制较小的台阶中二维扩展,之后到达台阶边缘进入收集槽中三维球状膨胀,最终在界面张力和拉普拉斯压力作用下发生颈缩断裂生成液滴,如图3.9(f)所示。可以通过集成多个单元来提高台阶乳化装置的液滴产率,还可以通过调整台阶平台的尺寸在单一平台集成多通道,进一步实现单台阶多液滴的同时生成。目前,台阶乳化法已经成功应用于制备微液滴、微颗粒、微气泡以及微胶囊等,更有学者已利用串联式的台阶乳化法实现了大通量的液滴制备。

②主动式液滴制备方法

在被动式液滴制备方法的基础上,可以施加主动控制对液滴形成过程进行精确调控,如尺寸、产率、成分和形状调控。例如,对流体直接施加电脉冲或使其通过电润湿结构都可以根据要求实时控制生成液滴的尺寸。磁场则可对磁性流体的液滴形成过程控制,通过调整磁场,既可动态调控液滴尺寸,也可对双重乳液中磁性内核的位置进行有效控制。而具有一定强度的激光则可以直接令照射点附近的流场发生改变,常用于阻止两相界面的移动,从而对液滴形成的时间点以及液滴的融合和分裂等进行控制。此外,可以对液滴形成过程调控的手段还有压电晶片产生的声波、精密加工的叉指式换能器所产生的表面声波,以及热量输入等。

3.7.2　微流控浓度梯度芯片

微流控浓度梯度芯片(微流控梯度发生器)是一种可以快速构建稳定的生化浓度梯度的工具,被广泛应用于药物筛选、毒性分析和材料合成等领域。与传统的浓度梯度生成方法相比,微流控浓度梯度芯片具有高度灵活性和可控性,不仅可以实现多种浓度梯度的构建,还可以实现长期稳定的静态梯度和快速响应的动态梯度的生成。2000 年,Jeon 等[20]提出了微流控浓度梯度的概念,并基于低雷诺数的层流扩散原理设计了经典的"圣诞树"结构,实现了浓度梯度的连续变化。微流控浓度梯度芯片主要分为基于对流、基于扩散和基于液滴三大类。

在微流控浓度梯度芯片中,梯度的产生是由于溶质物质的运输,而溶质物质的运输是通过扩散和对流发生的。引入对流-扩散方程(convection-diffusion equation)对流场中的质量传递规律进行阐述

$$\frac{\partial C}{\partial t} + \nabla(\boldsymbol{u}C) = D\,\nabla^2 C + R_g \tag{3.47}$$

式中,C 为浓度,t 为时间,$\boldsymbol{u}$ 为流体运动特征速度,D 为扩散系数,∇ 表示梯度,$\nabla(\boldsymbol{u}C)$ 表示质量积累速率与对流质量通量之和,$D\,\nabla^2 C$ 表示扩散质量通量,R_g 表示净生成速率。

在微流控浓度梯度芯片中,通常引入分析佩克莱数 Pe 对对流-扩散方程进行简化,Pe 是物质对流传递和扩散传递的一个重要参数,是雷诺数 Re 与施密特数 Sc 的乘积

$$Pe = \frac{|\boldsymbol{u}|\,L}{D_B} \tag{3.48}$$

式中,L 为特征长度,D_B 为扩散系数。

当 $Pe \gg 1$ 时,质量传递的主要模式是对流,扩散质量传递项 $D\,\nabla^2 C$ 在对流-扩散方程中可省略,式(3.47)简化为式(3.49);当 $Pe \ll 1$ 时,质量传递的主要模式是扩散,因此,对流质量传递项 $\nabla(\boldsymbol{u}C)$ 可省略,式(3.47)简化为式(3.50)。

$$\nabla(\boldsymbol{u}C) = 0 \tag{3.49}$$

$$\frac{\partial C}{\partial t} = D\,\nabla^2 C \tag{3.50}$$

(1)基于对流的微流控浓度梯度芯片

基于对流的($Pe > 1$)微流控浓度梯度芯片经常用于模拟生物体内微环境,研究细胞在流动诱导的剪切应力的反应。T 形结构和圣诞树形结构是常见的两种

基于对流的微流控浓度梯度芯片,如图 3.10 所示。在这些结构中,流体主要做层流运动,当两种或多种溶液进入同一通道中时,各溶液将仍保持平行的层流状态并行流动,只在各相流体的接触面上产生横向的分子扩散,通过控制相对流速即可实现浓度梯度的连续变化。但是研究发现,在简单的 Y 形、T 形结构中,速度抛物线的出现会导致浓度梯度分布不均,而在圣诞树形结构中,分布在不同入口的微通道可以促进梯度分布均匀。

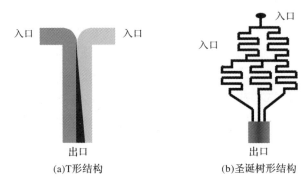

(a)T形结构   (b)圣诞树形结构

图 3.10 基于对流的微流控浓度梯度芯片

(2)基于扩散的微流控浓度梯度芯片

基于扩散的($Pe<1$)微流控浓度梯度芯片通常用于低剪切生物学研究,主要包括膜系统和压力平衡系统。这些系统通常有两个独立对称通道作为不同浓度溶液的入口,扩散梯度形成区域连接两个独立对称通道,如图 3.11 所示。当不同浓度的溶液接触时,溶液之间只发生扩散和而不发生对流,即扩散是这类浓度梯度芯片的质量传递的唯一形式。

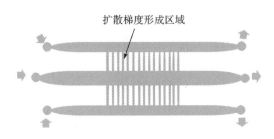

图 3.11 基于扩散的微流控浓度梯度芯片

(3)基于液滴的微流控浓度梯度芯片

基于液滴的微流控浓度梯度芯片也是生成浓度梯度的常用方法,主要用于产生液滴梯度,具体的方法包括液滴产生、液滴聚结和液滴混合,通常认为该方法无剪切,一种常见的液滴微流控浓度梯度芯片如图 3.12 所示。由于液滴尺寸小、通量大,这种方法可以用于样品的定量分析高通量处理,同时由于液滴的封闭性,可以保护液滴内部环境不受外界干扰。

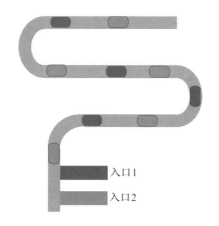

入口1
入口2

图 3.12　基于液滴的微流控浓度梯度芯片

3.7.3　微流控器官芯片

　　微流控器官芯片是一种以微芯片成型加工方法制造的微流控培养装置。它是通过将微流控技术与类器官技术相结合,形成的类似于人体微生理的系统。微流控器官芯片构建和模拟了人体组织微环境,具体有以下四点:①通过灌注微流体实现细胞的动态培养,让细胞所处的环境更贴近人体;②通过改变微流体的流速和通道几何形状来模拟人体中复杂的生理过程,生成稳定的三维的生化浓度梯度;③进一步使用弹性多孔膜产生周期性的机械应力,满足细胞的分化;④通过表面修饰、模板法和 3D 打印等方式构建复杂形状的细胞组织,反映实际器官中的细胞结构和生理结构[21]。

　　与传统的 2D、3D 细胞培养装置(包括基于水凝胶的方法、组织工程构建体、静态共培养和生物反应器)相比,微流控器官芯片能够更好地对 3D 静态培养物中的微流体流动及细胞环境进行灵活操作,能够更好地模拟人体细胞、组织微环境和器官功能。它为药物和疫苗的有效性及生物安全性的评估提供了一个更接近人体真实生理和病理条件的、成本更低的体外模型,避免了使用动物模型和人体模型所带来的伦理问题。此外,微流控器官芯片不仅能减少试剂损耗,降低成本,而且具有高系统集成度、高通量的优点。

微流控器官芯片的发展得益于组织工程和微流控技术的进步。首先,组织工程已经从单一简单的 2D 细胞培养向更加复杂的 3D 细胞培养模式发展,其次微流控技术的快速发展为细胞培养研究提供了良好的平台。即使微流控器官芯片比人体内的天然组织和器官简单得多,但是它仍能较好地重现该器官部分特有的生理功能,在器官生理和疾病等方面的研究中具有巨大的优势和潜力,可应用于高通量药物筛选、药物开发、药物毒理和药理作用研究等领域,推动个体化治疗的发展。目前,已经制造出了多种器官芯片,包括肺芯片、肾芯片、脑芯片、心芯片、血管芯片以及多器官芯片等。在血管芯片中,微流体血管模型为药物的筛选与评估提供了有效的体外血管模型,可利用微流体装置的微通道几何形状结构与微血管系统的相似性,通过对通道内剪切速率分布和流体流动曲线的控制实现对血管环境的模拟。而血管微器官模型和血管化微肿瘤平台为药物的大规模筛选和药物毒性筛选提供了良好的筛选模型。结合 3D 生物打印技术还可以创建用于药物筛选和疾病建模的芯片上的心脏模型,来进行纳米药物与心脏细胞的测试。

尽管单器官芯片能较好地模拟人体某一器官的生理环境和功能,但是实际上人体的器官之间存在复杂的相互关系和影响,单器官芯片无法反映人体多器官之间的相互关系和复杂性,存在较大局限。随后基于单器官芯片逐步发展出了多器官芯片,它也被称为“人体芯片”。多器官芯片上的“器官”通过仿生血管(微通道)连接,以模拟器官之间的相互作用和影响。

3.7.4 新型交叉微流控技术

(1)光流控技术

随着微机电技术和微流控技术的蓬勃发展,衍生出光流控技术。光流控技术泛指光学与微流控结合下提供更为多样化功能的相关技术。光流控技术并不是微流控芯片与光学元件的简单叠加,而是一个系统整合和提升的过程。与传统的光学技术及光学元件相比,应用了微流控技术的光流控技术具有紧凑、耐用、灵活以及低成本等优点,具有广阔的发展前景。它集合了样本分析和传输于一体的分析机制,提高了检测系统性能,并简化了微流控系统的设计。早在十几年前,光学技术就已用于制备生物医学检测和化学样本分析测试仪器,如流式细胞仪、酶标仪等,且这类装置正逐渐向微型化发展,发展出如芯片谐振器、荧光染料激光器和光开关等。目前,光流控技术在生物、化学等学科领域的微小样本内(飞米或纳米级别的尺寸)检测和分析中广泛应用,对生物医学和化学样品检测分析等有极大的推动作用。除此之外,光流控技术在光学转换、光学通信、图形图像感测处理、生物医药检测、环境监测和新能源开发等方面都有着巨大的发展潜力。

2003 年,光流控技术被首次提出,其目标是通过集成光学和流体学科开发适应性光学器件来实现特定的功能。在此之前,光学研究通常被认为是对光及其与物体相互作用的研究,而流体学科则被认为是研究材料在流体力场作用下的运动规律及相关性质。Psaltis 等[22]从光流体系统的结构和实现机理两方面来定义光流体技术:①固/液两相混合的具有相关光学性能介质的结构;②完全基于流体系统且只和流体光学性质有关的结构;③以胶体为基质的系统,在流体中操控固体粒子或者在胶体溶液中利用其独特的光学性质。

随着微纳米新材料的快速发展,近年来大部分研究的方向逐步集中到第三条定义上,即利用微纳米粒子独特的光学特性和创新的方法来操控微纳米粒子在液相中的运动状态。目前,光流控技术的两大研究方向为:①通过流体来操控光,即在微流控系统中添加光学元件,如液态透镜、液晶显微镜和激光共聚显微镜等;②通过光操控流体或粒子,即在微光系统中加入流体,如光镊技术和光电结合操控流体技术等。

凭借其优势,光流控技术在生物医学、图像处理、新能源开发等领域都发挥出了巨大的优势。

①生物医学

光流体系统在生物化学检测中的应用逐渐成为一个研究热点。主要是因为传统的检测必须使用大量的样本和试剂,不仅所需时间长、成本高,且污染的概率大、检测效率低。而由微机电精密制作的光流体系统生物芯片,可以批量地进行药物筛选、病原体检测、血液和组织等样品处理,以及进行生化或酶素反应、生物体组成成分分析等,它集各种功能于一体,缩短了检测所需时间,提高了检测效率并使成本大大降低。目前,用于生物化学检测的光流体系统正逐步向整合了样本处理系统、样本分离系统、流体回路系统、微感测器元件系统、智能信号处理和操控系统等的多功能系统发展,将应用于基因及蛋白质功能的研究、药物分析、新药开发、临床检验、法学鉴定、环保安全等更多的领域。

②图像处理

光学成像可以定义为利用光来捕捉并反映物体表面特征和结构特征。得益于微机电系统和微精密制造技术的不断发展,光流控技术已经可以操控光在微观尺度下的行为,并逐步在图形图像学中展现出广阔的应用前景。近十年,许多学者致力于研究在微流控芯片中利用流体操纵光在微观尺度下的行为来实现宏观尺度的功能,并研发出了许多光流体元器件,如光流体激光器、光流体棱镜、光开关、光流体透镜、光波导、分光器、染料激光器、光流体显微镜和便携式层析成像显微镜等。在过去几年，也有部分研究成果已商品化，其中可调式液态透镜是目前最具商品化潜力的研究重点之一。例如，飞利浦公司的研发团队利用电润湿的原理调控液态透镜的聚焦长度，制作出可变焦液态透镜，该透镜可用于制造微型相机。

③新能源开发

光流控技术对小尺度光学系统流体的精确控制为新能源应用提供了更大的操作空间。在能源领域，基于太阳能的燃料生产以及基于液体的太阳辐射收集和控制系统中，光流控技术的地位举足轻重。光生物反应器利用光合作用的微生物，如蓝藻等藻类，将光和二氧化碳转化为碳氢燃料等能源。目前光生物反应器技术的最大挑战是光在反应器中的分布量太小，虽然已开发出部分实用的光生物反应器，但是反应器中光的分布量还是未能达到批量化生产和大范围应用的要求，如何提高光在反应器中的分布量成为迫切需要解决的问题。

(2)声流控技术

声流控技术是声学和微流控技术交叉产生的新领域，指在微流道中以声波为外场驱动实现对微纳尺度下的流体、液滴及颗粒混合物的操控，它被广泛应用于细胞检测、细胞分选、液滴操纵和化学合成等领域。与光流控、磁流控相比，流控技术不需要依靠高能激光，所需能量更低，也不要求物质具有磁性或其他特殊性质，适用范围更广，可用于多种场景如细胞实验，更有优势。

在声流控技术中，根据声波传播形式的不同，可将其分为体声波（bulk acoustic wave，BAW）和表面声波（surface acoustic wave，SAW）。体声波指的是声波在材料内部传播的弹性波，它通过弹性介质传播，传播方式有横向波（剪切波）和纵向波（压力波）两种；表面声波是指声波沿着材料表面传播的弹性声波，其大部分的能量都集中在材料表面或表面以下几个波长范围内，并呈指数衰减到基底，在表面声波沿着材料表面传播的情况下表面的流体与结构会高度耦合，这也是表面声波被广泛应用于微流控技术的原因之一。表面声波理论最早由瑞利（Rayleigh）在19世纪后期提出[23]，他发现表面声波的影响会随着深度的加深迅速衰减，表面声波的振幅随距离的衰减速度比其他弹性波要更慢，这在地震学中非常重要。后来表面声波理论进一步被应用于更小尺度的研究中，如微流控技术中。

根据振动模式和边界的不同，表面声波可分为瑞利波（Rayleigh wave）、兰姆波（Lamb wave）、弯曲板波（flexural plate wave）、乐甫波（Love wave）、水平剪切波（shear horizontal wave）、西沙瓦波（Sezawa wave）等。瑞利波是最早发现的也是应用最广泛的一种表面声波。它是垂直于传播方波方向和平行于传播方向的两种位移分量的组合,且穿透深度约一个波长。因此,在瑞利波中,材料的厚度相对于波长是无限大的,当材料的厚度大于波长的十倍时,我们认为该材料可以产生完美的瑞利波。层状结构基板产生的瑞利波的高阶模式通常称为西沙瓦模式(Sezawa mode)。而在兰姆波中,声波的波长与固体厚度相接近,主要分为两种,一是由远程声源产生,二是薄压电层产生。

除了可利用表面声波的振动驱动液滴混合、加热外,声流控技术更重要的应用在粒子操纵、生物化学分析等领域。

①粒子操纵

1989 年,Shiokawa[24] 利用高频交流电信号产生表面声波实现了喷射微液滴的制备,推动了表面声波超声雾化液滴制备的研究。利用表面声波可以实现液滴在微流道内的高精度的定向流动和启停。同时,可利用表面声波产生的定向声辐射推力,将分散相流体推入连续相流体中制备液滴,这种方法可以在不改变通道和流量的情况下实现液滴尺寸调节。利用表面声波的振动还可以实现液滴浓缩和粒子成图。除此之外,声流控技术还可以用来操控液滴的运输、融合、混匀、分裂等。

②生物医学

声流控技术的非接触、无标记和生物相容性等独特优势使其在生物医学领域备受青睐。具体来说,第一,声波可以在非接触的情况下操纵样品,从而避免样品受到损坏和污染等;第二,通过声流控技术操纵细胞时,不需要预先标记细胞,可以在不改变细胞特性的情况下长时间捕获或操纵细胞;第三,声流控技术对工作流体没有特殊要求,如液体介质的磁性或电学特性,应用范围广;第四,声流控技术本身操纵精度高,便于对细胞进行高精度的操作。声流控技术在生物医学领域的应用主要有样品分析、细胞操纵等。在样品分析中,从稀释的样品中浓缩细胞和颗粒可以显著提高检测的灵敏度和缩短检测时间,利用声流体技术可以实现颗粒捕获以提高样品的局部浓度,提高反应灵敏度。而对于细胞操纵,目前已经开发出各种声流控技术来实现微流体室内的单细胞、多细胞操纵,包括细胞间距控制、细胞分离和高通量细胞分选等。

(3)AI 辅助微流控技术

近几年,得益于神经网络模型、快速图形处理器的发展,以及 Tensorflow 等框架的开发和分布式计算的普及,人工智能(AI)技术得到了跨越式的发展。AI 所具有的强大分析和运算能力为微流控系统中的海量数据计算和分析提供了良好的平台。AI 技术在微流控领域的应用推动了微流控系统向智能化发展,AI 辅助微流控技术主要应用于图像处理、药物研发、疾病诊断与预测等领域。

①图像处理

海量图像处理是 AI 在微流控系统中一个十分重要且广泛的应用,通过一系列的神经网络模型可以实现对海量图像数据的快速精准识别、处理和检测。其中,卷积神经网络(convolutional neural networks,CNN)是 AI 图像识别、领域最主要的研究模型。例如,传统的全血细胞计数方法为使用高倍显微镜手动计数,成本高,效率低。虽然基于微流控技术的流式细胞仪具有高通量,但它通常体积大且价格昂贵。而 AI 图像处理技术和微流控成像技术的有望为实现全血细胞计数仪器的小型化和实时检测铺平道路。除了处理海量图像外,AI 在提升数据质量、跟踪动态目标和评估模糊场景等方面潜力巨大。

②药物研发

在药物研发中,一方面一种新药的研发需要耗费大量的时间和资源,另一方面,由于动物模型的精确度问题和人体模型的伦理问题等,药物的研发往往受到限制,而微流控技术的引入为药物的研发提供了更加高效和有效的模型,如前述的器官芯片等。在新药的设计与研发中,靶点和先导物的筛选是至关重要的,通常需要从几十到几百万个结构中筛选出 100 种先导化合物,最后优化到 1~2 种作为候选化合物,这需要耗费大量的时间和资源,筛选过程效率低、准确率低。为了克服这些困难与障碍,可引入 AI 模型如机器学习模型、强化模型、Logistic 模型等用于识别新的和潜在的先导化合物。机器学习模型还可以预测靶点与药物的相互作用,将在识别药物靶点以及鉴定最佳候选药物中发挥重要作用。

③疾病诊断与预测

癌症的诊断与治疗仍是现代医学的一大难题,如何通过早期筛查和治疗降低癌症致死率是人类医学的一大目标。AI 辅助微流控技术为癌症的诊断和分类提供了一种新的、方便的、廉价的方法。可使用微流控技术构建癌症、肿瘤的细胞或器官模型,并通过 AI 技术对癌症特征提取,构建癌细胞预测模型,用于个性化的疾病治疗。

3.7.5 微流控技术的应用

微流控技术被广泛用于生物医学、材料合成和工业与环境检测等领域。

(1)生物医学

①体外诊断

体外诊断(in vitro diagnostics,IVD)技术是指在人体之外,对机体的血液、体液及组织等样本进行检测而获取相关的临床诊断信息,帮助判断疾病或机体功能。微流控芯片应用于体外诊断的优势在于它能将检测分析所需的样本前处理、手工加样、试剂混合等繁杂的操作集中完成,为体外诊断检测提供了所需的密闭环境。

②药物筛选与合成

微流控芯片在药物筛选与合成方面也有重要的应用。微流控芯片与细胞/类技术结合,发展出了微流控细胞/器官芯片,该芯片可用于体外药物筛选与毒性检测,大大提高了药物的筛选的效率和准确性。近年来,微流控技术已逐渐应用于纳米药物的筛选与合成,可以通过微流控技术模拟生理条件,更准确地评估药物的效果和毒性,还可以通过对微型反应器和流动条件的精确控制实现高效、可控的药物合成反应,从而制备纳米颗粒或其他纳米药物载体。

③药物包裹与递送

微流控技术在药物包裹和递送中发挥了巨大的作用,尤其是对许多水难溶性固体粉末的包裹和递送。许多的水难溶性固体粉末具有抗氧化和杀菌抗炎等功效被用作药物成分,但是这些粉末本身的溶解性差,往往导致其生物利用度低,功效大大缩减。对于这些水难溶性固体粉末的封装现有技术主要分为两大类:一是溶剂溶解法,二是直接固体包裹法。传统的基于有机溶剂的封装方法易引发生物毒性问题,而直接固体包裹法则存在溶解性低等问题。这里简要介绍一种基于微流控气泡模板法的水难溶性粉末-凝胶微囊的制备[25]。以具有生物相容性、生物可降解性的水凝胶作为药物包裹外衣,将水难溶性粉末封装在水凝胶液膜形成的气泡内,形成包裹有粉末的核壳结构的自漂浮粉末-凝胶微囊。该微囊可以大大提高粉末装载率,同时其独特的核-壳结构使其具有双重载药和释放的能力。

(2)材料合成

在微纳米材料的功能化需求日益增大、制备反应条件日趋复杂的背景下,微流控技术为微纳米材料的合成提供了一个良好的平台。通过灵活设计通道结构和精确控制流体参数,并进一步施加光、电、磁等条件,可以实现微纳米材料复杂结构的快速合成。目前,研究人员利用微流控技术已经实现了多种微纳米材料的制备,但是如何实现高通量、工业化生产仍然是一个难点。

(3)工农业与环境检测

工农业环境检测如农药残留检测、水质检测等是目前微流控技术应用的重要场景之一。传统的检测方法通常步骤烦琐、检测成本高,要求操作者具备较高的技能和丰富的经验,不能满足现代环境检测的需求。而微流控技术的引入为环境检测提供了一种小型、高通量、便携的快速、高效的检测工具。这种小型的检测系统仅需要很少量的样品和试剂,可以有效地减少采样和样品制备的时间和人力成本,提高检测的效率;此外,这种小型、便携的检测系统能更好地满足现场作业的需求。例如,在工、农业的快速发展中,一些污染物如重金属、有害化学物质等被排入水体和土壤,它们不仅会对水体生态造成,还会危害人体的健康和安全。传统的原子吸收光谱等检测方法往往成本高、效率低,尤其在面对突发性的环境污染事件时,传统的检测方法更加受限。目前已经研制了多种可以用于环境检测的微流控芯片,如水质检测芯片、空气质量检测芯片、生物气溶胶检测芯片和土壤分析芯片等。

3.8　展　望

尽管微流控技术已经得到了广泛的应用,但仍然存在较大的局限性。首先,微流控技术在高通量的筛选和合成上具有天然的优势,但是其在工业领域的大规模应用仍较少,如何进一步发挥其高通量和高集成度的优点仍然是一个难点。其次,微流控技术提供的大量实验数据受限于数据传递速率和分析速率,无法充分发挥作用,未来有望在人工智能技术的辅助下,借助人工智能技术对数据进行高速、高效分析,提高数据利用率,这也是微流控技术发展的一大重点。

参考文献

[1] 杨玥.气泡诱导式和周期电渗流微混合器的机理研究[D].杭州:浙江大学,2012.

[2] 林建忠,包福兵,张凯,等.微纳流动理论及应用[M].北京:科学出版社,2010.

[3] 王瑞金.微通道中流体扩散和混合机理及其微混合器的研究[D].杭州:浙江大学,2005.

[4] 包福兵.微纳尺度气体流动和传热的 Burnett 方程研究[D].杭州:浙江大学,2008.

[5] 沈腾.微流体惯性开关中液体的流动特性研究[D].南京:南京理工大学,2017.

[6] 傅应强.基于随机行走方法的微纳受限空间粒子扩散模拟[D].南京:南京大学,2013.

[7] 李志华.微通道流场混合与分离特性的研究[D].杭州:浙江大学,2008.

[8] Ren K, Zhou J, Wu H. Materials for microfluidic chip fabrication[J]. Accounts of Chemical Research, 2013, 46(11): 2396-2406.

[9] Lin C H, Lee G B, Lin Y H, et al. A fast prototyping process for fabrication of microfluidic systems on soda-lime glass[J]. Journal of Micromechanics and Microengineering, 2001, 6(11): 726-723.

[10] Qin D，Xia Y，Whitesides G M. Soft lithography for micro-and nanoscale patterning [J]. Nature Protocols，2010，5(3)：491-502.

[11] He Y，Qing G，Wu W B. 3D printed paper-based microfluidic analytical devices[J]. Micromachines，2016，7(7)：108.

[12] Carlo D D. Inertial microfluidics[J]. Lab on a Chip，2009，9：3038-4046.

[13] Zhang J，Yan S，Yuan D，et al. Fundamentals and applications of inertial microfluidics：a review[J]. Lab on a Chip，2016，16(1)：10-34.

[14] Berthier E，Dostie A M，Lee U N，et al. Open microfluidic capillary systems[J]. Analytical Chemistry，2019，91(14)：8739-8750.

[15] 黄兴.微流控台阶乳化液滴制备技术及机理研究[D].杭州：浙江大学，2020.

[16] 连娇愿.基于协同流动的台阶乳化微液滴生成机理及应用研究[D].杭州：浙江大学，2020.

[17] Zhu P，Wang L. Passive and active droplet generation with microfluidics：a review [J]. Lab on a Chip，2017，17(1)：34-75.

[18] Thorsen T，Roberts R W，Arnold F H，et al. Dynamic pattern formation in a vesicle-generating microfluidic device[J]. Physical Review Letters，2001，86(18)：4163.

[19] Kawakatsu T，Kikuchi Y，Nakajima M. Regular-sized cell creation in microchannel emulsification by visual microprocessing method[J]. Journal of the American Oil Chemists' Society，1997，74：317-321.

[20] Jeon N L，Dertinger S K W，Chiu D T，et al. Generation of solution and surface gradients using microfluidic systems[J]. Langmuir，2000，16(22)：8311-8316.

[21] Wu Q，Liu J，Wang X，et al. Organ-on-a-chip：recent breakthroughs and future prospects[J]. BioMedical Engineering OnLine，2020，19(1)：9.

[22] Psaltis D，Quake S R，Yang C H. Developing optofluidic technology through the fusion of microfluidics and optics[J]. Nature，2006，442：381-386.

[23] Rayleigh L. On waves propagated along the plane surface of an elastic solid[J]. Proceedings of the London Mathematical Society，1885：4-11.

[24] Shiokawa S，Matsui Y，Ueda T. Liquid streaming and droplet formation caused by leaky rayleigh waves[C]// IEEE，Ultrasonics Symposium Proceedings. New York：IEEE，1989，1：643-646.

[25] 刘聪.基于微流控气泡模板法的水难溶性粉末-凝胶微囊制备技术及机理研究[D].杭州：浙江大学，2022.

第 4 章　微纳米检测技术

4.1　透射电子显微镜(TEM)

透射电子显微镜可用于观察材料微区的组织形貌、分析晶体缺陷和测定晶体结构。1924 年,法国物理学家德布罗意(de Broglie)提出了微观粒子具有波粒二象性的假设,获得了 1929 年的诺贝尔物理学奖;例如 100kV 电压下加速的电子,德布罗意波的波长为 0.0037nm,是可见光的波长的几十万分之一。1926 年,物理学家布施(Busch)根据电子在磁场中运动与光线在介质中传播的相似性,发现具有轴对称性的磁场对电子束起着"透镜"的作用,可以以此实现电子波聚焦,这为电子显微镜的发明奠定了基础。1932 年,德国的恩斯特·鲁斯卡(Ernst Ruska)和马克斯·克诺尔(Max Knoll)在柏林制成了第一台电子显微镜;其加速电压为 70kV,放大率虽然只有 13 倍,但表明电子波可以用于显微镜,1986 年他们因此获诺贝尔物理学奖,后来他们又采用双透镜获得了 1714 倍的放大像。1939 年,鲁斯卡在德国的西门子公司制成了分辨本领优于 100nm 的电子显微镜。

4.1.1　电子光学理论基础

(1)电子的波动性及电子波的波长

根据德布罗意假设,运动微粒和一个平面单色波相联系,则与速度为 v、质量为 m 的微粒相联系的德布洛意波的波长为

$$\lambda = \frac{h}{mv} \tag{4.1}$$

其中,λ 为波长,h 为普朗克常数。电子显微镜所用的电压在几十至几百千伏,必须考虑相对论效应。经相对论修正后,电子波长与加速电压之间的近似关系为

$$\lambda = \left(\frac{150}{V}\right)^{\frac{1}{2}} \tag{4.2}$$

(2)静电透镜

根据电磁学原理,电子在静电场中受到的电场力为

$$\boldsymbol{F} = -e\boldsymbol{E} \tag{4.3}$$

式中,e 为电子所带电荷量,E 为电场强度,这里的负号表示电子带负电,受力方向与电场方向相反。

如果电子沿电场的方向运动,将被加速。如果不是沿电场的方向运动,电场将使运动电子发生折射,若电子从电位为 V_1 的区域进入电位为 V_2 的区域,则其速率将从 v_1 变为 v_2,将发生折射,遵循电子光学折射定律

$$\frac{\sin\alpha_1}{\sin\alpha_2} = \frac{(V_2)^{\frac{1}{2}}}{(V_1)^{\frac{1}{2}}} = \frac{n_{e2}}{n_{e1}} \tag{4.4}$$

式中,α_1 为入射角,α_2 为折射角,n_{e1} 和 n_{e2} 分别为电子在 V_1 和 V_2 区域的折射率,$(V_1)^{\frac{1}{2}}$ 和 $(V_2)^{\frac{1}{2}}$ 起着电子光学折射率的作用。静电透镜的作用是使电子枪的阴极发射出的电子会聚成很细的电子束,而不是成像。因为很强的电场在真空度较低的镜体内会产生弧光放电和电击穿。

(3)磁透镜

当运动的电子的速度方向与磁场磁感应强度方向垂直时,其在匀强磁场中受到的洛伦兹力为

$$F = qvB \tag{4.5}$$

式中,q 为电子电荷量,v 为电子速度,B 为磁场磁感应强度,v 与 B 的方向垂直。

电子在磁场中的受力和运动有三种情况:①电子运动方向与磁场相同,电子不受磁场影响;②电子运动方向与磁场垂直,电子在与磁场垂直的平面做圆周运动;③电子运动方向与磁场既不相同也不垂直,交角为 θ,此时电子的运动轨迹是一条螺旋线。

当电子经过短线圈形成的磁场时,在这类轴对称的弯曲磁场中,电子运动的轨迹是一条空间曲线;离开磁场后电子的旋转加速度减为零,电子作偏向轴的直线运动,并进而与轴相交。轴对称的磁场对运动电子总是起会聚作用。

电磁透镜的光学性质

$$\frac{1}{u} + \frac{1}{v} = \frac{1}{f} \tag{4.6}$$

式中,u、v 和 f 分别为物距、像距和焦距。电磁透镜的焦距

$$f = A\frac{RV_0}{(NI)^2} \tag{4.7}$$

式中，R 为透镜半径，V_0 为电子加速电压，NI 为激磁线圈安匝数，A 为与透镜结构有关的比例常数。

电磁透镜是一种焦距(或放大倍数)可调的会聚透镜。减小激磁电流，可使焦距变长(由 f_1 变为 f_2)。成像电子在电磁透镜磁场中沿螺旋线轨迹运动，而可见光是以折线形式穿过玻璃透镜。因此，电磁透镜成像时有一附加的旋转角度，称为磁转角 φ。物与像的相对位向，对实像为 $180°\pm\varphi$，对虚像为 φ。

4.1.2 TEM 的结构组成和工作原理

透射电子显微镜的工作原理是把经加速和聚集的电子束投射到非常薄的样品上，电子与试样中的原子碰撞而改变方向，从而产生立体角散射。散射角的大小与样品的密度、厚度有关，因此可以形成明暗不同的图像。通常，透射电子显微镜的分辨率为 $0.1\sim0.2\text{nm}$，放大倍数为几万到几百万，可用于观察超微结构，即小于 $0.2\mu\text{m}$、在光学显微镜下无法看清的结构，又称"亚显微结构"[2]。

近代大型透射电子显微镜的结构和光学透镜非常类似，包括电子光学系统、真空系统和供电系统三大部分，如图 4.1 所示。这三大系统的具体组成和功能如下。

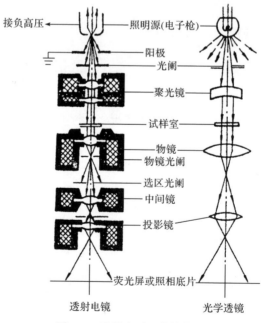

图 4.1　透射电子显微镜结构

(1)电子光学系统

照明部分包括照明源(电子枪)和聚光镜。电子枪由阴极、栅极和阳极组成,阴极发射电子形成高速电子束;其中有的六硼化镧(LaB_6)电子枪、场发射电子枪的各种性能优于钨丝三级电子枪。聚光镜用以会聚电子束、控制照明孔径角、电流密度和光斑尺寸。高性能 TEM 采用双聚光镜,第一聚光镜为短焦距强激磁透镜,可使照明束直径降至 $0.2\sim0.75\mu m$;第二聚光镜为长焦距磁透镜,放大倍数一般是 2 倍,可使照在试样上的束径增至 $0.4\sim1.5\mu m$。第二聚光镜下的聚光镜光阑用来限制和改变照明孔径角。

成像放大部分由试样室、物镜、中间镜、投影镜等组成。物镜的分辨本领决定了 TEM 的分辨本领。物镜采用强激磁、短焦距透镜减少像差,借助孔径不同的物镜光阑、消像散器和冷阱降低球差,改变衬度消除像散,防止污染以获得最佳分辨本领。一般物镜的放大倍数为 $100\sim300$,高质量的物镜分辨率可达 0.1nm。物镜后的选区光阑的作用为减小物镜的球差、像散和色差,提高图像衬度。中间镜的作用为可利用其可变倍率调节 TEM 放大倍数,改变中间镜的倍率不会影响图像清晰度,中间镜采用弱激磁长焦距变倍透镜,其调节范围在 $0\sim20$ 倍。

显像部分则由观察屏和照相机组成。

(2)真空系统

为了保证电子在整个通道中只与试样发生相互作用,整个电子通道(从电子枪至照相底片)都必须置于真空系统中,一般要求其真空度为 10.4～10.7mm Hg。

(3)供电系统

TEM 需要两部分电源,一是供电给电子枪的高压部分,二是供电给电磁透镜的低压稳流部分。

TEM 的成像过程为首先电子从加热到高温的钨丝发射,在高电压作用下以极快的速度射出,经聚光镜会聚成很细的电子束后射在试样上;电子束透过试样后进入物镜,由物镜、中间镜成像在投影镜的物平面上,形成中间像;然后投影镜将中间像放大,投影到荧光屏上,形成最终像。

TEM 观测试样的优点:TEM 的分辨率高,为 $0.1\sim0.3$nm;放大倍数可达几百万倍;亮度高;可靠性和直观性强,是颗粒度测定的绝对方法。TEM 观测试样的缺点:缺乏统计性,立体感差;制样难,不能观察活体;可观察范围小,从几微米到零点几纳米;铜网捞取的试样少;粒子团聚严重时,观察不到粒子真实尺寸。

4.1.3　TEM 的参数和测试方法

(1)TEM 成像的关键参数

TEM 成像的关键参数包括分辨率、衬度、放大率等。

①分辨率

分辨率(pixel density)是 TEM 的最主要性能指标。它表征电镜显示亚显微组织、结构细节的能力。在电子图像上能分辨开的相邻两点在试样上的距离称为电子显微镜的分辨本领(resolution),或称点分辨本领,亦称点分辨率。一般用重金属粒子测定。

$$\Delta r_0 = A\lambda^{\frac{3}{4}} C_s^{\frac{1}{4}} \tag{4.8}$$

式中,A 为常数,λ 为照明电子束波长,$C_s^{\frac{1}{4}}$ 为透镜球差系数。分辨本领 Δr_0 的典型值为 0.25~0.3nm,高分辨条件下,Δr_0 可达 0.15nm。线分辨率表示电镜所能分辨的两条线之间的最小距离,又称晶格分辨率。

②衬度

衬度是指由于试样不同部位对入射电子作用不同,试样各部分经成像放大系统后,在显示装置(图像)上显示的强度差异。在透射电镜中,电子的加速电压很高,试样很薄,显示装置所接受的是透过的电子信号。电子束在穿透试样的过程中,与试样物质发生相互作用,穿过试样后带有试样特征的信息。因此主要考虑电子的散射、干涉和衍射等作用。人的眼睛不能直接感受电子信息,需要将其转变成眼睛敏感的图像。图像上明、暗(或黑、白)的差异称为图像的衬度,或者称为图像的反差。由于穿过试样各点后电子波的相位差情况不同,在像平面上电子波发生干涉形成的合成波色不同,产生了图像的衬度。衬度原理是分析电镜图像的基础。

③放大倍数

放大倍数是指物体经过仪器放大后的像与物的大小之比。透射电镜的放大倍数是指所成电子图像对于观察试样区的线性放大率。不能增加图像细节的放大倍数称为空放大,而与分辨本领相应的最高放大倍数称为有效放大倍数,是眼睛的分辨本领与仪器的分辨本领之比。

(2)TEM 测试

以测量纳米颗粒的尺寸为例,TEM 测试的流程如下。

①制样要求

a.负载于铜网上,铜网直径 2~3mm。

b.试样必须薄,电子束可以穿透。当加速电压为 100kV 时,试样厚度不超过 100nm,一般在 50nm。

c.试样必须清洁,无尘,无挥发性物质。

d.试样需有足够的强度和稳定性,耐高温和辐射,不易挥发、升华和分解。(注意辐射损伤)

②操作步骤

a.将试样用超声波振荡分散,除去软团聚。

b.从覆盖有碳膜或其他高分子膜的铜网悬浮液中,捞取或用滴管吸取液体滴在碳膜上,将其用滤纸吸干或晾干后置于试样架,再将其整体放入试样室内。

c.在试样有代表性且尺寸分布窄、分散好的部位照相。

③确定尺寸(三种方法)

a.任意测量约 600 个颗粒的交叉长度,然后将交叉长度的算术平均值乘以统计因子(常取 1.56)得到平均粒径。

b.测量 100 个颗粒中每个颗粒的最大交叉长度,颗粒粒径为这些交叉长度的算术平均值。

c.求出颗粒的粒径,画出粒径与不同粒径下的微粒分布图,将分布曲线中心的峰值对应的颗粒尺寸作为平均粒径。

(3)基于 TEM 的测试方法

①高分辨 TEM

高分辨 TEM 可用于观察材料的微观结构,不仅可以获得晶胞排列的信息,还可以确定晶胞中原子的位置。通常加速电压为 200kV 的 TEM 点分辨率为 0.2nm,1000kV 的 TEM 点分辨率为 0.1nm,可通过高分辨 TEM 直接观察原子像。TEM 下的 $H_2V_3O_8$ 纳米带如图 4.2 所示。

高分辨显微像的衬度是因合成的透射波与衍射波的相位差形成的。在透射波和衍射波的作用下产生的衬度与晶体中原子的晶体势有对应关系。重原子具有较大的势,像强度弱,如微晶和析出物一般为重原子,可以用高分辨 TEM 观察,揭示微晶的存在以及形状。

②电子衍射

当一电子束照射在单晶体薄膜上时,透射束穿过薄膜到达感光照相底片上形成中间亮斑,衍射束则偏离透射束形成有规则的衍射斑点。而对于多晶体,由于其晶粒数目极大且晶面位向在空间任意分布,多晶体的倒易点阵在照相底片上的投影将形成一个个同心圆。电子衍射的结果实际上是被测晶体的倒易点阵花样,

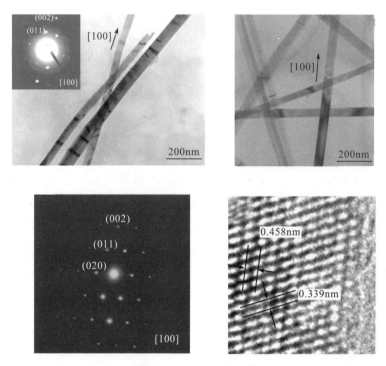

图 4.2　$H_2V_3O_8$ 纳米带

注:数字编号是某原子结构的特定编号,同一编号指同一个被观察对象在不同显微环境
下观察的结果,如[100]是某原子结构的特定编号,几个图内的[100]指的都是同一个特定对
象,其他数字编号同理。

理论上对倒易点阵花样进行倒易变换就可得知被测晶体正点阵的情况,这个过程
就是电子衍射花样的标定[3]。

4.2　扫描电子显微镜(SEM)

早在 1935 年,克诺尔在设计 TEM 的同时就提出了 SEM 的原理及设计思想。
1940 年,英国剑桥大学首次试制 SEM 成功,但由于其分辨率很差、照相时间过长,
没有立即进入实用阶段。1965 年,英国剑桥科学仪器有限公司开始生产商品
SEM。SEM 的外观如图 4.3 所示。

图 4.3 扫描电子显微镜

4.2.1 SEM 结构组成和工作原理

SEM 包括三个基本部分：电子光学系统，信号收集处理、图像显示和记录系统，真空系统。

SEM 的成像原理与接收的电子种类有关，包括二次电子成像、散射电子成像、吸收电子成像和扫描透射电子像等，具体如下。

(1) 二次电子(SE)成像

这种成像主要用于分析样品的表面形貌。二次电子是从距试样表面 10nm 左右的深度被激发出来的低能电子，其能量小于 50eV；被激发出的二次电子的数量即二次电子产额与原子序数没有明显关系，但二次电子对微区表面几何形状敏感，能有效显示试样的表面形貌。二次电子产额强烈依赖于入射电子束与试样表面法线之间的夹角 θ，二次电子产额 $\propto 1/\cos\theta$；即 θ 大处激发出来的二次电子多，呈亮像，θ 小处激发出来的电子少，呈暗像。

(2) 背散射电子(BE)成像

背散射电子是从距试样表面 $0.1 \sim 1\mu m$ 的深度散射回来的入射电子，其能量与入射电子近似，背散射电子的产额随原子序数的增加而增加[4]，且背散射电子是在一个较大的作用体积内散射回来的入射电子，成像单元变大。背散射电子的能量高，它以直线轨迹逸出试样表面，背向检测器的试样表面无法收集到电子变成阴影（可分析凹面样品）。因此，这种成像的图像衬度很强，而衬度太大会失去细节的层次，不利于形貌分析。因此，BE 成像的形貌分析效果远不及 SE，故一般不用 BE 成像。

SE 成像与 BE 成像形貌比较如图 4.4 所示。

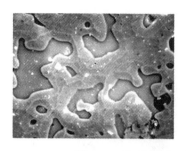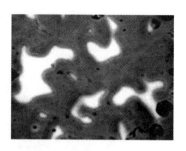

图 4.4 SE 成像(左)与 BE 成像(右)形貌比较

(3)吸收电子成像

吸收电子的产额与背散射电子相反,试样的原子序数越小,背散射电子越少,吸收电子越多;反之试样的原子序数越大,背散射电子越多,吸收电子越少。因此,吸收电子像的衬度与背散射电子和二次电子像的衬度互补。

4.2.2 SEM 的参数

(1)分辨本领与景深

分辨本领是显微镜最重要的性能指标。SEM 的分辨本领有两重含义:对微区成分分析而言,是指能分析的最小区域的直径;对成像而言,是指能分辨的两点之间的最小距离。这两者主要取决于入射电子束的直径,但并不等于电子束的直径。因为入射电子束与试样的相互作用会使入射电子束在试样内的有效激发范围大大超过入射束的直径[5]。

SEM 的景深是指在试样深度方向可能观察的程度。在电子显微镜和光学显微镜中,SEM 的景深最大,这使其对金属材料的断口分析具有特殊的优势。另外,光学显微镜的景深最小,TEM 也具有较大景深。

SEM 的景深 F 取决于其分辨本领 d_0 和电子束入射半角 α_c,有

$$F = \frac{d_0}{\tan\alpha_c} \tag{4.9}$$

因为 α_c 很小,α_c 和 $\tan\alpha_c$ 是等价无穷小,所以上式可写作

$$F = \frac{d_0}{\alpha_c} \tag{4.10}$$

(2)放大倍数

SEM 的放大倍数为显示荧光屏边长与入射电子束在试样上的扫描宽度之比。

大多数商品 SEM 的放大倍数为 20~200000,介于光学显微镜和 TEM 之间。场发射 SEM 的放大倍数可达 100 万。

4.2.3　SEM 的试样制备和特点

SEM 的试样可以是块状,也可以是粉末;试样直径和厚度一般为几毫米至几厘米,根据不同仪器的试样架大小而定。

试样或试样表面要求有良好的导电性,对于绝缘体或导电性差的材料,则需要预先在分析表面上蒸镀一层厚度为 10~20nm 的导电层。否则会形成电子堆积,阻挡入射电子束的进入和试样内电子逸出试样表面。导电层一般是二次电子发射系数比较高的金、银、碳和铝等真空蒸镀层。用导电胶将试样粘到试样架上[6]。

SEM 的试样制备步骤一般包括:①从大的试样上确定取样部位;②根据需要确定采用切割还是自由断裂,得到表界面;③清洗;④包埋打磨、刻蚀和喷金处理。

SEM 观测试样的优点:①SEM 分辨本领较高,通过二次电子像能够观察试样表面 3nm 左右的细节;②放大倍数变化范围大(一般为 10~800000),且连续可调;③观察试样的景深大,形成的图像富有立体感,可用于观察粗糙表面,如金属断口、催化剂等;④试样制备简单。SEM 观测试样的缺点:①不导电的试样需喷金(金或铂)处理,②SEM 的价格昂贵;③SEM 的分辨率一般比 TEM 低。

4.3　扫描隧道显微镜(STM)

1972 年,扬(Young)通过检测金属探针和试样表面之间的电子场发射流来探测物体表面,当时探针针尖与试样间距 20nm,横向分辨率 400nm;1981 年,美国 IBM 公司格尔德·宾宁(Gerd Binning)和海因里希·罗雷尔(Heinrich Rohrer)发明了 STM,如图 4.5 所示,它的探针针尖与试样的间距为 1nm,其横向分辨率为 0.4nm;后来,其横向分辨率进一步达到 0.1nm,纵向分辨率可达 0.01nm。STM 是目前为止能最精密的表面分析仪器,它既可观察到原子,又可直接搬动原子,对原子的检测深度为 1~2 个原子层,对样品无破坏。

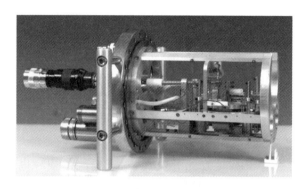

图 4.5 扫描隧道显微镜

4.3.1 STM 的结构组成和工作原理

(1)STM 的基本结构

①探针。探针最尖端非常尖锐,直径通常只有一、两个原子。它决定了 STM 的横向分辨率。探针的材质通常是铂、铂-铱合金和钨通过电化学、剪切拨拉的方法制作。

②压电三脚架。在压电三脚架上加电场,使压电材料变形,产生收缩和膨胀。可以通过改变 $1\sim10\text{V}$ 引发的膨胀或收缩来控制探针的运动。

(2)STM 的工作原理

STM 的理论基础是隧道效应,即对于一种金属-绝缘层-金属(MIM)结构,当绝缘层足够薄时,就可以发生隧道效应。隧道电流 I 是电极距离和所包含的电子态的函数。STM 工作时,首先在被观察试样和探针针尖之间施加一个电压,调整二者之间的距离使之产生隧道电流,隧道电流表征试样表面和针尖处原子的电子波重叠程度,同时在一定程度上反映试样表面的高低起伏轮廓。

①隧道电流的产生

在试样与探针针尖之间加上小的探测电压,调节试样与探针间距,当针尖原子与试样表面原子的距离 $\leqslant1\text{nm}$ 时,由于隧道效应,针尖和试样表面之间发生电子隧穿,在试样的表面针尖之间有纳安级电流通过。电流强度对针尖和试样表面间的距离非常敏感,距离变化 0.1nm,电流就变化一个数量级。

②扫描方式

移动探针或试样,使探针针尖在试样上扫描。根据试样表面光滑程度不同,可采取两种扫描方式:恒流扫描和恒高扫描。

恒流扫描是指当针尖在试样表面扫描时,通过反馈回路调节针尖与试样表面的间距,使二者之间的隧道电流守恒。移动探针时,若间距变大,势垒增加,电流变小,这时,反馈回路控制间距电压,压电三脚架发生形变使间距变小,保持隧道电流始终等于定值。记录压电三脚架在 Z 方向的形变量即可得到试样表面形貌。恒流扫描是目前应用最广、最重要的一种扫描方式,一般用于扫描表面起伏较大的试样。其缺点为扫描速度慢。

　　恒高扫描是指使针尖在试样表面扫描,直接得到隧道电流随试样表面起伏的变化,再将其转化为试样表面形状的图像。恒高扫描仅适用于表面非常平滑的材料,但其优点是成像速度快。

4.3.2　STM 图像

　　STM 通常被认为是测量表面原子结构的工具,具有直接测量原子间距的分辨率。但使用 STM 进行测量时必须考虑电子结构的影响,否则容易产生错误的信息。这是因为 STM 图像反映的是试样表面局域电子结构和隧穿势垒的空间变化,与表面原子核的位置没有直接关系,并不能将 STM 观察到的表面高低起伏简单地归纳为原子的排布结构。

　　中国科学技术大学侯建国教授课题组将 C_{60} 分子组装在单层分子膜的表面,隔绝了金属衬底的影响。并在零下 268 摄氏度下,将分子热运动冻结,利用 STM 在国际上首次"拍下"了能够分辨碳－碳单键和双键的分子图像,如图 4.6 所示。

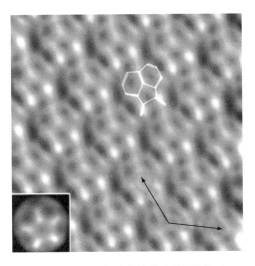

图 4.6　C_{60} 分子笼结构 STM 图像

4.3.3 STM 的特点和应用

STM 主要功能是在原子水平上分析表面形貌和电子态,后者包括表面能级性质、表面态密分布、表面电荷密度分布和能量分布。STM 主要应用包括表征催化剂表面结构,人工制造亚微米和纳米级表面立体结构,研究高聚物,研究生物学和医学,研究碳、石墨等表面结构,研究半导体表面、界面效应及电子现象,研究高温超导体,研究材料中的新结构和新效应。

STM 的优点:分辨率最高,具有原子高分辨率,横向 0.1nm,纵向 0.01nm;可实时得到实空间中表面的三维图像;可观察单个原子层的局部表面结构;可在真空或非真空、常温甚至水中等不同环境下工作;对试样无损;高真空,防温度变化;不仅可观察还可搬动原子。

STM 的缺点:如果试样的导电性很差,需使用银或金导电胶将其固定并镀金;在恒流扫描下,试样表面微粒之间的沟槽不能够被准确探测,恒高扫描下,需采用非常尖锐的探针。

4.4 原子力显微镜(AFM)

SEM、STM 不能测量绝缘体表面的形貌。1986 年,STM 的发明者格尔德·宾宁和斯坦福大学的卡尔文·奎特(Calvin Quate)和克里斯托夫·格伯(Christoph Gerber)等提出原子力显微镜的概念,发明了第一台 AFM,AFM 的分辨率高,而且可用于测量绝缘体。

4.4.1 AFM 的工作原理

将一个对微弱力极敏感的弹性微悬臂的一端固定,另一端的针尖与试样表面轻轻接触。当针尖尖端原子与试样表面间存在极微弱的作用力($10^{-8} \sim 10^{-6}$ N)时,微悬臂会发生微小的弹性形变。针尖和试样之间的作用力与距离有强烈的依赖关系(遵循胡克定律 $\Delta F = -k\Delta x$, k 为微悬臂的力常数),微悬臂的形变是对样品与针尖相互作用的直接测量。

4.4.2 AFM 的工作模式

AFM 一般有以下三种工作模式[7]。

①接触模式。指针尖始终与试样保持轻微接触,扫描过程中,针尖在试样表面滑动。当扫描软试样时,试样表面和针尖直接接触可能会损伤样品。所以,接

触模式一般不用于研究生物大分子、低弹性模量的以及容易移动和变形的试样。

②非接触模式。针尖在试样表面上方振动,始终不与试样接触,检测的是范德瓦耳斯力和静电力等对试样无破坏的长程作用力。但当针尖与试样之间的距离较远时,成的像分辨率比较低,而且成像不稳定,操作相对困难。非接触模式一般不用于在液体中成像,在生物中的应用也比较少。

③轻敲模式。指微悬臂在其共振频率附近作受迫振动,振荡的针尖轻轻地敲击试样表面。轻敲模式能避免针尖黏附到试样上,AFM 在扫描过程中几乎不会损坏试样。轻敲模式可用于在大气和液体环境下成像。在液体中的轻敲模式成像可对活性生物样品进行现场检测、对溶液反应进行现场跟踪等。

与 STM 类似,AFM 具有以下两种扫描模式。

①恒力模式(constant force mode)。指在扫描过程中,利用反馈回路,保持针尖和试样之间的作用力恒定。即保持微悬臂的形变量不变,针尖就会随表面的起伏上下移动,从而得到表面形貌的信息。

②恒高模式(constant hight mode)。指在扫描过程中,不使用反馈回路,保持针尖与试样之间的距离恒定,检测器通过直接测量微悬臂 Z 方向的形变量来成像。这种模式不使用反馈回路,扫描速度更快,多用于观察原子、分子像,但不适用于表面起伏较大的试样。

4.4.3　AFM 的应用

AFM 的主要功能与 STM 相似。一般而言,STM 适用于研究导体试样,不适用于研究绝缘试样。而 AFM 克服了 STM 的局限,它对导体和绝缘试样都适用。由于工作原理和仪器结构不同,AFM 的分辨本领要略低于 STM,且灵敏度和稳定性均不如 STM。SWNT(单壁碳纳米管)和 SWNT 束的 AFM 图像如图 4.7 所示。

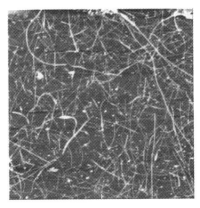

图 4.7　SWNT 和 SWNT 束的 AFM 图像

4.5　X射线衍射(XRD)

4.5.1　XRD的基本原理

1895年,德国物理学家伦琴在研究真空管高压放电现象时偶然发现X射线,并于1901获诺贝尔物理学奖。1912年,德国物理学家马克斯(Max)、冯·劳厄(von Laue)等人根据理论预见,并用实验证实了X射线与晶体相遇时能发生衍射现象,证明了X射线具有电磁波的性质,这成为X射线衍射学的第一个里程碑。劳厄提出一个重要的科学预见:晶体可以作为X射线的空间衍射光栅,即当一束X射线通过晶体时将发生衍射,衍射波叠加的结果使射线的强度在某些方向上加强,在其他方向上减弱。X射线本质上是一种与可见光相同的电磁波,波长为0.001~10nm,介于紫外线和γ射线之间,又称为伦琴射线。它具有很强的穿透性,可使被照射物质产生电离,同时具有荧光作用、热作用,以及干涉、反射和折射等作用。

X射线照射物质时,就其能量转换而言,一般分为三部分,其中一部分X射线被衍射,一部分被吸收,还有一部分通过物质沿原来方向继续传播。衍射的X射线与入射X射线波长相同时对晶体将产生衍射现象。晶面间距产生的光程差等于波长的整数倍时,将每种晶体物质特有的衍射花样与标准衍射花样对比,利用三强峰原则,即可鉴定出试样中存在的物相。

对于非晶体材料,由于其结构不存在晶体结构中原子排列的长程有序,只是在几个原子范围内存在短程有序,故非晶体材料的XRD图谱为一些漫散射"馒头峰"。而对于晶体材料,其原子排列在三维空间上长程有序,XRD衍射图谱只在特定的位置上出现加强峰(X射线衍射加强结果)。晶体产生的衍射花样反映了晶体内部的原子分布规律。

一个衍射花样的特征由两个方面的内容组成:①衍射X射线在空间的分布规律——由晶胞的大小、形状和位向决定;②衍射X射线束的强度——取决于原子的种类和它们在晶胞中的位置。衍射花样就像晶体的"指纹"一样,通过鉴别衍射花样的这两方面的特征,即可在X射线衍射与晶体结构之间建立定性和定量关系。

布拉格定律是衍射分析中最重要的基础公式,是XRD理论的基石。它简单明确地阐释了衍射的基本内涵,揭示了衍射与晶体结构的内在关系。X射线在晶体中多个原子面的反射情况如图4.8所示,当X射线照射到晶体中时,X射线

照射到相邻两晶面 P_1、P_2 的光程差是 $2d\sin\theta$。如果光程差等于 X 射线波长的 n（n 为整数）倍时，X 射线的衍射强度将相互加强，反之在其他地方的衍射强度不变或减弱。

$$n\lambda = 2d\sin\theta\ (n=1,2,3,\cdots) \tag{4.11}$$

式中，λ、d、θ 分别为 X 射线的波长、晶体晶面间距、入射 X 射线与相应晶面的夹角。

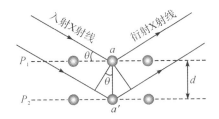

图 4.8　X 射线在晶体中多个原子面的反射情况

式（4.11）即为布拉格定律，通过它，可以已知 X 射线波长 λ 求解晶体晶面间距 d，从而获得晶体结构信息，这就是结构分析；也可以已知晶体晶面间距 d 来测量未知 X 射线的波长 λ，这就是 X 射线光谱学。

谢乐（Scherrer）公式则是 XRD 测晶粒度的理论基础。它主要描述了晶粒尺寸与衍射峰半峰宽之间的关系。晶粒越小，XRD 的衍射 X 射线的峰就越弥散、宽化；反之则越集中。

$$D = \frac{K\lambda}{B\cos\theta} \tag{4.12}$$

式中，D、K、λ、B、θ 分别为晶粒垂直于晶面方向的平均厚度、Scherrer 常数、X 射线的波长、实测试样衍射峰半高宽度（弧度）和衍射角。Scherrer 常数 K 的值一般由 B 来决定，当 B 为衍射峰的半高宽时，$K=0.89$；当 B 为衍射峰面积积分高宽时，$K=1$。由于材料中的晶粒大小并不完全一样，故谢乐公式计算的是不同大小晶粒的平均尺寸。

4.5.2　XRD 衍射仪的测试方法

布拉格实验装置是现代 X 射线衍射仪的原型。布拉格实验装置简图与 XRD 粉末衍射仪如图 4.9 所示，XRD 衍射仪的核心部件是 X 射线发生器和 X 射线检测器。当入射 X 射线照射到试样表面后，在满足布拉格定律的方向上设置 X 射线检测器，同时记录强度和衍射角 θ（即入射线和衍射面的夹角）。为了保证 X 射线检测器始终处于衍射线的位置，X 射线检测器和试样架必须始终保持以 2∶1 的角速度同步转动。故发生 X 射线衍射的晶面始终是与试样表面平行的晶面。需要说明的是,由于 X 射线发生器产生的是大量波长不一的 X 射线,如果这些 X 射线都参与衍射,得到的衍射峰将会杂乱无章。此外,即使是使用单一的 X 射线照射试样表面,也有可能激发出试样的特征射线,影响测试结果。因此,现代 X 射线衍射仪在设计时为了保证测量的精度,往往还会在试样和 X 射线检测器之间加装单色器或滤波器,以获得优质的衍射图样。

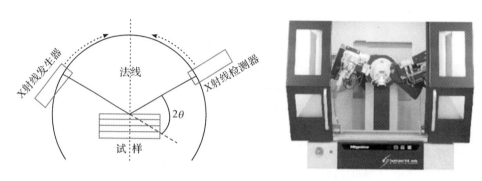

图 4.9 布拉格实验装置简图与 XRD 粉末衍射仪

在 X 射线的选择上,X 射线发生器的靶材对 X 射线的波长影响最大,常用的靶材有 Cu、Co、Fe、Cr、Mo、W。由于某些靶材产生的 X 射线能使部分试样产生强的荧光吸收,因此选择合适的靶材是获得优质实验数据的第一步。最常用的 Cu 靶几乎适用于除含 Cu 和 Fe 的所有试样,稳定性高兼容性好;Co 靶和 Fe 靶则分别适宜用单色器(Co)或滤波器(Fe)来测试 Fe 系试样;Cr 靶也具有优秀的兼容性,能测试大部分试样,包括含 Fe 试样;Mo 靶的 X 射线发生器产生的 X 射线波长短,适合奥氏体的定量分析;W 靶的 X 射线发生器产生的 X 射线具有连续 X 射线强的特点,常用于单晶的劳厄照相。

测量参数的选择包括测定方式、扫描速率和扫描范围。测定方式分为连续扫描和步进扫描两种,前者适合于定性分析和微量检测,后者则适用于计算晶胞参数、结晶度和分析微应变。XRD 衍射仪的扫描速率的一般范围为 $0.001°\sim8°/min$,可根据测试需求选择不同的扫描速率,$1°\sim8°/min$ 适合定性和一般定量分析,$0.001°\sim1°/min$ 则适合定量计算。XRD 测试的扫描范围一般在 $2°\sim150°$,定性分析一般取 $2°\sim90°$,微量检测、定量分析以及点阵参数计算的取值要保证试样主衍射区完整。

4.6　其他检测方法

4.6.1　激光拉曼光谱

当激光照射到物质上时,光量子(能量为 $h\nu_0$,h 为普朗克常数,ν 为光的频率)与物质分子或原子(振动能级为 $h\nu_1$)碰撞,散射光中除与反射光波长相同的散射光外,还有比激光波长更长或短的散射光。这种光散射现象的原因是光量子可与物质内分子或原子能量交换。只有极小一部分光量子与物质分子或原子之间发生非弹性碰撞,使散射光波长发生改变,物质分子或原子吸收 $h\nu_0$ 能量的光,发出 $h\nu_0 - h\nu_1$ 的光,电子由较低能级跃迁到较高能级;反之,物质分子或原子吸收 $h\nu_0$ 的光,发出 $h\nu_0 + h\nu_2$ 的光,电子由较高能级跃迁到较低能级。分子系统中有如分子振动能级、晶格振动能级和电子能级等多种能级状态与光量子的相互作用。激光照射物质后产生只有一种波长的散射光,称为瑞利散射;产生波长改变的散射光,称为拉曼散射。激光照射到物质上,用探测仪测出不同散射光的波长,分别记录下其拉曼光强,得到拉曼光谱[8]。

纳米材料中颗粒组元和界面组元之间存在有序程度的差别,两种组元中对应同一键的振动模也有差别,所以可以利用纳米晶粒与相应常规晶粒的拉曼光谱的差别来研究纳米晶粒结构特征或尺寸大小。拉曼(Raman)散射法可用于测量纳米晶体材料晶粒的平均粒径,粒径 d 的计算公式

$$d = 2\pi \left(\frac{B}{\Delta w} \right)^{\frac{1}{2}} \tag{4.13}$$

式中,B 为常数;Δw 为纳米晶体材料拉曼光谱中某一晶峰的峰位,相对于同材料的常规晶粒的对应晶峰峰位的偏移量[9]。

4.6.2　电子探针

电子探针 X 射线显微分析仪(EPMA)简称电子探针,是在电子光学和 XPS 原理的基础上发展起来的一种微区成分分析仪器。其工作原理为使用细聚焦电子束(加速电压 5kV～30kV)轰击试样表面的某一点,激发出试样元素特征 X 射线;通过分析试样元素特征 X 射线波长 λ 或能量,将其与单元素特征谱线波长对比,即可得知试样中所含元素的种类(定性分析);通过分析试样元素特征 X 射线波长 λ 和强度 I,选择每种元素的一根谱线与已知成分纯元素标样的同根谱线进行比

较,则可得知试样中对应元素的含量(定量分析)。通常把电子探针作为附件安装在 SEM 或 TEM 的镜筒上,制成波长分散谱仪和能量分散谱仪,这两种仪器兼具微区形貌和成分分析功能。

①波长分散谱仪(wavelength dispersive spectroscopy,WDS),简称波谱仪用于测定 X 射线特征波长,其检测系统由分光晶体和 X 射线谱仪组成。其工作原理为特征 X 射线在试样表面 1 微米至纳米数量级的体积内激发出来,射到试样上方的分光晶体上,根据布拉格定律,试样中激发出来的特征 X 射线经过一定晶面间距的晶体分光,波长 λ 不同的特征 X 射线将有不同的衍射角。根据莫塞莱定律可确定试样所含有的元素。

$$\sqrt{\frac{1}{\lambda}} = K(Z-\sigma) \tag{4.14}$$

式中,K 是常数,Z 是原子序数,σ 是屏蔽因子。

②能量分散谱仪(energy dispersive spectroscopy,EDS),简称能谱仪,用于测定 X 射线特征能量,能谱仪的关键部件是锂漂移硅半导体探测器。其工作原理为 X 射线光子进入 Si 晶体内,将产生电子-空穴对,温度为 100K 左右时,每产生一个电子-空穴对消耗的平均能量 ε 为 3.8eV。能量为 E 的 X 射线光子所激发的电子-空穴对数 $N = E/\varepsilon$;入射 X 射线光子能量不同,所激发的电子-空穴对数 N 也不同,探测器输出电压脉冲高度由 N 决定。

WDS 和 EDS 分散谱仪如图 4.10 所示。

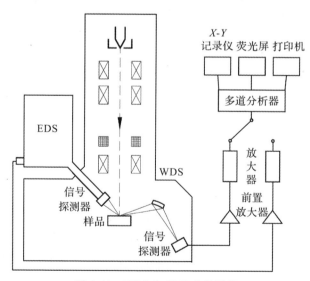

图 4.10　WDS 和 EDS 分散谱仪

WDS 的分析元素范围广、分辨率高,适于精确的定量分析,但其对试样表面要求高,分析速度慢,易引起试样和镜筒的污染。而 EDS 的元素分析范围和分辨率略逊于 WDS,但它的分析速度快,对表面要求不高,可用较小的束流和细微电子束,适合与 SEM 配合使用。WDS 与 EDS 比较如表 4.1 所示。

表 4.1　WDS 与 EDS 比较

比较项目	WDS	EDS
元素分析范围	$_4\mathrm{Be} \sim _{92}\mathrm{U}$	$_{11}\mathrm{Na} \sim _{92}\mathrm{U}$
元素分析方法	分光晶体,逐个元素检测	固态检测器,多个元素同时检测
能量分辨率/eV	高(3～10 或 5～10)	低(160 或 135)
灵敏度	低	高
检测效率	低,随波长而变化	高,一定条件下是常数
定量分析精度	好	差
仪器特殊性	多个分光晶体	探头液氮冷却

4.6.3　X 射线光电子能谱(XPS)

X 射线与物质相互作用时,物质吸收了 X 射线的能量且其原子中内层电子脱离原子成为自由电子,即 X 光电子。对于固体试样,X 射线能量 $h\nu$ 用于三部分:内层电子跃迁到费米能级,即克服该电子的结合能 E_b;电子由费米能级进入真空成为静止电子,即克服功函数 ø;自由电子的动能 E_k。则 $h\nu = E_b + E_k + ø$[10]。

XPS 可以分析除 H 和 He 以外的所有元素,可以直接测定来自试样单个能级光电发射电子的能量分布,直接得到电子能级结构的信息。从能量范围看,如果把红外光谱提供的信息称之为"分子指纹",那么电子能谱提供的信息可称作"原子指纹"。XPS 可提供有关化学键方面的信息,即直接测量价层电子及内层电子轨道能级,而相邻元素的同种能级的谱线相隔较远,相互干扰少,元素定性的标识性强。XPS 是一种无损高灵敏、超微量表面分析技术。

XPS 主要可以应用于以下几种分析。

(1)元素定性分析

各种元素都有它的特征的电子结合能,因此在能谱图中就会出现不同元素的特征谱线,可以根据这些谱线在能谱图中的位置来鉴定元素周期表中除 H 和 He 以外的所有元素。通过对试样进行全扫描,在一次测定中就可以检出其中的全部或大部分元素。

(2)元素定量分析

X 射线光电子能谱定量分析的依据是光电子谱线的强度(光电子峰的面积)

反映了元素的含量或相对浓度。在实际分析中,可采用与标准样品比较的方法来对试样中元素进行定量分析,分析精度可达 1%～2%。

(3)固体表面分析

固体表面是指固体最外层的 1～10 个原子层,其厚度为 0.1～1nm。人们早已认识到在固体表面存在一个与固体内部的组成和性质不同的相。表面分析包括分析表面的元素和化学组成、原子价态、表面能态分布,以及测定表面原子的电子云分布和能级结构等。X 射线光电子能谱是最常用的工具。固体表面分析在表面吸附、催化、金属的氧化和腐蚀、半导体、电极钝化、薄膜材料等方面都有应用。

(4)化合物结构鉴定

X 射线光电子能谱法能对内壳层电子结合能化学位移进行精确测量,可提供化学键和电荷分布方面的信息。

4.6.4 低能电子衍射(LEED)

LEED 的原理与 X 射线衍射相似,不同的是 X 射线传入固体的深度较深,所得到的结果为内部结构。LEED 是指将能量为 10～500eV 的电子射入晶体,由于晶体中的原子对 0～500eV 的电子有很大的散射截面,背散射电子绝大部分被表面或近表面的原子散射回来,所以 LEED 是研究表面结构的一种理想手段。

低能电子衍射仪利用能量为 10～500eV 的入射电子,产生弹性背散射电子波,电子波经过表面原子层的相互干涉产生衍射花样。这种方法可以分析表面 1～5 个原子层,获得晶体的表面原子排列。低能电子衍射仪主要由电子光学系统、记录系统、超高真空系统和控制电源组成,如图 4.11 所示。

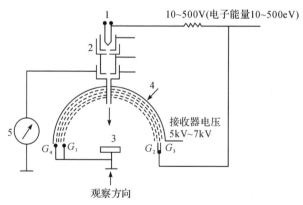

1—电子枪阴极,2—聚焦杯,3—试样,4—接收器,5—电流表。

图 4.11 低能电子衍射仪示意图

4.6.5　俄歇电子能谱(AES)

俄歇电子能谱(Auger electron spectroscopy，AES)指用具有一定能量的电子束(或 X 射线)激发试样俄歇效应,通过检测俄歇电子的能量和强度获得有关材料表面化学成分和结构信息。1925 年法国人皮埃尔·俄歇(Pierre Auger)在威尔逊(Wilson)云室中发现了俄歇电子,并进行了理论解释。1953 年,兰德(Lander)首次使用了电子束激发的俄歇电子能谱,并探讨了俄歇效应应用于表面分析的可能性。

俄歇电子能谱仪的主要组成:电子枪、能量分析仪、二次电子探测器、(试样)分析室、溅射离子枪和信号处理系统与记录系统等。

(1)基本原理

①俄歇电子的产生

俄歇电子能谱的原理比较复杂,涉及三个原子轨道上两个电子的跃迁过程。当具有足够能量的粒子(光子、电子或离子)与原子碰撞时,原子内层轨道上的电子(出射电子)被激发出,并在原子的内层轨道上产生了一个空穴,形成了激发态正离子。激发态正离子是不稳定的,必须通过退激发回到稳定态。在退激发过程中,外层轨道的电子(填充电子)可以向该空穴跃迁并释放出能量,并激发同一轨道层或更外层轨道的电子使之电离而逃离试样表面,这个过程中电离出射的电子就是俄歇电子,俄歇电子的跃迁过程与能级如图 4.12 所示[11]。

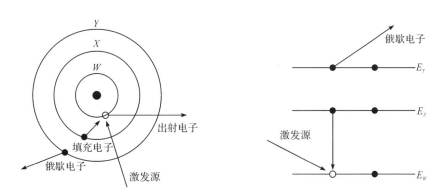

图 4.12　俄歇电子的跃迁过程与能级

②俄歇跃迁过程定义及标记

俄歇跃迁过程仅指跃迁电子的轨道与填充电子以及空穴所处轨道的不同能级之间产生的非辐射跃迁过程。俄歇跃迁所产生的俄歇电子可以用它跃迁过程中涉及的三个原子轨道能级符号来标记,如图 4.12 所示的俄歇跃迁所产生的俄歇电子可以被标记为 WXY 跃迁。其中,空穴所处的轨道能级标记在首位,中间为填充电子的轨道能级,最后是激发俄歇电子的轨道能级。

(3)俄歇电子强度

俄歇电子强度是俄歇电子能谱进行元素定量分析的基础,俄歇电子的强度除与元素的存在量有关外,还与原子的电离截面、俄歇跃迁概率以及逃逸深度等因素有关。

在激发原子的退激发过程中,存在两种不同的退激发方式。一种为电子填充空穴产生二次电子的俄歇跃迁过程,另一种为电子填充空穴产生 X 射线的荧光过程。俄歇跃迁概率即激发原子经俄歇跃迁过程而退激发的概率,俄歇跃迁概率(PA)与荧光产生概率(PX)满足 $PA+PX=1$。当元素的原子序数小于 19 时(即轻元素),PA 大于 90%,直到原子序数增加到 33 时,PX 与 PA 相等。

原则上,对于原子序数小于 15 的元素,应采用 KLL 俄歇电子分析;对于原子序数在 16～41 的元素,L 系列的荧光概率为零,应采用 LMM 俄歇电子分析;当原子序数更高时,考虑到荧光概率为零,应采用 M 系列的俄歇电子分析。俄歇跃迁概率、荧光产生概率与原子序数的关系如图 4.13 所示。

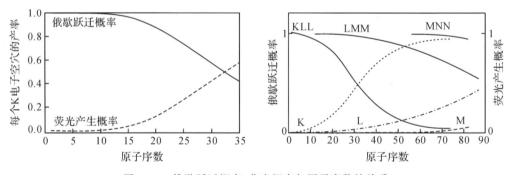

图 4.13　俄歇跃迁概率、荧光概率与原子序数的关系

(2)AES 测试方法

AES 测试有五个特征量:特征能量、强度、峰位移、谱线宽和线型。通过这五个方面的特征可以获得固体表面特征、化学组成、覆盖度、键中的电荷转移、电子态密度和表面键中的电子能级等信息。具体应用如下。

①表面元素定性分析

依据:俄歇电子的能量仅与原子本身的轨道能级有关,与入射电子的能量无关,也就是说与激发源无关,故对于特定元素及特定的俄歇跃迁过程,其俄歇电子的能量是特征性的;因此,可以根据俄歇电子的能量来定性分析试样表面物质的元素种类,而由于每个元素会有多个俄歇峰,定性分析的准确性很高。

方法:将测得的俄歇电子谱与纯元素的标准谱比较,通过对比峰的位置和形状来识别元素的种类。

定性分析时应注意:a. 化学效应或物理因素引起的峰位移或谱线形状变化;b. 因与大气接触或试样表面被污染而产生的峰;c. 核对的关键部位在于峰的置位,而非峰高;d. 同一元素的俄歇峰可能有几个,不同元素的俄歇峰可能会重叠甚至变形,微量元素的俄歇峰可能会湮没,而俄歇峰没有明显的变异;e. 当出现图谱中无法对应的俄歇峰时,这可能是一次电子的能量损失峰。

定性分析可由计算机软件完成,但某些重叠峰和弱峰还需人工进一步分析确定。

②表面元素半定量分析

由于俄歇电子在固体中激发过程的复杂性,难以用 AES 来进行绝对的定量分析。此外,俄歇电子强度还与试样表面光洁度、元素存在状态以及仪器的状态有关,谱仪的污染程度,试样表面的污染程度,激发源能量的不同均会影响定量分析结果。因此,AES 给出的是半定量的分析结果。

依据:从试样表面出射的俄歇电子强度与试样中该原子的含量呈线性关系,可据此进行元素的半定量分析。

方法:根据测得的俄歇电子强度来确定产生俄歇电子的元素在表面的浓度。元素浓度可用 C 表示,C 即试样表面区域单位体积内元素 X 的原子数占总原子数的比例(百分比)。

③化学组态分析

原子化学环境指原子的价态或在形成化合物时,与该(元素)原子相结合的其他原子(元素)的电负性等情况。例如原子发生电荷转移(如价态变化)引起内层能级变化,从而改变俄歇跃迁能量,导致俄歇峰位移。

原子化学环境的变化不仅会引起俄歇峰位移(称化学位移),也可能会引起俄歇峰高的变化,这两种变化的交叠,将引起俄歇峰形状的改变。

俄歇跃迁涉及三个原子轨道能级,元素化学态变化时,能级状态也会有小的变化,导致这些俄歇峰与纯元素标准谱中零价状态的峰相比有几个电子伏特的位移。因此,由俄歇峰的位置和形状可得知试样表面区域原子的化学环境或化学状态的信息。

④元素沿深度方向的分布分析

AES 的深度分析功能是其最有用的分析功能。AES 深度分析的原理为采用能量为 $500eV\sim5keV$ 的惰性气体(氩气)离子把试样表面一定厚度的表面层溅射掉,并用俄歇电子能谱仪对试样原位进行分析,测量俄歇电子强度 I(元素含量)随溅射时间 t(溅射深度)的关系曲线,从而获得元素在试样中沿深度方向的分布。

　　PZT/Si(锆钛酸铅/硅)薄膜界面反应后的典型的俄歇深度分析如图 4.14 所示,经过界面反应后,PZT 薄膜与 Si 基底间形成了稳定的 SiO_2 界面层。该界面层是试样表面扩散的 O 与基底上扩散出的 Si 反应形成的。溅射产额与入射离子束的能量、种类、入射的方向,以及被溅射的固体材料的性质和元素种类有关。对于多组分材料,由于其中各元素的溅射产额不同,溅射产额高的元素被大量溅射掉,而溅射产额低的元素在表面富集,使得测量成分发生变化,这种现象称之为择优溅射。

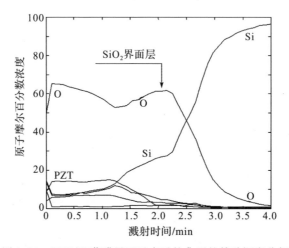

图 4.14　PZT/Si 薄膜界面反应后的典型的俄歇深度分析

　　AES 深度分析的工作模式有两种:a. 连续溅射式,离子溅射的同时进行 AES 分析;b. 间歇式,离子溅射和 AES 分析交替进行。

　　AES 的离子溅射深度分布分析是一种破坏性分析方法。离子的溅射过程非常复杂,不仅会改变试样表面的成分和形貌,有时还会引起其中元素化学价态的变化。溅射产生的表面粗糙也会大大降低深度剖析的深度分辨率。溅射时间越长,表面粗糙度越大,对此的解决办法是旋转样品以增加离子束的均匀性。

　　⑤表面微区分析

　　微区分析也是 AES 分析的一个重要功能,包括选点分析、线扫描分析和面扫描分析。a. 选点分析:用于了解元素在不同位置的存在状况;AES 选点分析的空间分辨率可以达到束斑面积大小,因此,可利用它在很微小的区域进行选点分析。b. 线扫描分析:AES 线扫描分析可以在微观和宏观的范围内进行($1\sim6000\mu m$),

用于了解元素沿某一方向的分布情况,Ag-Au 合金超薄膜在 Si(111)面单晶硅上的电迁移后的试样表面的 Ag 和 Au 线扫描分布如图 4.15 所示。c.面扫描分析:指把某个元素在某一区域内的分布以图像的方式表示出来。AES 的表面微区分析适用于微型材料和技术,以及表面扩散等领域的研究。

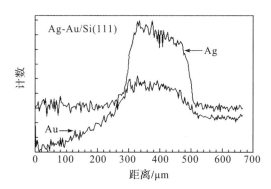

图 4.15　Ag-Au 合金超薄膜在 Si(111)面单晶硅上的电迁移后的
试样表面的 Ag 和 Au 线扫描分布

参考文献

[1] de Broglie L. Waves and quanta[J]. Nature,1923,112:540.

[2] 杨杰.基于聚酯前体设计合成多孔碳及其性能研究[D].哈尔滨:哈尔滨师范大学,2017.

[3] 梁奕塔.活性炭纤维外观孔洞图像的处理与虚拟表征[D].上海:东华大学,2008.

[4] 汪湜,刘殿阁.肾活检病理技术发展与展望[J].临床荟萃,2009,24(7):628-630.

[5] 杨惠玲.低能重离子注入彩棉种子物理机制的研究[D].乌鲁木齐:新疆大学,2005.

[6] 严春浩.掺和材对 LC30 预制陶粒混凝土力学性能影响研究[D].重庆:重庆交通大学,2018.

[7] 胡明铅.基于扫描探针显微术的淋巴细胞形态及其生物力学研究[D].广州:暨南大学,2009.

[8] 徐富春.微纳尺度表征的俄歇电子能谱新技术[D].厦门:厦门大学,2009.

[9] 王琦,杨丽颖,刘飚.纳米晶材料的研究及其进展[J].中国粉体技术,2002,8(5):37-42.

[10] 杜进.有机物辅助液相合成无机功能纳米材料[D].合肥:中国科学技术大学,2008.

[11] 伍彦.新型光催化剂粉体和薄膜的制备及表征[D].北京:清华大学,2007.

第5章 典型过程微设备

5.1 微反应器

微加工技术起源于航天技术的发展,它推动了微电子技术和数字技术的迅速发展,并为多个科学技术领域的研究提供了新的视角,特别是化学、分子生物学和分子医学领域。生物和化学分析领域是最早引入微加工技术的领域之一。近年来,随着经济的发展,各类化工产品的需求量日益增加,推动了过程工业的高速发展;同时,环境和资源问题的出现,也推动现代过程工业向安全、环保、可持续发展的方向转型。在这个背景下,微反应器凭借其传质和传热效率高、安全可靠、清洁环保等优点,自 20 世纪 90 年代兴起之后便得到了化工、制药等多个行业的广泛关注。已有研究表明,微反应器的传质速率比传统反应器高多个数量级,且微反应器适用于对传质、传热速率要求较高的反应过程,尤其是强放热等反应。因此,对微反应器中的通道结构及其强化传质、传热过程的研究具有重要意义。

5.1.1 微反应器基本概念

微反应技术,即采用微反应器代替传统的反应器进行化学反应的工艺技术。微反应器(microreactor)最初指用于催化剂评价和动力学研究的小型管式反应器,其尺寸通常为 10^{-2} m。但是,随着微加工技术逐步推广应用于化工等领域,微反应器的含义发生了变化,其前缀"微"现在专门用于形容用微加工技术制造的化学系统。微反应器被用于专指利用微加工技术以及精密加工技术制造的具有微结构的微型反应器(例如碳化硅微反应器,如图 5.1 所示),这种反应器的通道特征尺寸为微米级。一般微反应器的化学反应发生在微通道中,因此微反应器又常被称作微通道反应器[1]。

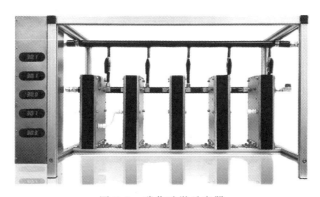

图 5.1 碳化硅微反应器

(图片来源:武汉国新高科科技有限公司)

微反应器中最关键的部分是一系列有序的三维结构的微通道。这些微通道的反应体积为几纳升到几微升,长度通常在几厘米,有利于反应物在微通道内快速连续流动。目前有部分学者将微反应器、微混合器、微换热器、微分离器等微通道设备统称为微反应器。当微混合器、微换热器和微分离器等这些与微反应器结构类似的设备的管壁固定负载特定的催化剂时,它们就变成了微反应器。

和传统的反应器相比,微反应器最大的特点是比表面积很高。前者的比表面积通常为 $100m^2/m^3$,而后者高达 $10000\sim50000m^2/m^{3[2]}$。除此之外,微反应器的微通道狭窄规整,这增加了温度梯度并缩短了传热时间和距离。微反应器还有一个几何特性是它的反应空间非常小,反应中过热点的发展和反应热的累积受到限制,相应地,我们不希望产生的副反应和裂解作用也在一定程度上得到抑制。

5.1.2 微反应器的工作机理

微反应器中最关键的结构是微通道,其特征尺寸为 $10\sim1000\mu m$,化工过程主要在微通道内进行。微反应器的微通道特征尺寸远小于传统的管式反应器,但其对于分子水平的反应来说仍然很大,故微反应器不会改变化学反应的机理和本征动力学特征,其对化工过程的改进是通过改变流体的传动、传质及传热特性来实现的。

传热效率的高低和通道直径的大小成反比,在相同滞留时间和等温条件下,微反应器内的传热和冷却速率更快,传热效率更高。除了热量传递,质量传递过程在微反应器内也得到很大程度的提升。传递时间和传递距离的关系可以用下式表示:

$$t_{min}\propto\frac{L^2}{D} \tag{5.1}$$

式中,t_{min} 为达到完全混合所需要的最短时间,单位为 s;L 为传递距离,单位为 m;

D 为扩散系数,单位为 m^2/s。

由于微反应器中反应空间尺度较小、传递距离较短,反应所需的扩散、混合时间也很短,质量传递对反应速率的影响大大降低。以液相反应物为例,传统反应器通道内的混合过程主要依赖层流和湍流,常规尺度下的流体混合如图 5.2(a)所示。然而,流体流经当量直径为微米级别的微通道时,对应的雷诺数通常比较小,在几十到几百之间,流体为层流,这导致反应物的混合只能通过扩散完成,如图 5.2(c)所示[3]。

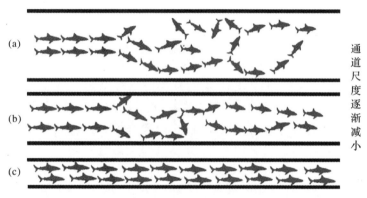

图 5.2 不同尺度通道中流体混合对流

反应物的不同流动状态主要由通道的几何尺寸、比表面积以及反应物本身的性质决定。雷诺数 Re 的表达式为

$$Re = \rho v \frac{d}{\mu} \tag{5.2}$$

式中,ρ 为流体密度,v 为通道内流体流速,d 为通道内径,μ 为流体动力黏度。

由式(5.2)可知,雷诺数会随着微反应器的通道尺寸减小而降低。$Re = 2000$ 可作为流动状态的判断依据。当 $Re < 2000$ 时,流体处于层流态;当 Re 超过此临界值时,流体运动模式向湍流态过渡。

在传热方面,根据流体力学的相关知识,通道内层流流体的对流传热系数与通道直径成反比,因此,微通道内层流流体的对流传热系数较传统反应器大幅提升。当通道特征尺寸为 $100\mu m \sim 1mm$ 时,空气的层流对流传热系数可高达 $100 \sim 1000 W \cdot m^{-2} \cdot K^{-1}$,水的层流对流传热系数可达 $2000 \sim 20000 W \cdot m^{-2} \cdot K^{-1}$,均远高于常规尺度下空气和水的层流对流传热系数。另外,微通道内流体的比表面积也远大于传统反应器,保证了微通道内的反应物可以进行充分的热交换。

需要注意的是,实验结果表明,传统流体力学知识在微尺度情况下不能完全适用,研究微尺度情况下流体的流动时需要对其进行修正。微尺度下的雷诺数没有统一的标准,由于微流控中通道特征尺寸和流体流速都很小,雷诺数通常非常小。这种情况下,流体的惯性力相对于黏性力较弱,因此流体运动主要受黏性力的支配,如黏性耗散、沿面阻力等。这使得微流控中的流体行为与传统宏观尺度下的流体行为有很大不同。微流控相关的研究从理论和实验两个角度出发,并取得了一定的成果,相关知识已经在第 3 章中介绍,此处不再赘述。

例:有一内径为 0.25mm 的通道,如通道中水的流速为 1.0m/s,水温为 20℃ $(\mu=1\text{cP}, \rho=998.2\text{kg/m}^3)$。求:(1)通道中水的流动状态;(2)通道中的水保持层流状态的最大流速。

(1) $Re=\rho v \dfrac{d}{\mu}=998.2\times1\times\dfrac{0.25\times10^{-3}}{0.001}=249.55<2000$

故通道中水为层流状态。

(2) $v_{\max}=\dfrac{2000\times0.001}{0.25\times10^{-3}\times998.2}=8.01\text{m/s}$

5.1.3　微反应器的分类与特点

按不同分类标准,微反应器有多种分类方式。

(1)按结构分类

微反应器是具有特定微结构的反应设备,微结构是微反应器的核心,不同的微结构种类产生了不同形式的微反应器,典型的微反应器有:微通道反应器、毛细管微反应器、多股并流式微反应器、降膜式微反应器、外场强化式微反应器,以及微孔阵列和膜分散式微反应器,如图 5.3 所示[4]。

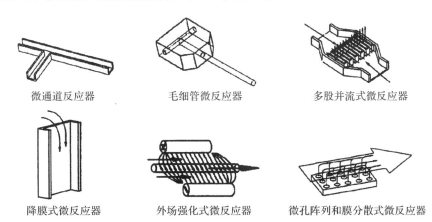

微通道反应器	毛细管微反应器	多股并流式微反应器
降膜式微反应器	外场强化式微反应器	微孔阵列和膜分散式微反应器

图 5.3　不同结构的微反应器

（2）按混合方式分类

从混合方式来看，根据有无外界动力源，可将微反应器分为主动式混合微反应器和被动式混合微反应器两类。被动式混合微反应器不需要外部提供能量，混合过程依赖于扩散或对流提供的质量传输现象，如混沌流微混合器；而主动式混合微反应器的整个过程都需要外界提供能量，如外部电场、温度场、磁场和超声波等强化作用。

（3）按操作模式分类

按操作模式分类，微反应器可分为间歇微反应器、半连续微反应器和连续微反应器，其中间歇微反应器的报道较少，而半连续微反应器未见有报道。

（4）按反应物的相态分类

按反应物的相态分类，微反应器可分为气固相催化微反应器、液液相微反应器、气液相微反应器和气液固三相催化微反应器等。

（5）按材质分类

按材质分类，微反应器可分为陶瓷基、金属基和高分子基微反应器等。微反应器的材质选择很大程度上取决于其应用需要，主要包括操作条件（压力和温度等）、混合物的物理性质（pH、黏度等）、成本、批量生产能力和制造难易程度等。目前应用较为广泛的微反应器材质主要有玻璃、硅、金属、钢材和有机聚合物[5]等。其中，玻璃因具良好的化学耐受性、优异的透明度，以及成熟的制作工艺而受到微反应技术研究者的关注，Miložič等[6]在表面固定生物催化剂的玻璃微通道反应器上展开了连续氨基转移方面的研究。但玻璃微通道反应器机械性能不高，热传导效率和热稳定性差，无法用于高放热和外加热反应，主要用于常温常压下的反应。

微尺度效应为微反应器带来了多方面的优势。具体如下。

（1）温度控制

相较于传统反应器，由于微反应器的通道尺寸较小，其比表面积显著提高。比表面积的提高使得微反应器中微通道内的反应物与壁面可以进行更加高效的热交换，微反应器的传热系数可达 $25kW \cdot m^{-2} \cdot K^{-1}$。同时，使用微反应器进行化学反应时，反应温度分布集中在理想的反应温度附近，这种稳定性使得反应几乎可以在等温条件下进行，避免了反应过程中的"飞温"。另外，由于微反应器提高了反应中的热传导效率，因此，可以控制化学反应器的"点火""熄灭"现象（点火指在一定的温度、压力和浓度条件下，反应物开始发生化学反应；熄灭指的是反应在某些条件下停止或减缓），微反应器能够提供更精确的温度控制，且其提供的反应温度的范围较传统反应器更宽，包括较高或较低的温度，以满足一些特殊反应需要的条件，这对于中间产物和热不稳定产物的控制有重要意义。中间产物的生成通常需要特定的反应条件,微反应器可以将温度控制在最适宜的范围内,避免温度过高或过低导致的不必要的副反应和分解等。热不稳定产物在传统反应器中可能会因为温度梯度或反应过程中的不均匀热量分布而发生分解。微反应器的高热传导性能有助于迅速传递热量,平衡温度分布,减缓或避免热不稳定产物的分解。

超大的比表面积也为通道内表面催化剂的负载提供了有利条件。卜橹轩等[7]实现了在微反应器中快速制备 2-萘磺酸、6-萘磺酸和 1,3,6-萘磺酸,与传统釜式磺化过程相比,微反应器制备过程的原料用量可节省 33%～50%,反应总时间缩短至原来的 1/40,且微反应器的微管束克服了传统釜式磺化过程管道易堵塞的问题,微反应器在这方面的工业应用前景广阔。

(2)时间控制

传统反应器的化学反应中,往往采用逐渐滴加反应物的方法防止反应过于剧烈,这造成了部分先加入的反应物在反应器内停留时间过长。而对于多数反应,在反应条件下,反应物、中间过渡态产物及终产物在反应器内的停留时间过长均会导致局部热点严重,产生大量副产物。而微反应器中的反应物在微管道中连续流动反应,反应物的停留时间一般由微通道长度决定,通过调整微通道的长度可以实现对物料在反应条件下停留时间的精确控制,可将停留时间缩短至毫秒级。此外,反应器微型化可以使反应物用量呈数量级减少,从而大大缩短反应时间并提高反应精度,有效避免因反应时间过长而产生副产物。通过由微反应器构成的微组合化学合成与分析系统,检测时间可以从原来的 2～3h 缩短到 50s,而精度可提高到仄摩尔(10^{-21}mol)级。

(3)安全控制

由于微反应器的传质、传热速率快,强放热化学反应中产生的大量热量能被及时移除,从而避免了传统反应器中常见的"飞温"现象;而对于易发生爆炸的化学反应,微反应器微米级的通道能够有效地阻断链式反应,使易发生爆炸的反应在爆炸极限内稳定进行。对于具有毒性和危害性的化学反应,采用微反应器作为生产设备可以降低风险,因为微反应器体积小,数量众多,即使出现泄漏情况,受影响范围和泄漏量都非常小。在微化学工厂中,由微反应器和其他微型设备组成的系统能够在其他微反应器运作的同时及时更换泄漏的微反应器,保证生产按需、按时地进行。与传统的生产方式相比,微化学工厂能解决大批的安全难题,能够更好地实现安全生产。

(4)传质控制

微反应器的通道尺寸小,比表面积大,这保证了发生反应之前物料的径向混合效果良好。对于受传质控制的单相及多相反应,微反应器可大大提升过程的传质速率,使得该过程可在反应或传质混合控制区内进行。这将大大缩短或严格控制反应物在反应器内的停留时间,有利于控制生成产物,减少副产物,提高反应的转化率和产率。

(5)微反应器的平行化放大

对传统反应器,从实验室规模扩大到工业应用的规模时将会放大反应器的尺寸,其中存在放大效应,需要反复试验调试,耗时费力。而微反应器的放大则是通过并行增加微反应器的数量实现的,故实验室和工业化生产的反应条件是一致的。这缩短了研发时间,节省了试验资金,实现了科研成果从实验研究到工业生产的快速转化。另外,微反应器非常灵活,理论上可以通过改变连通管线将其应用于其他反应过程。

据统计,在精细化工反应中,约 20％的反应可以采用微反应器来提高反应收率、选择性和安全性。微反应器中微通道壁面和流体交互作用使得反应器中的热点发展受到抑制,同时消除了传质限制因素,促进一些强放热反应在较温和条件下完成,这为探索新的环保工艺提供了更多的可能[8]。

5.1.4　微反应器的结构设计

微反应器系统装置主要由四个部分组成:流体输送动力装置、连接装置、反应通道和接收装置。反应物在流体输送动力装置的驱动下,经管道输送,连续不断地以确定的流速流经设置条件下的反应通道,并在反应通道内完成反应,最后被引入接收装置,这就是在微反应器中一个反应的大致流程。

微反应器的结构设计关系到反应效率、精度和稳定性,存在一些基本的规则。例如传质速率受微反应器的结构影响很大,在相同的流速下,微反应器的结构越接近圆形,则传质速率越大。又如结构简单、比表面积大的螺旋盘管结构无内插件及扰流部件;在离心力作用下,螺旋盘管内流动的流体在垂直于主流方向的截面上形成二次涡流,使流体沿着管径(即管的半径方向)向外侧流动;同时,涡流的旋转会使流体向管道中心移动,与相同时刻主流流体带动的平行流动相互作用,形成三个方向的混合交叉,同时强化混合及传热过程[9],从而促进微观混合。但化学反应类型多种多样,合成路线众多,所以应根据反应所需的各种条件来设计微反应器结构,并不断探索和改进。微反应器的各种结构设计非常多,以下列举几种代表性微反应器的研究成果。

Park 等[10]制备了一种具有高比表面积的透明双通道微反应器,可用于光敏氧化。这种用聚乙烯硅氮烷(PVSZ)屏蔽的透明双通道微反应器由一个用于液体流动的上层通道和一个用于氧气(以气相存在)流动的下层通道组成,两通道通过具有透气性的 PDMS 膜相连接,可以发生气体交换,以保持上层通道液体中的氧气为饱和状态。当使反应物完全暴露于光下,该微反应器中高浓度的反应在几分钟内即可完成,而在间歇反应器中完成需要几个小时。此外,微反应器的放大过程显示出比传统间歇反应器更高的生产效率。

陈雪叶等[11]设计了一种两步微反应器,它由两段混合通道(混合单元)与两段蜿蜒的反应单元组成,如图 5.4 所示。微反应器的混合单元为内肋型障碍物结构,该结构可产生混沌流,促进反应物混合。他们还利用基于有限元原理的数值模拟软件分别对混合单元的障碍物与通道的高宽比、障碍物的宽度,以及障碍物宽度与间距的比值进行了设计与优化。

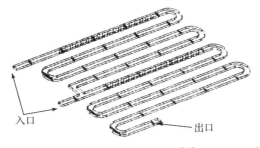

图 5.4　两步微反应器[11]

陈慧群等[12]设计了一种低温共烧陶瓷基的重整制氢微反应器结构,如图 5.5 所示。该液体燃料水蒸气重整制氢微反应器可用于低温燃料电池。在结构设计上,它采用了低温共烧陶瓷制作具有埋腔体和微通道的陶瓷结构,包括两个蒸发器(燃料和水)、混合器、重整器和燃烧器。同时,陶瓷压力传感器(PS1～PS4,用于控制射流)、铂基加热器和铂基温度传感器也被集成到结构中。

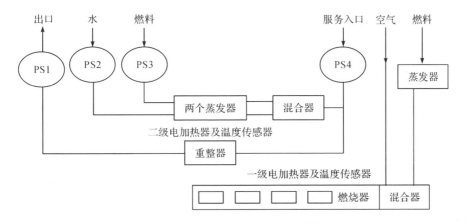

图 5.5　重整制氢微反应器结构[12]

高瑞泽[13]设计了一种平行流场结构,该结构具有较为合适的微通道尺寸和适合甲醇重整反应的流场形状。他通过单通道仿真确定了微通道尺寸,并通过平行流场结构仿真确定了流场相关参数、形状,从而得到微型甲醇重整反应器流场结构的最优设计方案。

5.1.5 微反应器的制造

微反应器的制造主要包括选材和加工两方面。

(1)微反应器的选材

微反应器材料的选择不仅与反应介质和工况有关,还须考虑材料的化学兼容性、热性能适应性和结构可靠性。常用的材料有硅、金属、低温共烧陶瓷、有机聚合物和玻璃等。

硅是制造微反应器较常用的一种材料,具有弹性模量大、熔点高、热膨胀系数小、屈服强度优良、耐腐蚀性强等优异特性。硅微反应器精度高且制造成本低,适用于多种化学反应。不足之处是硅材料较脆,对环境要求较高。

金属材料具有良好的延展性,在外加载荷下一般不会出现脆性断裂,且其加工性能优越,故金属材料尤其是不锈钢微反应器的研究也备受关注。不锈钢具有良好的耐腐蚀性和耐热性,在高温下仍能保持良好的物理机械性能,且制备工艺标准、耐用、成本适中,因此不锈钢微反应器常用于快速放热的多相催化反应,但是它与陶瓷和玻璃的兼容性较差。

陶瓷材料具有熔点高、硬度高、耐磨性高和抗氧化性强等优点,低温共烧陶瓷制造的微反应器不仅制作灵活、耐用、成本低,而且具有高抗磨性和低摩擦系数,适用于高温下的气-固两相催化反应。

有机聚合物材料因其价格低廉、易于加工等特点,在微反应器制造中也有所应用。其中,PDMS及其衍生物是最常见的制造微反应器的材料。有机聚合物的相对密度是普通玻璃的一半,抗碎裂能力却是普通玻璃的几倍,有机聚合物材料具有良好的绝缘性和机械强度,对酸、碱、盐有较强的耐腐蚀性,易于加工、制作灵活,且成本低。有机聚合物微反应器适用于常温或低温下的光化学反应。同时,有机聚合物材料还可用于制造功能性的部件,如微阀和微蠕动泵等。有机聚合物材料的缺点是化学兼容性和热容性差,密封困难。

玻璃微反应器透明度高,可以观测反应的进程,同时还具有耐高压的优点,但玻璃本身的加工性能限制了其在微反应器上的应用。目前玻璃微反应器主要在有机合成领域使用。

（2）微反应器的加工

微通道反应器采用综合加工技术，以微结构为核心进行加工。目前微结构的形状有梯形、双梯形、矩形以及其他非规则形状。在加工技术上，除了基于集成电路(IC)平面制作的硅体微加工技术之外，还有超精密加工技术和 LIGA 工艺。

①硅体微加工技术

硅体微加工技术即块状硅的微刻蚀技术，有湿法刻蚀和干法刻蚀两类。湿法刻蚀包括各向同性刻蚀和各向异性刻蚀。各向异性刻蚀常用的腐蚀液为氢氧化钾、异丙醇和水以一定比例配成的混合液体。各向同性刻蚀的优点是腐蚀速率较快，缺点是对微结构的形状控制不足；而各向异性刻蚀正好相反。干法刻蚀则是利用气体进行刻蚀，其优点是无化学试剂污染、自动化程度高、腐蚀速率控制简易、临界尺寸易于控制、深宽比大和精度高；缺点是装置成本高，导致工艺规模难以扩大。

②超精密加工技术

超精密加工技术可以细分为两种加工技术。第一种为高能束加工技术，涵盖电子束加工、离子束加工和激光束加工。电子束加工是指在真空条件下使用聚集的极高速电子束对工件需加工的部分进行冲击，使其需加工部分急速升温至几千摄氏度融化、气化，进而得到所需要的微结构。离子束加工是指通过高速离子冲击工件使工件成型。激光束加工是指通过激光照射工件，使其需加工部分升温，进而融化、气化，得到所需微结构。高能束加工技术的优点是加工精度高，缺点是对环境和技术的要求高。第二种为微细放电加工技术，指通过对工件需加工部分施加脉冲电流，蚀刻得到所需微结构。微细放电加工技术具有较好的成型能力，多用于切割和穿孔。但是这种加工手段只能用于加工对精度要求不高的金属导电材料。

③LIGA 技术

LIGA 技术是一种全新的微机械加工技术。具体方法已经在第 3 章中进行详细描述，此处不再赘述。

5.1.6　微反应器的应用与展望

20 世纪 90 年代初，微化学工程与技术的研究在国外起步，美国、德国、英国、法国、日本等发达国家相继开展相关研究。一些知名的微反应器系统供应商及其微反应器系统如表 5.1 所示，这些微反应器系统各有特点，代表了当前微反应器设计与制造的先进水平和发展方向。

表 5.1　微反应器系统供应商及其微反应器系统

序号	供应商	国籍	微反应器系统	技术参数
1	Ehrfeld Mikrotechnik BTS GmbH	德国	模块化微反应系统	10MPa，$-20\sim200°C$
2	ICT-IMM	德国	SIMM 微反应器	10MPa，$-40\sim220°C$
3	西门子	德国	Siprocess 微工艺系统	1MPa，$-20\sim200°C$
4	康宁	美国	G1-G4、Lab-Reactor 系统	1.8MPa，$-40\sim200°C$
5	Syrris	英国	Africa、Asia、Titan 系统	2MPa，$-40\sim250°C$
6	Chemtrix	荷兰	Labtrix、KiloFlow、Plantrix 系统	2MPa，$-20\sim150°C$

目前，国内外学术界已对微反应器进行了深入的研究，对微反应器的原理和应用有了比较深刻的认识，在微反应器的设计、制造、集成和放大等关键问题上已经取得了突破性进展。同时，微反应器在精细化学品合成、纳米颗粒和多级结构材料的制备等领域应用广泛。

(1)精细化学品合成

精细化学品合成对反应的要求很高，得到的产品的应用功能和商品性比较强，产品的附加价值高，而且具有技术密集性[14]。精细化学品的合成在微反应器中进行时，反应可以得到有效控制，从而提高了反应过程的安全性。微反应器为常见的精细化学反应提供了更高效、便捷的平台，如金属有机化学反应、低温或高温反应、易失控反应等，这些反应要求高，需要严格控制各项因素。例如 Aghel 等[15]以甲醇和豆油为主要原料，在连续微反应器中进行酯交换反应，成功制备了生物柴油；其中，反应物停留时间仅 4min，而产率高达 96.7%，使用传统搅拌式反应器制备达到相同产率需要的反应物停留时间为 480min，足见微反应器的优异性能。

(2)制备纳米颗粒

目前，纳米颗粒主要在圆底烧瓶和烧杯等传统间歇式反应器中制备，该方法操作便捷，但纳米颗粒的尺寸和形貌对温度较敏感，传统反应器的传热、传质效率差，在制备纳米颗粒时较难保证整个反应过程处于恒温环境，故这种方法合成的纳米颗粒尺寸分布较宽，形貌变化较大。使用微反应器则可以解决这一问题。微反应器传质速率快、混合性能好，可用于工业合成高性能的纳米颗粒。但是该制备过程主要发生在受限空间中，高活性纳米颗粒易积聚堵塞管道，导致工业后处理成本和不安全度增加，限制了微反应器纳米颗粒制备在工业中的应用。

周才金[16]以七水合硫酸锌和碳酸氢铵为反应物,提出了一种在非受限空间内合成高比表面积纳米氧化锌颗粒的方法。该方法通过快速对撞和气体微分散作用来强化混合过程,促进纳米粒的成核生长并减少其过度团聚现象,得到了平均粒径为 7nm 且比表面积为 88.89m²/g 的高活性纳米氧化锌颗粒。

(3)制备多级结构材料

目前利用微反应器制备多级结构的方法主要有液滴界面反应、液滴技术结合法、微流体纺丝法以及两相微界面萃取法,能够解决传统反应器能耗高、难以连续化生产等问题。基于微流体的层流效应和相界面特性,多种微流体技术已被成功用于制备出类型多样、形貌各异、结构复杂、功能多样化的多级结构材料,微流体技术在多级结构材料的制备方面具有灵活性、多变性和相对普适性[17]。

微反应器在精细化工和新材料制备中的应用取得了一系列进展,但其依然存在一些问题亟待解决。

①如何消除微通道堵塞。微反应器的通道直径在微米级别,作为反应容器时,往往存在因反应物或生成物的尺寸问题而通道堵塞,导致流体流速降低,影响混合效果;同时还会导致反应物或生成物在微通道中停留时间过长,产生难以清除的不良产物,影响反应总体质量。

②探索实现工业化的最有效途径。尽管微反应器几乎没有放大效应,可以实现快速放大,对于小范围内生产如在实验室环境条件下,能够方便快捷地得到一定量的产物,但工业化实施过程相对复杂,具体表现在叠片、封装、催化剂与反应场所的集成、再生和更换上,需投入的成本较高,这阻碍了微反应器工业化应用[18]。

③拓宽应用范围。目前,仅有部分反应能够利用微反应器得到强化,故需在技术上探索其他更广泛的微反应器适用平台,确定更有效的可替代反应路线。

④完善理论体系。部分宏观理论在微观条件下并不适用,微反应器微通道中反应的相关机制及微观理论体系需要进一步完善。

⑤功能集成。研发整合物理传感器和分析化学技术于一体的集成化微反应器,以便对反应全程进行监测,实时采集数据信息。

5.2　微换热器

随着微机电系统的快速发展,化学能源动力装置的微型化成为亟须解决的问题。微机电系统及半导体芯片等器件的特征尺寸都在微纳米尺度,微散热系统的

热流密度可以高达 $5 \times 10^5\,\mathrm{W/m^2}$。这对换热器的性能提出了更高的要求。

在此背景下,微尺度传热技术以及相应的微换热器的加工制造技术迅速发展。微加工技术的迅猛发展使得加工由多个微纳米级水力学直径的微型管道组成的换热器成为可能。这类管道的流动槽或交错肋片通常制作在硅、金属或其他材料的薄片上,每一薄片既可单独作为一个平板换热器,也可焊接在一起以形成平行的顺流或逆流换热器。可采用光刻技术或利用微型工具通过精密切割将槽道和肋片制作在薄片上。通常把比表面积大于 $5000\mathrm{m^2/m^3}$ 的换热器称作微换热器。本节主要介绍微尺度传热的特点与分析计算方法,以及微换热器的结构与换热方法。

5.2.1 微尺度传热的特点

不同于常规换热器,微通道中会出现流动与传热的微尺度效应,其中的流动和传热的规律已经不能用常规尺度条件下的相关公式来描述。根据器件的特征尺寸,微尺度下流动和传热不同于常规尺度的原因大体上可以分为以下两类。a. 当器件的特征尺寸缩小至与热载子(分子、原子、电子和光子等)的平均自由程同一个量级时,常规尺度下流体力学的连续介质假设将不再成立,基于连续介质假设的一系列方程将不再适用。黏性系数、导热系数等概念也会有本质上的不同,N-S 方程和导热方程等也就不再适用。b. 器件的特征尺寸远大于热载子的平均自由程,即连续介质仍能成立,但是由于微尺度下原来各种影响因素的相对重要性发生了变化,导致流动和传热规律也发生了变化[19]。

对于 a 类情况,需要将热载子与器件特征尺寸纳入考虑,在原有理论基础上对相关概念进行重新定义和解释。当热载子(电子、声子及光子)的特征尺寸与器件的特征尺寸相当时,即会出现微尺度下的传热,这时反映物质能量输运规律的物性如材料导热率、比热容等会体现出明显的尺度依赖性。例如,当薄膜的厚度减小到一定程度时,其导热系数将随膜厚的减小而降低,有的甚至可降低 $1 \sim 2$ 个数量级,这使得导热体甚至可变为热绝缘体。导热系数的微尺度效应的物理机制有以下两个方面。①与传热问题中的器件特征尺寸有关,当器件特征尺寸远大于热载子的平均自由程时,傅里叶(Fourier)定律仍然适用。随着器件特征尺寸持续减小,尺度效应越来越明显,需要将导热系数、输运能力、量子效应等纳入考虑范围;②与材料晶粒大小有关,当尺寸减小时,由于制造工艺等方面的变化,晶粒尺寸减小,晶粒界面增大,输运能力减弱,导热系数也会降低。

对于 b 类情况,连续介质条件下,传热过程中的微尺度效应主要来源于以下三个方面。

①由于惯性力与器件特征尺寸成反比,而黏性力与器件特征尺寸的二次方成反比。所以当尺度微细化,惯性力与黏性力的比即雷诺数愈来愈小,流体的运动状态一般都为层流。这使得微尺度下自然对流的雷诺数与格拉晓夫(Grashof)数(Gr)成正比($Re \propto Gr$),而常规尺度下的自然对流,其雷诺数则与格拉晓夫数的平方根成正比($Re \propto Gr^{1/2}$)。相应地,在微尺度下,自然对流的努塞特(Nusselt)数(Nu)与其格拉晓夫数及普朗特(Prandtl)数(Pr)的关系为 $Nu \propto (GrPr)^{1/2}$,而常规尺度下为 $Nu \propto (GrPr)^{1/4}$;此外,微尺度下混合对流中的自然对流与受迫对流的相对重要判据为 Gr/Re,而不是常规尺度下的 Gr/Re^2[19]。

②微尺度器件的比表面积大,表面作用增强,包括黏性力、表面张力、换热等。如离心力与特征尺寸的平方成正比,所以微机电系统中利用离心力来驱动流体不再合适,可利用黏性力来泵送流体[20]。同时,当尺度微细化,器件的表面换热大大增加,时间常数很小,所以可以利用传热现象控制流动,利用微通道中流体的快速沸腾和冷凝,实现新型的流体驱动。

③微尺度器件的比表面积大,导致其流动和传热的边缘效应和端部效应增大三维效应不能忽略,流动和传热规律与常规尺度有很大不同,传热会有明显的强化等等。所以一般情况下,不能将微细尺度物体简化为一维或二维不考虑其体积[19]。

需要注意的是,微换热器除了空间尺度微细化,时间尺度同样微细化,即当热载子的各种特征作用时间与特征能量激发时间相当时将即发生微时间尺度内的传热。例如快速和超快速加热或冷却过程就属于时间尺度微细化的物理问题。瞬态加热时,能量是以波动方式传播的,这与基于傅里叶定律的抛物型导热方程所描述的能量以扩散方式传播有很大不同。

5.2.2　微尺度传热的分析计算方法

按照从连续介质现象到量子现象的特征尺寸,适合于分析微尺度下流动与传热问题的方法主要有:分子动力学方法、直接模拟蒙特卡罗方法、量子分子动力学方法及玻尔兹曼方程方法。其中,分子动力学方法用于揭示那些量子力学效应不明显时物理现象的分子特征。而玻尔兹曼方程方法及直接模拟蒙特卡罗方法属于分子统计理论,分子统计理论提供分子碰撞动力学方面的知识。直接模拟蒙特卡罗方法是一种适用于计算微尺度器件内流体传热,尤其是稀薄气体流的流动和传热问题的方法。量子分子动力学方法适用于分析具有量子效应的物理过程,如光与物质的相互作用、金属材料中的热传导问题等。玻尔兹曼方程方法被公认为是一种相对普适性工具,在微尺度下流动与传热研究中应用广泛。

以下依次对为微传热中的玻尔兹曼输运理论、分子动力学理论和蒙特卡罗模拟方法进行简单介绍[21]。

(1) 玻尔兹曼输运理论

在动力学理论中,空间和时间内的局域热平衡是一个隐含的固有假设。设一假想体的特征尺寸为 l_r,时间尺度为 τ_r,则当物体的尺寸 $L \approx l_r$ 或真实时间 $t \approx \tau_r$,抑或二者兼有时,动力学理论不再成立,这是因为此时局域平衡假设不再有效,为此需要一个更为基本的理论,即玻尔兹曼输运理论。几乎所有的宏观输运方程,如傅里叶定律、欧姆定律、菲克定律及双曲型热传导方程等,均可由玻尔兹曼方程导出,而且一些输运方程,如辐射输运方程及质量、动量及能量守恒方程等,也均可从该方程导出[22],且该方程对流体固体多相系统等均具有良好的适应性。

玻尔兹曼方程主要应用于两类问题:①当热载子的平均自由程与流体特征尺寸接近,不能忽略时,常规尺度下的物理量如导热率、密度、比热容等已经不能描述宏观介质的行为;②当热载子的平均自由程远小于流体特征尺寸时,能够从微观模型导出宏观介质的行为。这些应用是统计力学基本问题的一种特殊情形。玻尔兹曼方程在此方面的典型应用是解释气体的宏观行为,并从分子对相互作用定理计算出黏度及热传导系数。

(2)基于玻尔兹曼输运理论的微传热方程

玻尔兹曼方程具有普适性,可以用来导出微传热分析中几乎所有的守恒及本构方程,以下给出其中的一些方程的推导过程[21]。

利用碰撞间隙理论写出玻尔兹曼方程的一般表达式为

$$\frac{\partial f}{\partial t} + \boldsymbol{v} \cdot \nabla f + \boldsymbol{F} \cdot \frac{\partial f}{\partial \boldsymbol{p}} = \frac{f_0 - f}{\tau(\boldsymbol{r} \cdot \boldsymbol{p})} \tag{5.3}$$

式中,f 为分子分布函数,t 为时间,$\boldsymbol{v}$ 为速度矢量,$\boldsymbol{F}$ 为作用在粒子上的力,$\boldsymbol{p}$ 为动量,f_0 为平衡态分布函数,$\boldsymbol{r}$ 为位置矢量,τ 为松弛时间。

为研究粒子的能量输运,需要求解 Boltzmann 方程以获得分布函数 $f(\boldsymbol{r}, \boldsymbol{p}, t)$,于是单位面积的能量流率或流能可写作

$$q(\boldsymbol{r}, t) = \sum_{\boldsymbol{p}} \boldsymbol{v}(\boldsymbol{r}, t) f(\boldsymbol{r}, \boldsymbol{p}, t) \varepsilon(\boldsymbol{p}) \tag{5.4}$$

其中 $q(\boldsymbol{r}, t)$ 为能流矢量,$\boldsymbol{v}(\boldsymbol{r}, t)$ 为速度矢量,$\varepsilon(\boldsymbol{p})$ 是作为动量 $\boldsymbol{p}$ 函数的粒子能量。注意,$f(\boldsymbol{r}, \boldsymbol{p}, t)$ 的单位是单位体积、单位动量内的个数。动量空间内的求和可转化为一个积分

$$q(\boldsymbol{r}, t) = \int \boldsymbol{v}(\boldsymbol{r}, t) f(\boldsymbol{r}, \boldsymbol{p}, t) \varepsilon(\boldsymbol{p}) \mathrm{d}^3 \boldsymbol{p} \tag{5.5}$$

该积分在引入状态密度 $D(\varepsilon)$ 后也可写成能量的积分。于是能流矢量可写作

$$\boldsymbol{q}(\boldsymbol{r},t) = \int \boldsymbol{v}(\boldsymbol{r},t) f(\boldsymbol{r},\varepsilon,t) \varepsilon D(\varepsilon) \mathrm{d}\varepsilon \tag{5.6}$$

傅里叶定律[21]。由于直接求解玻尔兹曼方程有一定难度，我们对玻尔兹曼方程进行简化。当假设 $t \ll \tau$、τ_r（τ_r 为时间范围），则最通常的简化是不讨论时间变量。此外，假设 $L \gg l$、l_r（其中 L 为所考察的尺度，l_r 为特征尺寸，l 为平均自由程），则梯度项 $\nabla f \approx \nabla f_0$，沿 x 方向的一维玻尔兹曼方程可求出为

$$f = f_0 - \tau v_x \frac{\partial f_0}{\partial x} \tag{5.7}$$

式(5.7)被称为准平衡假设，局域热平衡实际上是隐含在近似 $\mathrm{d}f/\mathrm{d}x \approx \mathrm{d}f_0/\mathrm{d}x$ 中的。不过，由于局域平衡 f_0 只能在长度范围 l_r 内定义，该近似最后将变为 $\mathrm{d}f/\mathrm{d}x \approx \nabla f_0/l_r$[21]。这一近似及时间尺度内的近似在动力学理论中也得到采用，所以我们可期待得到类似的结果。由于平衡分布是温度 T 的函数，于是有

$$\frac{\partial f_0}{\partial x} = \frac{\mathrm{d}f_0}{\mathrm{d}T} \frac{\partial T}{\partial x} \tag{5.8}$$

由此可导出能流矢量

$$\boldsymbol{q}_x(x) = -\frac{\partial T}{\partial x} \int v_x^2 \tau \frac{\mathrm{d}f_0}{\mathrm{d}T} \varepsilon D(\varepsilon) \mathrm{d}\varepsilon \tag{5.9}$$

式(5.9)即为傅里叶定律，其积分部分即为导热系数 κ。若假设松弛时间及速度均独立于粒子能量，则积分变为

$$\kappa = \int v_x^2 \tau \frac{\mathrm{d}f_0}{\mathrm{d}T} \varepsilon D(\varepsilon) \mathrm{d}\varepsilon = v_x^2 \tau \int \frac{\mathrm{d}f_0}{\mathrm{d}T} \varepsilon D(\varepsilon) \mathrm{d}\varepsilon = \frac{1}{3} C v^2 \tau \tag{5.10}$$

式中，C 为比热。这恰恰是动力学理论导出的结果 $\kappa = \frac{1}{3} C v l$。

双曲型热传导方程[21]。若对玻尔兹曼方程等号两边同时乘 $v_x \varepsilon D(\varepsilon) \mathrm{d}\varepsilon$，并对能量进行积分，则有

$$\frac{\partial \boldsymbol{q}_x}{\partial t} + \int v_x^2 \frac{\partial f}{\partial x} \varepsilon D(\varepsilon) \mathrm{d}\varepsilon = -\int \frac{f v_x \varepsilon D(\varepsilon) \mathrm{d}\varepsilon}{\tau(x,\varepsilon)} \tag{5.11}$$

上式中加速度项已被消去。考虑 $L \gg l$、l_r，$t \approx \tau_r$，可做如下假设：① 松弛时间独立于粒子能量；② 对 $\frac{\partial f}{\partial x} = \left(\frac{\mathrm{d}f_0}{\mathrm{d}t}\right)\left(\frac{\partial T}{\partial x}\right)$ 采用准平衡假设，则式(5.11)可变为

$$\frac{\partial \boldsymbol{q}_x}{\partial t} + \frac{\boldsymbol{q}_x}{\tau} = -\frac{\kappa}{\tau} \frac{\partial T}{\partial x} \tag{5.12}$$

式(5.12)即卡塔尼奥(Cattaneo)方程，将其与能量守恒方程联立，得

$$C\frac{\partial T}{\partial t} + \frac{\partial \boldsymbol{q_x}}{\partial x} = 0 \tag{5.13}$$

即可导出双曲型热传导方程

$$\tau\frac{\partial^2 T}{\partial t^2} + \frac{\partial T}{\partial t} = \frac{\kappa}{C}\frac{\partial^2 T}{\partial x^2} \tag{5.14}$$

式中，C 是介质的热容。需要注意的是由玻尔兹曼输运理论导出双曲型热传导方程与傅里叶定律时，唯一的区别是双曲型热传导方程保留了瞬态项 $\partial f/\partial t$，这就决定了双曲型热传导方程在时间上是非局域的而在空间上不是。

(3) 分子动力学理论

分子动力学方法与量子动力学方法均为研究分子与原子尺度系统的物理学方法。其中，分子动力学方法基于经典力学原理在分析微尺度物理问题中起着十分重要的作用；而当电子的动力学行为变得显著时，需求解复杂的瞬态量子力学方程，这就是量子动力学方法，它基于量子力学原理。实现分子模拟的技术步骤非常直接，即通过一组具有指定粒子对作用规律的模型分子对结构空间进行采样，采样可以是随机的（通过蒙特卡罗方法），也可以是确定性的（通过分子动力学经典方程实现）。分子动力学计算按照分子系统的时间演化进行，并由此产生相互作用分子的详细轨道图景。分子动学方法与蒙特卡罗方法相比，优点在于其可在平衡或远离平衡（受大的外场作用时）的情况下求出凝聚相的动力学性质（如自扩散率和黏度）[21]。

分子动力学方法最重要的应用之一是计算物质输运系数。分子水平上的动力学行为在宏观上体现为实验可测的输运性质（如自扩散系数及剪切应力等）。输运性质刻画了流体在外加宏观梯度作用下的动力学响应行为。扩散描述的是分子通过热驱动从系统中的一部分移动到另一部分的过程。数学上，物质的扩散趋势由自扩散系数 D 刻画，单位为 m^2/s。一个的体积为 V 的系统中含有 N 个分子，且分子 i 速度为 v_i，则扩散通量 j 定义为

$$j = \frac{1}{V}\sum_{i=1}^{N} v_i \tag{5.15}$$

各向同性流体中，穿过单位面积的分子输运量与其平面法向的浓度梯度 ∇C 成正比，即

$$j = -D\,\nabla C \tag{5.16}$$

式 (5.16) 为正规定义 D 的菲克（Fick）第一定律。

热传导是固体与流体的一种重要的微观动力学行为。系统内热非平衡性的描述由导热系数 κ 量化描述，为测定 κ，需要建立一个关于温度的初始态。于是傅里叶

定律被用于定义导热系数

$$J = -\kappa \nabla T \tag{5.17}$$

式中,J 为热流密度,T 为温度。

还有一个与流体状态密切相关的输运系数是刻画流动阻力的黏度,牛顿最早将其定义为联系平板单位面积上及其平行方向的速度梯度的比例系数。剪切应力 σ 为单位面积 A 上的力 F,它阻碍与静止平板相距 h 的速度为 v 的平板的运动,则有

$$\sigma = \frac{F}{A} = -\eta_s \nabla v \tag{5.18}$$

式中,η_s 为牛顿黏度,即流体动力黏度。

流体能量和动量的传输可通过三种机制进行:第一种机制涉及分子的实际运动,在低分子密度情况下起决定作用,且可通过动力学理论相当准确地处理;第二种机制在高分子密度情况下起决定作用,依靠分子间的相互作用力的影响来实现,分子之间互相施加作用力导致动量沿空间传输;第三种机制涉及这些动力学及相互作用项之间的关联[23]。所有的输运系数均具受纯动力学及分子相互作用的影响。控制输运性质的分子过程通常发生在皮秒级时间尺度内,恰好可用分子动力学方法进行处理。任意输运系数 $\chi = \chi(t \to \infty)$ 可写作如下两种等价公式中的一种:

$$\chi(t) = \frac{a}{2t} \langle | \xi(t_0 + t) - \xi(t_0) |^2 \rangle = a \int_0^t \frac{\partial \xi(\tau)}{\partial \tau} \frac{\partial \xi(0)}{\partial \tau} d\tau \tag{5.19}$$

式中,a 为常数,τ 为积分变量。式(5.19)中第一个表达式为爱因斯坦(Einstein)表述,第二个为格林-库博(Green-Kubo)表述,同属于均方位移理论。

其中具体各项系数的求解可参考相关文献深入了解[21,24-25]。

分子动力学模拟的一般设置按照预报—修正的方式进行,可归纳如下:①利用位置、速度、加速度等的当前值预测其在下一时刻 $t + \delta t$ 的相对应的值;②在新位置处计算力及加速度 $a_i = f_i / m_i$(m_i 为质量);③采用新的加速度对所预测的位置、速度、加速度等进行修正;④回到步骤一之前,计算所需变量,如能量、维里(Virial)参数及序参数等[26]。

一个比较理想的分子动力学模拟过程应该具有以下特征:①在所需计算机内存最小的情况下,应尽可能快速且采用尽可能大的时间间隙;②可以使用较长时间步 δt;③应尽可能精确地重复经典轨道;④应满足已知的能量和动量守恒定律,且时间上可逆;⑤在形式上尽可能简单和易于操作[26]。

(4)蒙特卡罗方法

蒙特卡罗方法是由冯·诺伊曼(John von Neumann)和乌拉姆(Stanislaw Marcin Ulam)于二战结束时在计算可裂变材料中的中子扩散问题时提出,该名的选定是

因为在计算中广泛地采用了随机数的概念。直接模拟蒙特卡罗方法最初建立在气体动力学理论的基础上,现在已经成为研究复杂的多维稀薄超高音速空气动力学的主要工具,这是由其所具有的一系列显著优点决定的,如该方法在从一维转换到二维乃至三维问题时显得相对简单,而且可以在不增加过多计算格式复杂性的基础上采用各种各样的包括内部自由度及化学反应的粒子作用模型,这一特点在模拟具有真实气体效应的高温流动时至关重要[26]。

尽管微尺度下的流动问题非常适合用直接模拟蒙特卡罗方法处理,但该法在模拟微通道问题时仍然面临一系列的困难[21]。首先,这些系统中的流动速度通常远小于声速,因此直接模拟蒙特卡罗方法中用到的一些典型流线及真空边界条件在物理上并不合适。其次,微通道具有非常大的高宽比。直接模拟蒙特卡罗方法中的一个基本假设是若要使解合理,则梯度方向的元胞尺寸必须小于流体平均自由程。而且,要保证沿气流和垂直气流方向的计算有一定精度,就得采用大量的元胞,所以即便是单步计算也十分昂贵。最后,相较传统问题,微通道模拟在建立稳态流动后需更多的运行计算时间。

5.2.3 微换热器结构及特点

(1)微通道结构

现有的微通道换热器依据流体的流动及分配方式主要有平行翅片微通道[27]和微针肋换热器[28]两类,如图 5.6 所示。

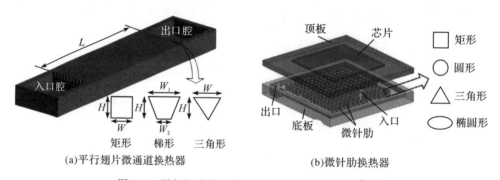

(a)平行翅片微通道换热器　(b)微针肋换热器

图 5.6　平行翅片微通道换热器和微针肋换热器[27-29]

在微换热器的发展历程中,其微通道结构从最初简单的几何形状到现在的多样化的复杂拓扑结构,以及多种强化表面结构相结合的复合式微通道,大部分是以上两种结构的变形与改进[29]。

平行翅片微通道换热器结构较为简单,加工相对容易,一般采用 Cu 或者单晶

Si 作为基体,截面形状包括但不限于矩形、圆形、梯形和三角形[29]。国内外许多学者针对矩形截面微通道展开了大量可视化实验研究。矩形截面平行翅片微通道内两相沸腾传热系数是液体单相流动的 3～20 倍[30],随着热流密度的变化,出现泡状流、受限气泡流和环状流等流型以及不同的沸腾传热系数;由于气泡带来的复杂的不规则流动和堵塞,两相流通道内存在较大的压力波动,甚至部分通道内会出现倒流现象[29]。由于矩形截面通道增大了气化核心密度,所以其沸腾传热系数比圆形截面光滑微通道更大[31]。同时也有部分研究指出,三角形截面微通道由于微尺度的限制不会出现典型泡状流,而是直接由快速气泡生长区迅速过渡到环状流,这将会影响流动沸腾传热机制的确定[29]。

与常规平行翅片微通道换热器不同的是,微针肋换热器的结构相对复杂,冷却工质流动更加随机和混乱。微针肋结构能够对流动介质不断产生扰动,使换热器中除主流通道内产生的主流流动之外,还产生了二次流动或者漩涡,这些流动会使换热效果显著提高[32]。不同的微针肋形状、尺寸、排布方式和排布距离都会对流场和传热特性产生影响。Xu 等[33]运用参数化设计的方法对不同微针肋结构及排布方式与微针肋换热器换热性能的关系进行了研究,指出微针肋强化换热的主要原因是其对流场的扰动以及热边界层持续的破坏与重建。交错排列的微针肋可以减小微换热器的边界层的厚度,在压降小幅增大的情况下,大幅提高微换热器的散热能力。

随着散热要求提高和微加工技术的快速发展,当单一结构的换热器无法满足高集成度设备的换热需求时,多结构复合的复合式微通道换热器应运而生。微针肋提供了大量的成核点,提高临界热流密度的同时阻止了局部蒸干现象的发生,并缓解了两相流的不稳定性[29]。为了解决平行翅片微通道换热器冷板温度分布不均匀的问题,可引入射流技术,使被冲击通道内流体的边界层变薄从而达到强化对流换热的效果。但在微通道内设计微针肋、添加凹坑等障碍使表面粗糙,以及采用射流技术等在增强换热效果的同时也大大提高了流动阻力,使压降增加。

(2)微通道换热特性分析

微散热器利用强制对流换热来实现电子元件的冷却,衡量微散热器性能的标准一方面是工质流动阻力的大小,工质流动阻力决定了动力系统的能量消耗,另一方面是对流换热系数 h 和努塞特数 Nu 的大小,它们直接反应了对流换热的强弱程度,两者关系为

$$Nu = \frac{h d_h}{\lambda} \tag{5.20}$$

式中,d_h 为微通道的水力直径,单位为 m;h 为对流换热系数,单位为 $W \cdot m^{-2} \cdot K^{-1}$;

λ 为工质的导热系数,单位为:$W \cdot m^{-1} \cdot K^{-1}$。由上式可知,在微通道水力直径和工质确定的情况下,Nu 和对流换热系数成正比,两者均可反映微散热器的散热特性。

一般微通道内工质流动为层流流动,有学者提出了适用于 $Re < 2000$ 的微圆管换热关联式

$$Nu = 0.000972 \, Re^{1.17} Pr^{1/3} \tag{5.21}$$

式中,Pr 为普朗特数,对于 20℃去离子水,其值可取为 6.5。将上式展开,可得

$$Nu = 0.000972 \times \left(\frac{u \cdot \rho}{\mu} \right)^{1.17} \left[\frac{4ab}{1.5(a+b) - \sqrt{ab}} \right]^{1.17} \cdot 6.5^{1/3}$$

$$= \frac{9.6 \times 10^4 \cdot a^{1.17} \cdot b^{1.17}}{[1.5(a+b) - \sqrt{ab}]^{1.17}} \cdot u^{1.17} \tag{5.22}$$

式中,u 为速度,ρ 为密度,μ 为黏度,a 和 b 为椭圆形截面的长短半轴长度。利用上式可以求出不同工质流速、不同长短轴椭圆微通道 Nu 的理论值[34]。

5.2.4 微换热器中的强化换热方法

热量传递方式主要有热传导、热对流和热辐射。所有强化传热技术的研究和发展都是围绕着对这三种传热过程的强化进行的。由于对流换热在工业应用中所占的比例最大,这里主要介绍的强化换热方法也是针对对流换热的。按最初定义,对流是指流体在作宏观运动时,各部分之间发生相对位移、使冷热流体之间相互掺混所引起的热量传递过程。对流仅能发生在流体内部,并且由于流体分子存在不规则的热运动,使得对流也伴随有热传导过程。但在工业应用中,对流换热通常指流体流过一个物体表面时的热量传递过程,而并非流体内部的传热过程。

微换热器强化换热方法按有无额外能量输入和是否增加转动部件可以分为主动式和被动式。与主动式强化换热方法相比,被动式强化换热方法因结构简单、技术成本低以及更为安全稳定等成为国内外专家研究的重点。根据对流传热基本公式,进而分析影响传热过程的各种因素,然后针对这些因素建立或者改进对流强化传热的手段和方法。对流传热的基本公式是牛顿冷却公式

$$Q = hA\Delta T \tag{5.23}$$

式中,Q 为换热量,单位为 W;h 为表面传热系数,也称对流换热系数,单位为 $W \cdot m^{-2} \cdot K^{-1}$;$A$ 为换热面积,单位为 m^2;ΔT 为平均传热温差(换热面积上),单位为 K。

从上式容易得出,增强对流传热量有三种途径:提高表面传热系数、增大换热面积以及增大平均传热温差。

对于增大平均传热温差,具体是指通过增大冷热流体的温差来达到强化传热

的目的。最直接的方法是人为提高冷、热流体的进口温差。但是一般微换热设备中冷、热流体的进口温度一般都是给定不变的，且受到换热设备材料物性和实际操作条件的限制，平均传热温差也不可能太大。因此，这种方式给换热带来的强化程度比较有限。并且，在热力学的理论中，平均传热温差的增大会增加传热过程不可逆性，导致很大的㶲损失。这与节能的最终目标是相悖的，因此关于通过该方式进行强化传热的研究不多。

对于增大换热面积，这是最简单直接的强化对流换热方式。尤其对像空气这种低普朗特数的流体应用最为广泛。采用壁面扰流得到的强化换热效果受换热流体的普朗特数影响较大。且普朗特数越大，强化换热效果也越明显。植入微针肋、表面粗糙程化、流道复杂化等方法都是通过增加接触面积实现强化换热的。

不过，在实际的工业应用中，增加换热面积和增加平均传热温差的方式通常会受到制造加工技术、经济成本等一些客观条件的限制，强化换热效果及可推广性往往也受到限制。在更多的工业场景中，提高表面传热系数就几乎成了唯一的强化换热途径。目前，通过提高表面传热系数来实现强化换热已成为该领域的研究重点。影响表面传热系数 h 的因素较多，归纳起来有以下几种。

①流体流动的成因。可以将对流换热分为自然对流换热和强制对流换热。前者是由于流体本身的密度差引起的，后者则主要依靠外加的动力源。不同的流动成因直接导致对应的速度场不同，从而影响表面传热系数 h。

②流体是否有相变。没有相变时，是流体的显热来影响表面传热系数 h，有相变时，是流体的潜热来影响表面传热系数 h，两者有较大区别。

③流体流动状态。对于黏性流体，其流动状态可分为层流和湍流。由于湍流状态下流体微团间存在剧烈的混合，使得同一流体湍流状态下的表面传热系数 h 比层流状态下大很多。

④换热表面的几何结构。指换热表面的形状、大小和粗糙度等，这些因素的差异会引起不同的流动条件，使得换热规律完全不同，从而表面传热系数 h 也不一样。

⑤流体的热物理性质。流体的热物理性质对于对流换热的影响较大，在无相变的对流换热中，影响流体流动与热量传递过程的因素为流体的导热系数 λ、密度 ρ、黏度 η、比热容 c_p 等。

从上述分析可以看出，影响对流换热过程的因素较多，表面传热系数 h 是受多种因素影响的复杂函数。针对这些影响因素，微纳米流动中单相对流强化换热的表面传热系数可以写为

$$h = f(u, l, \lambda, \eta, \rho, c_p) \tag{5.24}$$

式中，u 为流体流速，l 为换热面的特征长度[35]。

根据上述原理,可以通过空间混合、扰流、二次流、改性换热介质等方法达到微换热器强化换热的目的。

5.2.5 微换热器的应用与前景展望

自 20 世纪 80 年代以来,微换热器及其相关技术已经日臻成熟,在微电子、航空航天、医疗、化学生物工程、材料科学、集成电路散热、强激光镜冷却,以及薄膜沉积中的热控制等领域都有着广泛的应用。在空调市场,杭州三花微通道换热器有限公司使用微通道室内机和室外机代替翅片管式换热器,将能效提升了 7%,结合低 GWP(global warming potential,全球增温潜势)制冷剂 R454B,可将制冷剂充灌量减少 54%,安全性显著提升;除此之外,该产品采用了铝微通道换热器,产品重量减少了 61%,直接碳排放降低 42%[36]。Skidmore 等[37]设计的硅晶片微通道冷却装置,将多个 bar 条键合到一个晶体上,可保证激光功率密度为 1490W/cm^2 的激光器正常工作。北京无线电测量研究所、中电科十四所和二十所对雷达系统使用的微换热器进行了研究。清华大学等高校也对用于 CPU 制冷的微换热器进行了研究,得到的微换热器换热系数较高[38]。

虽然微换热器的研究已经取得较大的进展,在特定方面也展现了较大的应用价值,但受限于加工制造工艺与换热机理,微换热器在推广应用方面也受到了一定的限制,目前在以下几个方面有待继续深入研究。

①目前微换热器大多以水和空气等作为散热介质,传热过程中不发生相变,散热量和散热效率有限。可以考虑将微通道换热技术与相变冷却、微射流冲击冷却等技术相结合,提高微换热器整体的散热能力。

②微散热器除了可通过调整通道形状,以及微针肋尺寸和排列方式等增强换热性能,还可以尝试在通道或微针肋表面进一步生成微结构来改变固液之间的润湿性、增加相变汽化核心、降低流体阻力等,从而增强微换热器的换热能力。

③微换热器应用推广受限制的主要原因是其制造、装配和封装技术不成熟。随着新材料的出现和制造技术的发展,该问题也会在一定程度上得到改善。

5.3 微泵、微阀及微分离器

泵是将原动机的机械能转换成流体的压力能和动能,从而实现流体定向输送的动力设备,故泵也称为流体设备。宏观过程的泵广泛应用于生产活动的各个方面,如化工和石油业生产中输送液体和提供压力流量、农业生产灌溉、矿业和冶金工业中的供水、电力行业生产时的供水,以及国防建设中飞机襟翼和起落架的调节等。宏观过程中的泵主要可分为叶片式泵、容积式泵和其他类型泵。叶片式泵利用叶轮中的叶片对流体做功,使流体获得能量;容积式泵通过工作容积周期性的改变来输送流体并提高其压力;其他类型泵,例如喷射泵则是利用高速射流的抽吸作用来输送流体。

阀是利用一个活动部件来开、关或部分地挡住一个或更多的开口或通道,使液流、气流或大量松散物料可以流出、堵住或流量得到调节的一种装置。阀的用途广泛、种类繁多,可用于控制空气、水、蒸汽、各种腐蚀性介质、泥浆、油、液态金属和放射性介质等各种类型流体的流动。宏观过程中的阀按驱动形式可分为电动、液动、气动和手动四种。

微流控系统作为微机电系统的一个重要分支,近年来一直是各国研究的热点。但宏观过程中的泵与阀由于尺寸大、控制精度低等问题,无法在微流控系统中应用。为了满足微流控系统微纳米尺度的流体控制要求,科学家们意识到需要微型流体设备在微尺度下自动、精确控制微流体,这促使了微泵和微阀技术的快速发展。

5.3.1　微　泵

微泵主要作用是传输液流和分配液流,在微型传感器、微型生物化学分析以及各种设计微流体运输的场合中均有广泛应用。微泵可每秒或者每分钟精确输送微升到毫升的流体。其基本组成部分包括微泵、储液器、流量传感器、信号处理单元和流量参数控制器。微泵可分为机械式微泵和非机械式微泵,机械式微泵依靠机械运动部件来运输、控制微流体,其驱动原理与宏观过程中的容积泵类似,通过利用物理驱动器的往复膜片改变泵腔的工作容积,从而达到输送流体和提高压力的目的;而非机械式微泵的驱动原理与宏观过程中的喷射泵利用高速射流的物理效应驱动类似,它依靠各种物理作用或效应将某种非机械能转变为微流体的动能,实现微流体的驱动。

根据驱动方式的不同,机械式微泵主要有压电式、静电式、电磁式和气动式等,非机械式微泵主要有电渗式、表面张力式、磁流体式和热气泡式等。非机械式微泵在制作工艺和可靠性方面具有一定优势,且不会出现机械式微泵长期工作情况下的膜形变、疲劳等问题[39]。

①机械式微泵

机械式微泵通过由物理驱动器驱动的往复薄膜泵送流体,一般由泵腔、柔性薄膜、执行机构和进出口组成。如图 5.7 所示,物理驱动器使机械式微泵中薄膜发生振荡或往复,产生泵送流体的必要压差。薄膜的振荡引起腔室容积的增加,从而导致泵腔内压力降低,流体从高压储液池流向泵腔;薄膜向相反方向弯曲使腔室体积减小,从而导致泵腔内压力增加,泵送流体从腔室流出。不同的机械式微泵中令薄膜发生周期性振动的动力来源是多样的,根据动力源的不同可以将机械式微泵分为压电式微泵、静电式微泵、电磁式微泵、气动式微泵和其他类型的机械式微泵等。

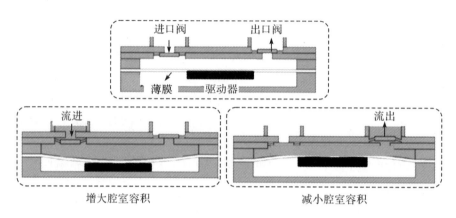

图 5.7　机械式微泵工作原理[40]

　　另外,可根据有无可动阀片将微泵分为有阀微泵和无阀微泵。典型的无阀微泵有收缩-扩张型微泵,以及基于流体性质的非机械式微泵。有阀微泵的优点是原理简单,制造工艺成熟,易于控制,反向截止性能较好。但缺点也很明显:由于阀片的存在,微泵加工工艺要求高,结构复杂,不利于集成以及微型化;阀片容易疲劳,并且回流现象不可避免,微泵效率低等。相比于有阀微泵,无阀微泵有以下优点:结构简单,易于加工和制备,可以制成平面结构,或者直接和微流控芯片一体化加工,便于微泵的微型化、集成化;无阀微泵可利用微流体的特性连续输送流体,能精确检测和控制流量,具有广阔应用前景。

　　微泵材料的选择对微泵的设计制作、性能、成本以及应用都有显著的影响。良好的微泵材料应该具有与操作环境良好兼容、制作工艺简单、可大批量生产和疲劳寿命高等特点。随着微泵技术的发展,有机聚合物材料如聚二甲基硅氧烷(PDMS)、光刻胶、电致动聚合物材料(EAP)、离子导电聚合胶片(ICPF)、聚对二甲苯和聚甲基丙烯酸甲酯(PMMA)等也广泛用来制作微泵,其中 PDMS 最为常见。以硅为材料的微泵工艺成熟,但加工制作复杂,成本较高,生物相容性差,在生物医学领域的应用受到限制。而基于有机聚合物材料的微泵种类多,可供选择余地大,制作工艺简单、易于集成、生物兼容性好且成本低,适合大批量生产。

①压电式微泵

压电式微泵形变量基于压电晶体的逆压电效应,其工作原理是压电晶体在电压作用下产生形变,且形变量和电压之间呈线性关系,利用压电晶体的形变驱动薄膜振动来泵送流体。常见的压电材料有压电片、锆钛酸铅(PZT)压电堆和压电薄膜。压电晶体形变对薄膜所产生的力为

$$F_{input}\sin(2\pi ft) = m\ddot{Z} + C\dot{Z} + KZ \tag{5.25}$$

式中,F_{input} 为压电力,f 为电压频率,m 为等效总质量,Z 为薄膜位移,C 为等效总阻尼系数,K 为刚度系数[39]。

代表性地,Ma 等[41]研制了一种采用被动阀结构的压电式微泵,其结构和工作原理如图 5.8 所示。该泵主要由进液口、出液口、泵腔、薄膜、被动阀和压电执行器等组成,被动阀和薄膜的材料为 PDMS。在泵送过程中,左侧阀门关闭,右侧阀门打开,液体只从出液口排出;在泵吸过程中,右侧阀门关闭,左侧阀门打开,液体只从进液口吸入。当其工作电压为交流 80V,工作频率为 20Hz 时,该泵的流量可达 6.2mL/min,背压可达 20kPa。

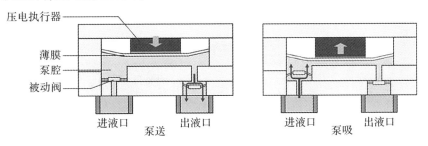

图 5.8 被动阀压电式微泵结构和工作原理[41]

压电式微泵的特点是具有较高的位移控制精度,可以输出毫米、微米以及纳米级的位移或机械运动,它的响应时间快、功率消耗低、工作频率宽且驱动性能高,但是它所需的驱动电压较高、制作工艺较复杂。

②静电式微泵

静电式微泵的工作原理为在其中一个固定电极上加单一极性电压,在另一个与泵膜相连的可动电极上加交变电压,利用电容器极板间的静电力使可动电极产生相对旋转运动或直线运动带动泵膜运动,从而实现泵送功能。执行力的大小、方向可通过改变偏置电压的大小和方向来实现。两极板之间产生的静电力可以用电势能的微分来计算

$$F_{\text{electrostatic}} = \frac{\partial W_e}{\partial g} = -\frac{\xi_0\ \xi_r A\ U^2}{2g^2} \tag{5.26}$$

式中，ξ_0 和 ξ_r 分别表示真空电导率和相对电导率，A 表示平行板的面积，g 表示两平板之间的距离，U 为施加于两平行板之间的电压，W_e 为两平行板间的电势能。由于静电力与距离的平方成反比，因此驱动的行程无法过大[39]。

代表性地，Lee 等[42]研制了一种无阀蠕动静电式微泵，该泵主要由进液口、出液口、泵腔、薄膜和电极片等组成。如图 5.9 所示，该泵为阶梯式设计，可动电极与薄膜相连，四个电极片依次接通电源，控制薄膜升降，液体随着电极片升降的方向蠕动前进，从而达到驱动效果。四个电极片的阶梯式设计可减少死区，降低驱动电压，并增加流量。当驱动电压为 60 V，驱动频率为 4 Hz 时，其最大流量可达 18.2 μL/min。

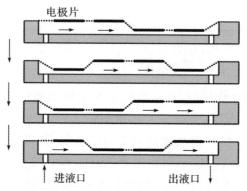

图 5.9　无阀蠕动静电式微泵工作原理[42]

静电式微泵的优点在于结构简单、控制方便、功耗小且响应速度较快，但其也存在着驱动电压高，以及驱动效率低等缺点。

③电磁式微泵

电磁式微泵的工作原理为将永磁体贴在泵膜上，利用线圈通电产生磁场将电能转化为磁能，永磁体在磁场力的作用下运动带动泵膜往复运动，从而达到泵送流体的目的。磁场力的大小为

$$F = \frac{SB^2}{2\mu} \tag{5.27}$$

式中，S 为导磁体的面积，B 为磁场强度，μ 为磁导率。

代表性地，Mi 等[43]提出了一种可用于器官芯片的无阀电磁式微泵，如图 5.10 所示。泵腔内有一弹性膜，向线圈提供一个方波从而产生周期性变化的磁场，驱动磁铁使弹性膜上下振动，膜周期性地振动推动泵腔内一定体积的流体，使泵腔

内压力周期性地变化。该电磁式微泵采用喷嘴/扩散口结构,如图 5.10(b)所示,沿流体流动方向,扩散口截面积逐渐增大,喷嘴截面积逐渐减小。在相同压差条件下,扩散口能通过的流体流量大于喷嘴。当泵腔内压力小于通道内压力时,流体流入泵腔,装置右侧进入泵腔的流量大于左侧进入泵腔的流量;相反,当泵腔内压力大于通道内压力时,流体流出泵腔,流向装置左侧的流量大于流向装置右侧的流量。采用喷嘴/扩散口结构可使在泵腔内产生从右到左的单向流体流动。该电磁式微泵体积小,可将多个微泵集成在一个芯片上,设计复杂的流动通道。多个微泵集成在芯片上之后,通过电磁微泵驱动微流体或微介质,从而实现在芯片上对细胞活力和白蛋白等进行分析。

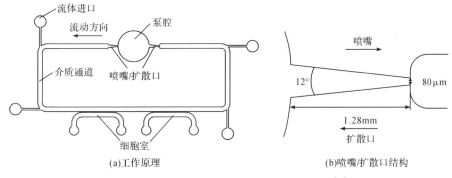

图 5.10　可用于器官芯片的无阀电磁式微泵[43]

电磁式微泵的优点是输入电压低、泵膜变形大、频率调节方便、响应快,并且可实现远程控制;缺点是能耗高、电磁材料微加工困难。

④气动式微泵

气动式微泵以压缩空气为动力,通过薄膜的往复变形造成容积变化,从而驱动微流体。气动式微泵不会产生电火花,也不会过热,可以输送的流体十分广泛,是一种十分有效的驱动方式。

代表性的,为解决热气动式微泵泵送流体温升过高的问题,Chia 等[44]提出了一种工作流体低温升的热气动蠕动式微泵,如图 5.11 所示。常规设计的热气动式微泵的驱动室在同一位置负责空气加热和流体挤压,工作流体通过加热器上方的驱动隔膜进行泵送,由于直接加热,工作流体会产生明显的气温升高。而该微泵的驱动室由空气加热区和流体挤压区两个连接的子室组成。当驱动室中的空气被加热膨胀时,位于流体挤压区上方的驱动隔膜会挤压微通道泵腔内的流体,使流体在驱动隔膜上连续蠕动。实验结果表明该微泵泵送流体区域的温升仅为 2 K 左右,小于常规设计的 8%。

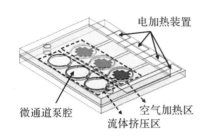

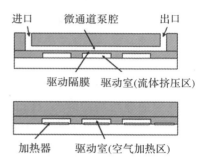

图 5.11　一种工作流体低温升的热气动蠕动式微泵[44]

气动式微泵的优点在于控制方便、性能稳定且效率高,但需要外接气动设备。

⑤其他类型的机械式微泵

形状记忆合金(SMA)驱动是利用记忆合金随温度变化发生相变的特性来提供驱动力。合金的形状记忆效应通过马氏体相变的可逆性来实现。当奥氏体冷却后,形成马氏体的自适应变体。马氏体的孪生边界在施加的剪切应力下迁移导致不平衡,从而发生宏观形状变化。但无论马氏体变体的分布如何,都只有一种还原结构。常见的记忆合金有钛镍合金、金铜合金、铜锌合金等,其中钛镍合金最为常见。

代表性地,Xu 等[45]设计了一种由镍钛/硅复合隔膜驱动的形状记忆合金微泵,如图 5.12 所示。该微泵由一个可变形腔室和两个止回阀(进口阀和出口阀)组成,外形尺寸是 6mm×6mm×1.5mm。当 SMA 被脉冲电流加热时,驱动隔膜将有规律地往复运动,使泵室的压力增加或减少,从而使工作流体通过止回阀进出,最大流量可达 340μL/min。

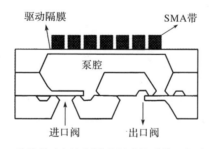

图 5.12　一种镍钛/硅复合隔膜驱动的形状记忆合金微泵[45]

形状记忆合金驱动微泵的优点是驱动力大、泵膜变形大,缺点是泵膜的变形难以控制、响应慢、驱动频率低以及效率低。

在外部驱动电压的作用下,能产生一定形状和尺寸变形的聚合物称为电致动聚合物(EAP)。EAP 是一种新型智能材料,应用于微泵的电致动聚合物主要有介电弹性体(DE)、离子聚合物金属复合材料(IPMC)和导电性聚合物聚吡咯。EAP 材料在电场的作用下可产生大幅变形,远大于现有的压电材料,但这种材料的性能不稳定。

(2)非机械式微泵

①电渗式微泵

电渗式微泵通过电渗作用驱动电解液。电解液与通道管路接触时,管壁表面会产生表面电荷,在通道两端施加电场,电荷在电场的作用下定向移动,带动周围液体流动。当管道表面电荷为负时,电解液由电场的正极流向负极;当管道表面电荷为正时,电解液由电场的负极流向正极。

由 Helmholtz-Smoluchowski 方程可知,电渗透流速 V_{EOF} 与电动电势 ξ、电解液介电常数 ε、电解液黏度 η 和外加电场的强度 E 的关系为

$$V_{EOF} = -\frac{\varepsilon\xi}{\eta}E \qquad (5.28)$$

基于上述驱动原理,Joo 等[46]研制了一种 Y 形电渗式微泵,该微泵主要由无场微通道、缓冲区、储存池和带不同电荷的微通道等组成。其工作原理为左侧微通道表面带有正电荷,右侧微通道表面带有负电荷。当从微泵左上端向右上端施加电场,则左上通道的电解液由于带负电荷,会从电场负极流向正极,因此左上通道电解液流动方向朝左上,同理可知右上通道电解液流动方向朝右上;若施加相反方向电场,则流动方向相反。当 pH = 7,用磷酸盐缓冲液填充微通道,施加 1kV/cm 的电势差时,该微泵流量为 262.4nL/min。

电渗式微泵具有可连续输液、流速均匀分布、无脉动、无可移动部件、无机械磨损和材料的疲劳等优点,能够避免单向阀与动态密封的微渗漏。但电渗式微泵的驱动电压较高,会产生大量焦耳热,因此目前其相关研究主要集中在降低驱动电压方面。

②表面张力式微泵

表面张力式微泵通过表面张力作用驱动液体。在微尺度下,表面张力是一种起主导作用的作用力。通过化学或物理的方法改变固体结构面的润湿性,使液滴两侧的基底形成亲水区和疏水区,由于液滴边沿两侧的表面张力不平衡(接触角不同),两边拉普拉斯压力差驱动液滴向特定方向流动。

拉普拉斯定律为

$$P = \frac{2T}{r} \qquad (5.29)$$

式中,P 为液滴回缩力,T 为表面张力,r 为液滴曲率半径。由于液滴回缩力 P 与其曲率半径 r 成反比,故曲率半径越小的液滴导致的压力越大,曲率半径越大的液滴导致的压力越小,从而形成压力差,实现微流体的定向流动。

Berthier 等[47]设计了一种基于表面张力的被动式微泵,主要由进液口、出液口和微通道等组成,微通道长度为 35 mm,宽度为 210μm,深度为 125μm。在出液口处滴有曲率半径较大的液滴,入口处滴有曲率半径较小的液滴,微流体将从进液口流向出液口,实现微流体的定向驱动。

表面张力式微泵具有成本低廉、工艺简单和不需要外接能源等优点,但目前利用其主动进行微流体控制与驱动仍处于实验研究阶段,要将其应用于具体的微流控系统中,还存在诸多问题,如无法持续驱动、流量不恒定且可控性不足等。尽管如此,表面张力式微泵在一次性检测芯片等领域仍具有良好的应用前景。

③磁流体动力微泵

磁流体动力(MHD)微泵将磁场和电场施加于导电液体的洛伦兹力作为驱动力,一般可驱动电导率在 1 S/cm 数量级的导电液体。磁流体是指带有磁性的液体,它既具有液体的流动性又具有固体磁性材料的磁性,是由直径为纳米级(10 nm 以下)的磁性固体颗粒、基载液以及界面活性剂三者混合而成的一种稳定的胶状液体。磁流体式微泵的驱动电压可以采用直流电或交流电。

代表性地,Chang 等[48]设计了一种环形通道磁流体式微泵,该微泵循环微通道和反应区组成,其结构如图 5.13(a)所示。为驱动磁流体在微通道中流动,Chang 等设计了一种由步进电机和 PMMA 转子等组成的控制装置,使用永久钕铁硼磁铁作为固定磁铁和旋转磁铁。泵送原理如图 5.13(b)所示,固定磁铁放置在入口和出口通道之间,旋转磁铁绕循环微通道运动。放置磁铁带动磁流体柱塞不断沿微通道运动,从而推动液体连续流动,实现连续泵送。免疫分析是一种广泛用于分析物的定性或定量生物测试,而适当的流体驱动可以增强免疫分析的效果,因此该微泵可用于增强生物反应等。

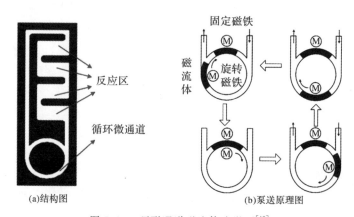

(a)结构图　　　　　　　　　　(b)泵送原理图

图 5.13　环形通道磁流体式微泵[48]

　　磁流体式微泵通过外部磁场控制磁流体在泵腔中运动,运动控制灵活,泵送过程简单,泵腔内部没有机械形变,它具有响应时间快、驱动电压低和位移大等优点,是一种较为新颖的驱动方式,但只适用于电导率较高的液体。

　　④热气泡式微泵

　　热气泡式微泵通过对液体进行加热,使其产生热气泡,利用气泡的持续膨胀将液体推向某个方向,实现泵送。热气泡式微泵没有机械移动部件,避免了由于机械移动部件的污染和磨损导致的失效,使用寿命大大提高。热气泡式微泵根据热气泡生成方式的不同可大致分为电阻加热、电磁感应加热、激光加热和电火花加热四类。

　　基于上述驱动原理,Wang 等[49]设计了一种基于铂电阻的热气泡式微泵,该微泵由两个进口、微通道、信号线结合孔、铂电阻微加热器、出口等组成,如图 5.14所示。该微泵的工作原理类似于人的心脏,在脉冲中断阶段,微加热器的温度急剧下降,长条形气泡迅速缩小为球形或圆形气泡;在脉冲加热阶段,气泡快速生长为长条形并产生脉冲压力,通过脉冲压力达到驱动效果。该微泵回路执行机构无运动部件,可靠性高;铂电阻微加热器可以在很宽的加热脉冲参数范围内运行,在脉冲频率为 100 Hz 的条件下,液体可在微通道内均匀混合,混合度可达 94%。

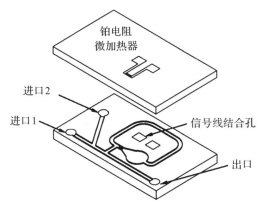

图 5.14　一种基于铂电阻的热气泡式微泵[49]

　　热气泡式微泵具有可靠性高、结构简单和易于制作等优点。但微泵需要通过加热实现驱动,加热的效率直接影响驱动的效率,因此,近几年对热气泡式微泵的研究主要集中在对其加热方式的改进和结构的优化等方面。改进加热方式和优化结构可以有效提升热气泡式微泵的工作效率并降低其加工难度。

　　各类微泵的比较如表 5.2 所示。

表 5.2　不同类型的微泵的比较

微泵类型	优点	缺点
压电式	较高的位移精度控制、响应快、驱动效率高	驱动电压高、制作工艺复杂
静电式	结构简单、控制方便、功耗低	驱动电压高、驱动效率低
电磁式	驱动电压低、泵膜变形大、频率调节方便	能耗高、电磁材料加工困难
气动式	控制方便、性能稳定、效率高	需外接气动设备、体积较大、成本较高
形状记忆合金驱动	驱动力大、泵膜变形大	膜变形难以控制、效率低、响应慢
电致动聚合物驱动	泵送能力强	材料性能不稳定
电渗式	可连续输送、密封性好	驱动电压高
表面张力式	成本低廉、工艺简单	流量不恒定、可控性不足
磁流体式	响应时间快、驱动电压低	适用范围小
热气泡式	可靠性高、易于制作	需要额外加热单元

5.3.2　微阀

微阀是微流控系统中极为重要的部件之一，其功能包括流量调节和开关，以及生物分子、微纳米颗粒和化学试剂等的密封。现有的微阀具有低泄漏、死容积小、低功耗、对颗粒污染不敏感、响应速度快和线性运行等优点。微阀根据其结构可分为主动微阀和被动微阀两种。主动微阀需要用驱动装置来控制微流体，被动微阀一般可以通过背压来控制微流体。另外，微阀根据其初始状态可分为常开型和常闭型两种。以下介绍几种不同驱动方式的微阀。

(1)电力驱动微阀

电力驱动微阀又可分为静电驱动微阀、电化学驱动微阀和压电驱动微阀三类。

①静电式微阀。主要包括开阀电极、关阀电极和柔性活动膜。通过控制施加在膜上的电压可实现开、关阀门的操作。两电极间静电力 $F_{electrostatic}$ 的计算方程如式(5.26)所示。在微阀中，对膜的力平衡建立理论模型，可表示为

$$F_{electrostatic} + F_s + F_n = 0 \tag{5.30}$$

作用在微阀膜上有三种力，静电力 $F_{electrostatic}$、弹簧力 F_s 和来自空气的压力 F_n。静电式微阀多为常闭型，响应时间短、能耗低。当其用于控制流体流量时，施加的电压很高。因此静电式微泵主要用于控制高压气流。

常闭型与常开型静电式微阀的结构没有明显差异,最大的不同是柔性活动膜的原始形状,常闭型的膜是平的,常开型的膜是凹的。

②电化学微阀。是一种高度集成的微阀,它具有非常低的死容积和功率要求,执行机构紧凑,所需面积可忽略不计,可进行大规模生产。这些特性使得电化学微阀特别适合应用在微全分析系统中。与静电式微阀不同,电化学微阀利用电极电解溶液如 NaCl 溶液产生气泡,气泡使薄膜偏转。其工作原理如图 5.15 所示,该微阀系统由一个电化学(ECM)执行器(包括 SU8 悬臂覆着件、阀腔及腔内电解质溶液),一个柔性聚二甲基硅氧烷(PDMS)膜和一个微室(泵腔)组成。

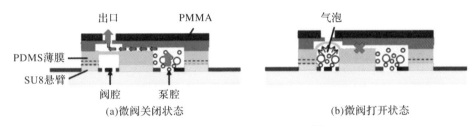

图 5.15　电化学微阀工作原理[50]

微阀内有储存溶液中的氧化还原对的阀腔,溶液的体积由微阀循环所需的执行容积确定。用于控制微阀的 ECM 执行器在恒电位下工作。电化学驱动是通过工作电极和辅助铂电极电解溶液产生气泡,再通过还原或氧化反应消耗气泡,从而实现重复工作。氧化还原反应可表示为

$$O^{n+} + ne^- \leftrightarrow R_{ed}$$

式中,O^{n+} 是被氧化的氧化还原对中的氧化组分,R_{ed} 为氧化还原对中的还原组分,n 是参与反应的电子数,平衡势 E_e 由能斯特(Nernst)方程给出

$$E_e = E^0 + \frac{RT}{NF} \ln \frac{C_0}{C_R} \tag{5.31}$$

式中,E^0 为标准氧化还原电位,N 是摩尔数,F 是法拉第常数,R 是通用气体常数,T 是溶液的温度,C_0 和 C_R 分别为氧化组分和还原组分的浓度。

ECM 执行器的电化学性质使得可以通过控制执行电压精确控制薄膜。当微阀系统受到平衡势的扰动形成或消耗气泡时,就实现了对薄膜的驱动。即可通过改变驱动电压实现对电化学微阀薄膜运动的精确控制。

③压电驱动微阀。工作原理与压电式微泵相似,都是利用压电晶体在电压作用下产生的形变,且压电材料的形变量和电压呈线性关系,基于此可以实现将电效应转换成机械效应。压电驱动应用于微阀时,可产生较大的弯曲力和较小的位

移,且响应时间相对较短。压电微阀有多种不同的结构,一般主要由压电驱动器、薄膜和阀座组成。

以上三种电力驱动微阀的比较如表 5.3 所示。

表 5.3　三种电力驱动微阀的比较

类型	组成部件	优点	缺点	应用
静电式	电极、薄膜	能耗低、快速反应	高驱动电压	控制高压气体、芯片、燃料电池
电化学	ECM、薄膜	精确控制	复杂结构、运行速度慢	微流控系统、微全分析系统
压电驱动	压电驱动器、薄膜	驱动力大、反应快速、高耐受性、低成本	高驱动电压	药物输送系统、微型卫星

（2）磁力驱动微阀

典型的磁力驱动微阀一般由永磁体和软磁材料的柔性薄膜组成,薄膜的偏转是由磁力引起的,因此磁力驱动微阀仅需较少的外部能量。磁力驱动微阀的工作原理为通过磁性悬臂梁或磁珠控制微通道开关,如图 5.16 所示。磁力驱动简化了结构设计,减少了部件数量。但在磁力的作用下微通道不能完全关闭,这种微阀最大的缺点就是漏水。

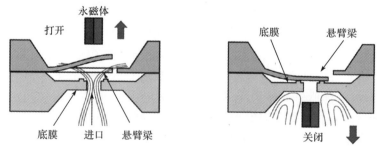

图 5.16　磁力驱动微阀工作原理[50]

学者们提出了不同的磁性微阀材料,以适应不同的应用条件。铁、钴、镍作为常见的磁性材料被广泛应用于磁性微阀中。Okazaki 等[51]研究了一种磁性执行器由铁钯合金和铁镓合金组成的微阀,工作原理为施加磁场使悬臂式驱动器弯曲,通过调节磁场强度改变流量,实现微流体的控制。

电磁驱动属于磁力驱动的一种,电磁驱动和磁驱动的区别在于磁场,前者使用电磁场,后者使用自磁体的磁场。与来自磁体的磁场相比,电磁场需要外部电能,其强度可以通过电流强度控制,这使得阀门的操作可以更加精确。电磁驱动阀是一种电磁控制的工业装置,是用于控制流体自动化的基本元件;通过控制电磁铁的开关,可以调节流体流动方向。两种类型的磁力驱动微阀的比较如表 5.4 所示。

表 5.4　两种磁力驱动微阀的比较

类型	组成部件	优点	缺点	应用
磁驱动	永磁铁、软磁材料柔性薄膜	无能耗、结构简单、可远程操作	存在泄漏	微流体装置、航空流量控制
电磁驱动	电磁铁	控制精度高、反应迅速	高能耗	微全分析系统

(3) 气体驱动微阀

气体驱动微阀可分为气动微阀和热气动微阀。

气动微阀作为一种重要的微阀被广泛应用于液体操作自动化和流量控制中。与其他微阀相比,气动微阀需要真空泵和气动执行器。薄膜也是气动微阀的关键部件之一,材料通常为 PDMS、硅、硅橡胶等,这些材料制成的柔性薄膜可以受气体驱动变形,从而关闭或打开相应的微通道。气动执行器能使薄膜弯曲,从而使微通道弯曲并关闭。但在驱动压力不足或薄膜厚度较大的情况下,微阀的响应会变慢,不合适的驱动压力也会使薄膜的恢复时间变长。薄膜的厚度、驱动压力、微阀结构、结构的复杂程度和微阀在装置中的位置都会影响气动微阀的动力学特性。基于压缩空气的气动微阀在工业上还可用于控制各种流体的流动,如空气、水、蒸汽、腐蚀性介质、泥浆、油、液态金属和放射性介质。由于其结构简单且成本低,气动微阀被广泛应用于微流控电路设计、燃料电池系统、液体混合等领域。

与气动微阀不同,热气动微阀的关键部件是加热器,其工作原理是通过薄膜的运动来控制流体流动,薄膜的运动依赖于加热器使温度升高后带来的空气膨胀。热气动微阀应用于许多领域,如液体流量控制、微全分析系统等。一般热气动微阀由进口、出口、驱动薄膜、驱动腔室和加热器等组成。在微通道中,通过控制驱动薄膜的运动来控制流体是否可以通过。

(4)非机械驱动微阀

许多具有特殊性能的材料和生物被用来驱动微阀,包括一些相变材料,如水凝胶、溶胶-凝胶、石蜡、合金和形状记忆合金等。与传统的机械驱动微阀相比,相变驱动微阀是一种较为新颖的微阀,且它的价格便宜,非常适用于药物输送系统。

基于光驱动的微阀也被称为光响应微阀。光源分为可见光和不可见光,不可见光包括紫外线和红外线。光响应微阀由光源和离子聚合物组成。光响应微阀的工作原理是利用单一光源控制离子聚合物的膨胀和收缩。光响应微阀作为一种外控型微阀,具有许多其他微阀不具备的优点。这种光学触发的微阀允许远程灵活控制流体,并且光驱动不需要物理接触。光源可以安装在微阀的外部,因此降低了微阀的复杂性和集成的需要,但开启响应时间较长,一般大于 1 s。光响应微阀可以使用不同的离子聚合物来提高其性能。Jadhav 等[52]提出了一种基于水凝胶和光学控制的微阀,如图 5.17 所示,由外激光源驱动。其工作原理是在近红外(NIR)激光照射下,水凝胶体积发生变化,从而实现对微阀开关的精确控制。同时,可通过调节激光功率和曝光时间控制响应速率,以及微阀处于开启状态的持续时间。

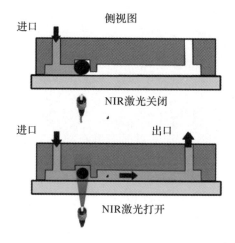

图 5.17 一种基于水凝胶和光学控制的微阀[52]

水凝胶作为一种软质材料,在外力作用下会产生较大的形变。当 pH 敏感性水凝胶处于碱性环境时其体积会相应膨胀,可利用 pH 敏感性水凝胶对 pH 值变化的刺激响应制备 pH 敏感型微阀。

目前已经有葡萄糖敏感型微阀,可用于人体给药系统,尤其适用于糖尿病患者,通过该微阀,可实现根据人体血糖浓度自动释放胰岛素。这种微阀的工作原理是葡萄糖敏感性水凝胶会对外部液体环境中葡萄糖浓度的变化做出刺激响应,改变体积。

除水凝胶之外,石蜡也可用于微阀驱动。由于其熔点低,石蜡加热后很容易完成相变。石蜡相变驱动微阀利用了低熔点石蜡固液相的变化来控制流体在微通道中的流动。该微阀将微通道与蜡室分开,目的是保证通道内的流体不受石蜡的污染。故这种微阀需要一个蜡室来储存石蜡和一个微加热器来加热,阀门打开和关闭的速度相对较慢。

金属相变驱动微阀可分为低熔点合金驱动和形状记忆合金驱动。

低熔点合金可视为相变材料,其熔化温度相对较低,一些金属合金在加热到62℃时就会开始熔化。铟铋合金和锡铅合金是典型的低熔点合金,通过薄膜金属加热器局部加热即可使其熔化。低熔点合金广泛应用于一次性微阀。Debray等[53]开发了一种一次性微阀,如图 5.18 所示,该微阀涂有低熔点合金膜,属于常闭型微阀,当环境温度高于合金熔点时开启。

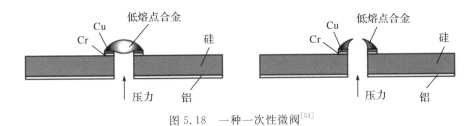

图 5.18　一种一次性微阀[53]

基于生物驱动的微阀在微流控系统中较为少见,指将一些微生物和细菌作为可移动的微阀元件装配在微流控装置中。Nagai 等[54]介绍了一种生物团藻,这种生物团藻具有向光性,可通过光源照明调整生物团藻在微阀中的位置,从而实现对微阀开关的控制。

不同类型的非机械驱动微阀的比较如表 5.5 所示。

表 5.5　不同类型的非机械驱动微阀的比较

类型	优点	缺点
光响应	远程控制	响应时间长
pH 敏感型	无能量消耗	响应时间长
葡萄糖敏感型	高生物相容性	制造困难
石蜡驱动	低成本	高能耗
低熔点合金驱动	可重复使用、易于制造	高能耗
形状记忆合金驱动	具有形状记忆效应	高能耗
生物驱动	无污染	响应时间长

5.3.3 微分离技术

(1)毛细管电泳

毛细管电泳(capillary electrophoresis,CE)技术于 20 世纪 60 年代首次提出后迅速发展。毛细管电泳又称高效毛细管电泳,是一种以毛细管为分离通道、以高压直流电场为驱动力的新型液相分离技术。毛细管电泳技术实际上包含电泳技术、色谱技术及其交叉内容,它使分析化学从微升水平进入纳升水平,并使单细胞分析,乃至单分子分析成为可能。

带电离子在直流电场作用下于一定介质中发生的定向运动称为电泳。单位电场下带电离子的电泳速度称为淌度。在无限稀释溶液中测得的淌度称为绝对淌度。

电场中,带电离子运动除了受到电场力的作用外,还会受到溶剂阻力的作用。一定时间后,两种力的作用就会达到平衡,此时离子做匀速运动,电泳进入稳态。实际溶液的活度不同,特别是酸碱度不同,所以试样分子的离解度不同,电荷也将发生变化,此时的淌度可称为有效电泳淌度。一般来说,离子所带电荷越多,分子离解度越大、体积越小,电泳速度就越快。

电渗是推动试样分子迁移的另一种重要动力。所谓电渗是指毛细管中的溶液因轴向直流电场作用而发生的定向流动。电渗是由定域电荷引起,定域电荷是指牢固结合在管壁上、在电场作用下不能迁移的离子或带电基团。定域电荷吸引溶液中电性相反的离子并与其构成双电层,致使溶液在电场作用下整体定向移动而形成电渗流。

毛细管区在电泳条件下,电渗流从阳极流向阴极。电渗流流速受到 Zeta 电势、双电层厚度和介质黏度的影响。一般来说,Zeta 电势越大,双电层越薄,介质黏度越小,电渗流流速越大。

毛细管电泳按操作方式可分为手动、半自动及全自动型毛细管电泳;按分离通道形状可分为圆形、扁形、方形毛细管电泳;按缓冲液的介质不同可以分为水相毛细管电泳和非水相毛细管电泳。

毛细管电泳技术是以高压直流电场为驱动力,利用毛细管微分离通道,依据试样中各组分之间淌度和分配行为的差异来实现分离的微分离技术。

目前,毛细管电泳主要应用在药物制剂分析、药物杂质检查、中药分析、手性药物分析等领域。毛细管电泳技术给药物分析领域和药品检验工作带来了新的生机与活力,将对该专业技术的发展起着重要的推动作用,尤其是对基因工程药物、中药复方制剂的分析和中药材种属的鉴定。

(2)毛细管电色谱

毛细管电色谱(capillary electrochromatography,CEC)是 1974 年科学家们首次把色谱推动力由压力差改为电压,从而发现的具有独特优势的微分离技术。此后,这种高效的微分离技术引起了科研人员的高度关注。CEC 是利用被分离物质在固定相与流动相之间的吸附、分配系数不同,以及在电渗流驱动下产生的电泳淌度不同,从而实现分离的一种高效电动微分离分析技术,它具有柱效高、流速均匀、选择性大、分离速度快和重复性好等优点[55]。

CEC 的分离效果是由毛细管电色谱柱决定的,因此毛细管电色谱柱的制备方法是目前该领域研究的重点。根据其制备方法,毛细管电色谱柱可以分为毛细管电色谱填充柱、整体柱和开管柱三类。填充柱是将固体颗粒作为固定相,采用直接填充的方式制备而成;整体柱是将二氧化硅颗粒或其改性材料作为固定相,通过键合或聚合的方式在毛细管内直接制成棒状整体;开管柱是将固定相涂覆或键合在毛细管内壁上制备而成。

毛细管电色谱填充柱的固定相一般为多孔的固体填料,其粒径通常为 $1\sim5\mu m$,并以匀浆、超临界 CO_2 或电动填充等方法填入石英毛细管中,然后再对毛细管两端进行烧结来制备柱塞,将固体颗粒封装在毛细管内。毛细管电色谱填充柱的固定相目前主要有四类:①以无孔和多孔的十八烷基硅烷键合硅胶的无机固定相;②聚苯乙烯-二乙烯基苯基质、纤维素基质的有机固定相;③金属有机骨架化合物(MOFs)材料类混合固定相;④手性固定相。

毛细管电色谱整体柱又称连续床、无塞柱、原位柱,其制备方法是把功能体、成孔剂、诱发剂和交联剂等混合物注入毛细管中,在一定温度下制成孔隙度均匀、连续的固定相。整体柱不需要柱塞,制备方法简单,柱容量大且选择性好。

毛细管电色谱开管柱的固定相主要是在毛细管内壁通过涂覆、化学键合以及交联等方法制得。其制备方法也相对简单,不需要柱塞。由于开管柱柱内没有形成涡流,柱效较高,但其也存在柱容量较小的缺陷。

毛细管电色谱主要应用在非甾体药物分析、视频分析、农药残留品分析、化妆品分析和氨基酸分析等方面。毛细管电色谱技术作为一种新型的微分离分析技术,从色谱柱的制备到实际的应用都有了空前的发展。随着装填技术、联用技术和梯度洗脱技术等的发展和完善,其研究已经进入了实际分析应用阶段;但也需要面对色谱柱特有的一些问题,特别是在分离分析大分子生物样品时,该方法的单一性和重现性差等问题比较突出。

(3)加压毛细管电色谱

单纯的毛细管电色谱技术有着天然的不足,即在毛细管电色谱柱两端加电时,由于焦耳热的作用色谱柱内容易产生气泡,导致分离分析无法正常进行,毛细管柱必须重新润湿后方可再次使用。

加压毛细管电色谱(pCEC)将液相色谱中的压力泵引入 CEC 系统中,具有电渗流和压力流双重驱动力,不仅有效抑制了柱内气泡的产生,而且实现了在电渗流和压力流共同作用下对试样进行分离以及二元梯度洗脱。

pCEC 的基本原理和 CEC 类似,不同的是 pCEC 是在电渗流和压力流共同作用下对试样进行分离,具有 CEC 和液相色谱双重分离机理,可将带电和中性试样依据其电泳淌度的不同和它们在色谱流动相和固定相间分配系数的差异进行分离。pCEC 常用毛细管填充柱和整体柱作为色谱柱,电场施加在毛细管电色谱柱两端进而可以产生塞子状流型的电渗流(EOF)。电渗流是 pCEC 的主要驱动力,与 CEC 相同,pCEC 色谱柱中的填料颗粒表面也会产生双电层,所以 pCEC 中的电渗流是利用电场在填料表面和毛细管内表面产生的[56]。

pCEC 的另外一个驱动力是压力流,它是由 pCEC 的液相输液系统产生的,可以消除 CEC 的气泡和干柱隐患,提高仪器的稳定性和分析速度。与液相色谱相同,如果引入双泵输送系统,pCEC 还可以实现梯度洗脱,将大大提升了 pCEC 的分离能力。另外,由于引入了压力流,pCEC 可以采用六通阀进样,这使得其相比毛细管电泳和毛细管电色谱在定量和重现性方面都得到了很大的提高。

pCEC 仪器系统主要包括溶剂输送模块、进样模块、高压电源模块和检测器模块。

溶剂输送模块中,pCEC 的流速在每分钟几百纳升的级别,而普通液相色谱泵在此流速下无法正常工作,这是因为 pCEC 仪器系统中分流设计的存在,使得最终进入毛细管的流速稳定而且能够达到每分钟几百纳升级别。

pCEC 对于进样模块要求苛刻,需要其具有良好的重复性和可靠性。在 pCEC 仪器系统中,可以引入液相色谱中的六通阀进样技术,克服常规毛细管进样方式导致的进样重复性不佳的问题。

pCEC 具有压力流和电渗流,压力流由溶剂输送模块提供;电渗流由高压电源模块提供,通过高压电源模块在毛细管两端施加电压实现。

pCEC 仪器系统的检测器模块中已经实现了紫外检测器、激光诱导荧光检测器、电化学检测器、质谱检测器和蒸发光散射检测器等检测技术的联用,其中紫外检测器最为常用。

随着各类技术的成熟,pCEC 将为分析工作提供强有力的分析平台,在生命科学、生物医药等领域中发挥独到的作用。

5.4　微混合器

自 20 世纪 90 年代瑞士学者提出微流控芯片[57]以来,微流控芯片已经在全世界范围内被广泛研究。由于微流控芯片具有体积小、质量轻、价格低、便于携带、试样消耗少、反应速率快和使用方便等诸多优点,它在化学、生物学、医学、光学和信息学等领域成为研究热点。

微混合器作为微流控芯片的一个重要单元,是微流控系统的重要组成部分,一直受到各国学者的高度关注。微混合器体积小、比表面积大,具有混合速度快、传热和传质效率、内在安全性高和过程可控制性强等优点,被广泛应用于化学反应、生物分析及化学分析等过程。在生物医药与生物化学领域,它不仅可以应用在 DNA 的提纯与排序、蛋白质折叠与聚合酶链式反应,以及药物的快速混合与微量注射等方面;在传统的化学工程与反应过程中,它可替代传统反应器,提高反应速度、减小设备体积等,且能够在微流控芯片或微流控系统中实现复杂化学反应的快速均匀混合,起不可替代的作用。微混合器最初是仿照宏观混合器的功能被提出来的,但是由于其尺度达到了微纳级,故其混合机理与宏观混合器有很大差别。宏观混合器的工作原理主要是通过外部力使混合器内的流体呈湍流状态来达到混合的目的。而微混合器的特征尺寸一般在几十到几百微米,微尺度下混合器内流体的流动一般为层流状态,流体的混合主要依靠扩散和多种对流方式来实现。

5.4.1　微混合机理与研究现状

(1)微混合相关物理参数

在化学反应中,混合效果直接影响化学反应产物的质量和选择性,而微混合器中的雷诺数一般较小,流体运动状态为层流,混合器内的混合主要依靠低效率的扩散。流体分子的扩散可以用菲克第一定律[式(5.16)]来表征。

在微混合器中,用于表征混合特征的两个重要参数分别为表示惯性力和黏性力之比的雷诺数 Re 以及表示对流速率与扩散速率之比的贝克莱(Peclet) 数 Pe:

$$Re = \frac{\mu L}{\nu} \tag{5.32}$$

$$Pe = \frac{\mu L}{D} \tag{5.33}$$

式中,μ、L、ν 和 D 分别为流场的特征速度、特征长度、流体运动黏度和扩散系数。

在微混合器中,评价混合效果的参数包括混合时间、混合长度以及混合度等。其中混合度 σ 较为常用,通常用积分形式表示

$$\sigma = \left(1 - \frac{\iint_A |c - c_\infty| \, dA}{\iint_A |c_0 - c_\infty| \, dA}\right) \times 100\% \tag{5.34}$$

式中,c 为混合通道截面上某流体组分的浓度,c_0 为完全未混合时截面上某流体组分的浓度(当两流体流量相同时,c_0 的值为 0 或 1),c_∞ 为完全混合时截面上某流体组分的浓度(两流体流量相同时 c_∞ 为 0.5),A 为通道截面积。从上面的定义可以看出,σ 值的范围为 $0 \sim 1$,$\sigma = 1$ 时说明完全混合。

(2)微混合流动特性

微混合器的特征尺寸为微米级,故微通道中流体的雷诺数很小,其流型普遍处于雷诺数小于 2000 的层流区。由于微通道尺寸小,故在微混合器中,诸如表面粗糙度、表面张力、壁面滑移等表面效应的影响不可忽略。这导致微通道内的流型不同于普通尺度较大的管式混合器。普通管式混合器中从层流到湍流的临界雷诺数为 1900~2100,而在微混合器中情况则大不相同。

许多研究者对微混合器内的临界雷诺数进行了深入研究,不同研究之中不同通道大小微混合器的临界雷诺数也各不相同,总体来说一般分布在 200~2000。除此之外,大量的研究人员对 T 形微通道反应器内进口区的流场特性进行了实验研究[58-62],研究确认在微通道的层流区域内也存在三种流型:严格的层流、涡流以及卷吸流。在低雷诺数($Re < 100$)的情况下,光滑通道内会形成严格的层流,进入通道内的流体呈平行流,传质仅靠垂直于流动方向的分子扩散;随着雷诺数的提高微通道内形成了涡流流型,随流体流量的增加,在惯性力作用下进口区形成一对对称的涡流,如同弯曲通道内形成的迪恩(Dean)涡;在高雷诺数(Re 约为 200)的情况下,微通道内可形成卷吸流,由于进口区流体惯性力进一步增加导致进口区流体深入对面通道形成一对不对称的涡流,两股流体相互卷吸加速混合。

另一方面,对于贝克莱数,同样由于微混合器的通道尺寸小,微混合器中对流速率也较小,即贝克莱数也较小。对流是流体整体运动引起的质量传递,在物质传递中一般占据主要地位,在宏观尺度下要实现有效的质量传递,必须存在对流,因为从实用的角度来看,扩散是一个非常缓慢的过程。但在微混合器中对流输运的占比减少,扩散输运的占比相应变大。然而通过增强扩散作用来提升混合效果在实际应用中难以实现,因此要提升混合效果就要提高对流传质的效率。而在流场特征速度和特征长度不变的情况下,只能通过增大流体之间的接触面积来提高

传质的效率。

(2)微混合机理

由上述可见,提升混合效果可从提高浓度梯度和增大接触面积两个方面来考虑,而混合中化学反应物的浓度梯度一般是固定的,所以提升混合效果的根本原则就是尽可能地增大接触面积,如强制对流、振荡对流、合流-分流循环等方法。

一般来说,微混合器的优化方向是减少混合所需的时间,同时减小设备所需的尺寸,即同时减小混合时间和混合长度,为此,必须减小扩散距离 L。要在减小扩散距离 L 的同时增强混合效果,一般需要使用折叠、拉伸等方法将流体层分割为许多的薄层[63]。这些分割变形的薄层既可以减小扩散距离,同时也增大了流体间的接触面积和浓度梯度,从而极大地提升混合效果。

在流体流动中引入混沌流可以很好地实现流体的拉伸与折叠。根据引入混沌流方式的不同,可将微混合器分为被动式微混合器和主动式微混合器,不同混合机理的主动式和被动式微混合器如图 5.19[64]所示。被动式微混合器又称静态微混合器,主要通过自身的结构优化来引入混沌流和湍流。根据混合方式的不同,被动式微混合器主要有:①通过在通道内设置障碍物引入混沌流;②通过将通道螺旋化引入二次流;③通过设置突扩-突缩通道结构引入涡流;④通过设置分散-聚并结构引入涡流;⑤通过高能撞击流引入湍流。主动式微混合器主要通过外加能量来引入对流及湍流。根据外加能量的形式不同,主动式微混合器主要分为:①力场驱动微混合器;②声场驱动微混合器;③其他主动式微混合器。

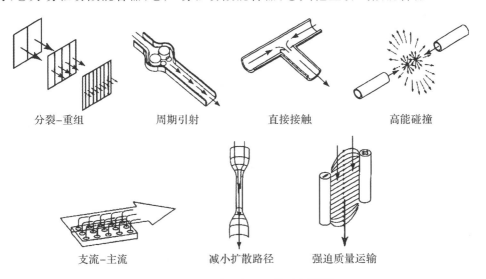

分裂-重组　　　　周期引射　　　　直接接触　　　　高能碰撞

支流-主流　　　　减小扩散路径　　　强迫质量运输

图 5.19　不同混合机理微混合器[64]

(3)微混合器混合效果表征

根据混合发生的尺度,可以将混合过程分为宏观混合和微观混合。整个设备尺度上的混合为宏观混合,宏观混合特性一般通过流体在设备中的平均浓度场和停留时间分布表征,为微观混合提供混合环境浓度;黏性变形和分子扩散作用等分子尺度上的混合即为微观混合。

一般通过停留时间分布来研究混合器的宏观混合特性,对停留时间分布曲线进行分析可以得出混合器内存在偏离理想流动的原因,进而对混合器内部结构进行优化改进。最经典的获得停留时间分布曲线的方法有两个:脉冲法和阶跃法。其中,脉冲法的实质为在主流体中瞬间打入微量示踪剂;而阶跃法的实质是连续加入示踪剂。采用脉冲法可以根据响应曲线直接求得停留时间分布密度函数 $E(t)$,该函数表示停留时间在 t 时刻的概率分布;而采用阶跃法可以直接求得停留时间分布函数 $F(t)$,该函数表示停留时间小于 t 时刻的流体离子所占的分率。

微混合器微观混合特性的评估方法一般有物理法和化学法两类。其中,物理法又包括光学法、探针法、电导法等,但上述方法的开展难度较大,大多数情况下不予采用。更为常见的是化学法,主要包括平行竞争反应体系与串联竞争反应体系。上述两种反应体系皆为快速反应体系,一般通过离集指数的大小来判定微观混合的效果,总的来说实际测试中离集指数处于 $0 \sim 1$;离集指数的数值越大,代表微观混合的效果越差。

5.4.2　静态微混合器(被动式微混合器)

被动式混合方法是指通过对流道形状进行特殊设计使流场发生变化,从而提高混合效率的一种方法。一般来说,流体流经局部结构时会产生局部压力损失,损失的压力势能会转化为动能,使得速度场重新分布,进而起到搅拌流体的作用。在此基础上,根据微混合器流道几何结构的特点,可以将静态微混合器即被动式微混合器划分为分支型和无分支型两种。

(1)分支型静态微混合器

分支型静态微混合器的几何特征是其微通道存在分支。当微混合器内部的流体流经分支处时,流体被分裂和重组,在此过程中,流体流动的速度场会进行再分布,一般会在分支处从层流转变为湍流,从而提高混合效率。

目前较为主流的分支型静态微混合器是具有正弦变化特点的分支型静态微混合器[65],如图 5.20(a)所示。主流道被分裂为两个子流道,流体沿着流动方向不断地分裂和重组,这种促使流体在通道的喉部产生涡流,并且在子通道和喉部的交接处会形成二次流动。上述流体现象的发生和发展显著影响了流场的速度梯度分布,增强了流体的扩散作用。有学者对上述分支型静态微混合器的流道形状和宽度做了优化[66],如图 5.20(b)所示,将两个宽度不同的半圆形流道组成一个分支组,再将多个分支组交错布置组成完整的混合器流道,实现高效混合。这种分支型流道还被进一步改进[67],如图 5.20(c)所示,在之前流道的基础上优化了宽分支流道的形状,增加了流道错位设计,使流场在错位处出现收缩和平移。流体通过不同形状的分支汇流到一起产生混沌流,使混合效率进一步提高。在二维平面分支型流道的基础上,这种分支型流道还能引入流道深度方向的交错,形成三维的分支型混合器结构[68],由于三维的分支型混合器结构结合了多层扩散和混沌流(chaotic advection)两种作用,其中的流体速度场的变化更为剧烈,促使混合效率进一步提高。

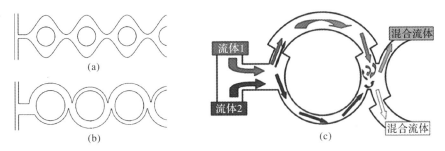

图 5.20　正弦变化的分支型静态微混合器[65-67]

综上,分支型静态微混合器的设计思路就是将主流道分为两条或者数量更多的分支流道,并对分支流道的几何形状进行单独设计,再将这些分支以不同的形式合并起来形成一个混合单元,最后将多个混合单元组成完整的混合器结构。

(2)无分支型静态微混合器

顾名思义,无分支型静态微混合器与分支型的区别在于,无分支型静态微混合器的几何特征是它有一条混合微通道,仅依靠通道的几何形状来改变流场的速度梯度和增大流体粒子间的相对运动,进而增强流体的层流扩散强度。根据几何结构的不同,一般可将其分为折角转弯、圆角转弯、截面突变结构和其他一些特殊几何结构的无分支型静态微混合器。

①折角转弯结构无分支型静态混合器如图 5.21(a)所示[69],流体在经过转弯折角的过程中,流场会重新分布,造成流场内速度梯度的改变,从而促进混合。由于单一的折角结构对混合的促进作用很小,折角转弯结构的微混合器往往布置多个局部折角结构以提高混合器整体的混合效率。

②圆角转弯结构的微混合器如图 5.21(b)所示,其几何特征是转折处存在圆角过渡,如正弦圆角过渡和标准圆角过渡等。圆角转弯结构对混合作用的影响类似于折角转弯结构,都是依靠速度场的变化提高混合效率。

③截面突变结构的无分支型静态微混合器的几何特征是流道的宽度会在某处出现突然扩大或突然缩小,和上述两种结构类似,这种结构也是通过改变流体速度场来提高混合效率的。例如可在流道上交错布置很多凹槽[70],如图 5.21(c)所示,实验结果表明这些凹槽对提高混合器的混合效率有较大作用。

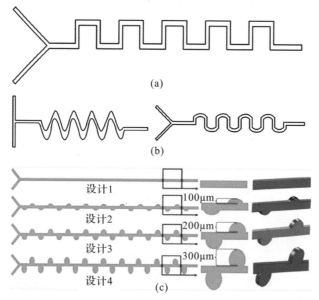

(a)

(b)

设计1
设计2
设计3
设计4
100μm
200μm
300μm
(c)

图 5.21　折角转弯、圆角转弯及截面突变结构的无分支型静态微混合器[69-72]

除上述基本类型外,还有一些特殊几何形状结构的无分支型静态微混合器,此处不再赘述。

综上,无分支型静态微混合器是通过流道的形状,或在道内增加挡板等障碍物改变流体路径等方式来改变流体的速度场,从而促进混合。

5.4.3　静态微混合器模拟算例

研究静态微混合器的混合机理时,通过计算流体力学的方式模拟其中的流体过程是常用的且行之有效的方法。不同的微混合器的模拟计算方法不尽相同。下面以代表性的交叉导流块微混合器[73]为模拟算例,通过分析其静态微混合的原理,简要介绍微混合过程的计算方法。算例主要研究了交叉导流块微混合器入口的流动方向对混合效果的影响，阐述了微混合器内产生的横向流动和混沌流，以及微混合器的几何参数等因素对微混合器内流动形式的影响。这些因素还包括交叉导流块与微通道的高度比和导流块偏置程度等，具体可见参考文献[74]。

(1)基本参数设置

交叉导流块微混合器的微通道的顶部和底部均设置了交叉导流块。上下交叉导流块的交叉点是偏离中线的，其偏离距离为 d_r，此处 d_r 是变量。为了衡量交叉导流块交叉点的偏离程度，定义几何参数

$$\alpha = \frac{\left(d_r + \frac{w}{2}\right)}{w} \quad (0.5 \leqslant \alpha \leqslant 1) \tag{5.35}$$

交叉导流块微混合器的几何模型包括两个入口、一个出口和一个矩形微通道（$w=300\mu m$，$h=80\mu m$，分别指矩形微通道的宽和高）。矩形微通道包含两个混合单元，而每个混合单元里包含两对交叉导流块，交叉导流块的高 $h_r=0.5h$，宽 $w_r=35\mu m$。其中一个混合单元的几何模型如图 5.22 所示。

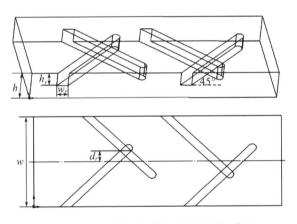

图 5.22　交叉导流块混合单元的几何模型

采用 Fluent 软件对一系列不同结构与尺寸参数的交叉导流块微混合器进行三维数值模拟。采用有限体积法求解此微混合器的控制方程：连续方程、N-S 方程和对流扩散方程。因为微流体只在压力的驱动下流动，所有的体积力都可以忽略，故

$$\nabla \cdot \boldsymbol{V} = 0 \tag{5.36}$$

$$\frac{\partial \boldsymbol{V}}{\partial t} + (\boldsymbol{V} \cdot \nabla)\boldsymbol{V} = \boldsymbol{f} - \frac{1}{\rho}\nabla p + \nu \nabla^2 \boldsymbol{V} \tag{5.37}$$

$$\frac{\partial c}{\partial t} + \boldsymbol{V} \cdot \nabla c = D \nabla^2 c \tag{5.38}$$

式中，$\boldsymbol{V}$ 为流体速度矢量，t 为时间，∇ 为哈密顿算子，f 为单位流体受的外力，ρ 为流体密度，p 为压力，$\nu = \mu/\rho$ 为运动黏度，c 为物质浓度，D 为分子扩散系数。

微混合器的几何模型采用 Solid Works 软件建模，使用 Fluent 的专用前处理软件 Gambit 进行网格生成和边界条件初步设定等。生成的网格除进出口附近区域以及两个单元连接处外均为非结构化网格，网格单元为四面体。导流块的壁面及周围的网格密度最大；其他区域如入口与出口附近和两个混合单元的连接处横向速度的分量较小，采用较小的网格密度来减少整体的网格总数，而且这些区域结构比较规整，采用结构化网格。

在流动介质的选择上，其中一个入口输入的是水，另一个入口输入的是与水具有相同物理性质的液体。流体介质的密度取为 998.2kg/m³，黏度 $\mu = 1.003 \times 10^{-3}$ Pa·s。设定微混合器混合过程中流体的黏度和分散系数保持不变。微混合器的入口边界设定为速度输入，出口设置为压力出口，且表压设为 0。壁面选择无滑移边界条件。压力项松弛因子取 0.3，动量松弛因子取 0.7，其余取为 1。压力速度耦合采用经典的 SIMPLE 算法（semi-implicit method for pressure linked equations，压力耦合方程组的半隐式方程），离散化过程均采用一阶迎风格式。收敛残差门槛值设定均取为 1×10^{-4}。

引入横截面上浓度值的标准差作为评价的混合指数

$$\sigma = \sqrt{\frac{1}{n} \sum_{i=1}^{n} (c_i - c_\infty)^2} \tag{5.39}$$

式中，σ 为横截面上的组分浓度标准差，n 为断面上浓度值采样个数（节点个数），c_i 是截面上第 i 点的某液体质量百分比数，c_∞ 是完全混合时某液体的质量百分数。

其基本思路是，从 Fluent 的模拟结果中，把截面上所有节点上的组分浓度质量百分数以 ASCII（American standard code for information interchange，美国信息交换标准代码）的形式提取出来，然后通过计算这些值的标准差来定量评价微混合器的混合性能。

(2)模拟结果

在相同条件下（$Re = 2.89$，$\alpha = 0.61$，$h_r/h = 0.5$），模拟结果与实验结果的对比，如图 5.23 所示。实验中，将红色的罗丹明 B 溶液（质量比浓度为 0.05%）和去离子水分别从两个入口同时注入微混合器中，通过普通生物显微镜和 CCD 照相机拍摄获得微混合器混合效果的俯视图。

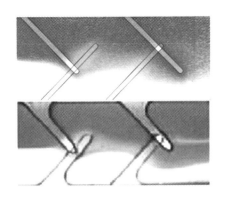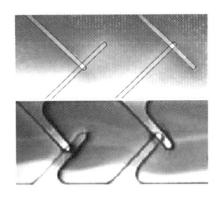

图 5.23　模拟结果与实验结果对比

由于入口方向垂直的微混合器的入口面积是入口方向平行的微混合器的两倍,为使混合器内雷诺数相同,入口方向垂直的微混合器的流体特征速度应为入口方向平行的微混合器的一半,即设置为 0.25m/s。

入口方向垂直和入口方向平行的交叉导流块微混合器在 x、y、z 截面上混合浓度分布的对比如图 5.24(a)、(b)、(c)所示。从图中可以很容易地看出,入口方向不同导致流体质量浓度分布完全不同,而且入口方向垂直的微混合器的混合效果要优于入口方向平行的。在入口方向平行的微混合器中,混合区域是在两流体的垂直交界面上,而且沿着微混合的轴向方向不断发展;而在入口方向垂直的微混合器中,混合区域是在两流体的平行交界面上。

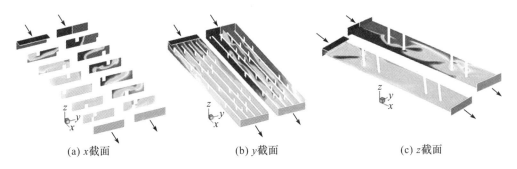

(a) x 截面　　　　　(b) y 截面　　　　　(c) z 截面

图 5.24　入口方向垂直和平行的交叉导流块微混合器 x、y、z 截面混合浓度对比

x 截面($x=0.28\mu m$)上横向速度分量(y 和 z 分量)沿着 z 轴的分布如图 5.25(a)所示。由于入口方向垂直的微混合器和入口方向平行的微混合器除了在入口方向上不同外,其他的初始条件包括内部通道结构完全相同,所以这两个不同方向入口的微混合器具有相同的横向速度分布。从图中可以看出,由于交叉导流块的

影响,横向速度分量都具有两个相反的方向。横向速度分量 y 截面上呈现反对称的分布,而横向速度分量 z 在截面上沿着直线($z=40\mu\text{m}$)呈现近似对称的分布。

不同入口方向下,微混合器多个横截面上的混合浓度标准差 σ 值的变化如图 5.25(b)所示。两条曲线都呈现下降趋势,但入口方向垂直的微混合器的 σ 值下降幅度更大一些,从而定量地说明,入口方向垂直的微混合器比入口方向平行的微混合器的混合效果更好。

为了更深入地研究两种微混合器的混合性能,分析比较了两者的入口、出口压降,如图 5.25(c)所示。从图中可以看出,两者的压降均在 7000Pa 左右,而且沿着 y 方向保持不变。也就是说,虽然改变了微混合器的入口方向,但是整个微混合器的能耗并没有发生变化。

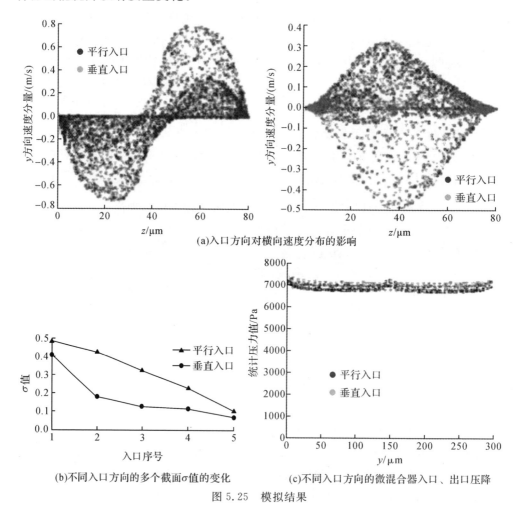

(a)入口方向对横向速度分布的影响

(b)不同入口方向的多个截面σ值的变化

(c)不同入口方向的微混合器入口、出口压降

图 5.25　模拟结果

综上所述,入口方向是影响交叉导流块微混合器混合效率的重要因素之一。当两入口由平行方向改为垂直方向时,微混合器的混合效果得到了很大的提升,却没有引起能量消耗的增加。究其原因,可解释为:①在微通道入口处,两流体的初始接触面积扩大;②流体从一个不对称的方向引入,提高了混合条件;③微混合器内流体的拉伸和折叠可能主要发生在垂直方向。

以上述算例说明了在模拟计算方面研究微混合器混合机理的方法,其他参数对微混合器混合效果的影响分析和以上算例的流程类似,此处不再赘述。

5.4.4 动态微混合器(主动式微混合器)

主动式混合是指通过外部设备施加额外的作用,对流场产生规律性的扰动,从而提高混合效率。凡是能够影响流场内速度场分布的作用力,都可以作为主动式混合的驱动力,最常见的有磁力、声波、微波以及电场等。以下将分别介绍几类常见的动态微混合器。

(1)磁场驱动微混合器

磁场驱动微混合器的设计中一般包含磁力搅拌珠或搅拌棒,然后通过施加外部的旋转磁场搅拌待混合流体以加速混合。例如一种利用旋转微磁球阵列促进混合的动态混合器[75],其中具有磁性的微珠以固定的阵列排列,并在外部旋转磁场的作用下以较高的速度绕柱旋转,从而在流场中形成圆形的冠状体,这些冠状体在微通道上伸展,对流体产生搅拌作用,进而它在短通道中实现快速混合。

除使用磁力搅拌珠或搅拌棒之外,还有学者提出了一种由铁磁流体驱动引发混沌流的微混合器[76],它由一个 T 形的主混合通道以及两个与主通道相交的平行子通道组成,通过外部永磁体驱动子通道中铁磁流体的振动,从而促使主通道内的流体产生混沌流。在此基础上,有学者在 T 形微混合器入口接合处靠后的位置安装了一个磁感应强度为 2200Gs 的永磁体,并以此研究 Fe_3O_4 纳米颗粒悬浮液与水在 Y 形微混合器中的混合现象[71]。结果表明,在任何体积流量和微通道宽度的情况下,Fe_3O_4 纳米颗粒悬浮液和水在永磁体的作用下均可快速混合。也有学者提出了一种基于磁性纳米颗粒悬浮液的动态微混合器,这种混合器以交流电驱动电磁铁诱导铁磁流体和罗丹明 B 溶液产生瞬态的交互流,混合效率在短时间内即可以达到 95%[78]。

(2)电场驱动微混合器

电场驱动微混合器一般是通过对流体施加外部电压产生电场,进而引起流体中粒子运动来驱动流体和操纵样品。流体中常见的电动现象可以分为电渗、电泳以及介电电泳,电渗即为流体在电场作用下的运动,电泳为流体中悬浮的带电粒子在电场作用下的运动,介电电泳则是指中性粒子在电场作用下的运动。目前电场驱动的微混合器主要通过电渗在流体中引入湍流来加速混合。由于表面基团的电离、同晶型取代以及离子的特殊吸附等机制,大部分固体表面在与水介质接触时会获得表面电荷,表面电荷的存在会影响其相邻水介质中离子的分布,水介质中具有相反电荷的离子会被吸引至固体表面附近,而具有相同电荷的离子则会被推离表面,由此在固体表面附近形成双电层,当在平行于固定电荷面的外加电场作用下,双电层内过量的反离子将受到库仑力的作用而向其相反电极迁移,这种由带电离子的电迁移引起相邻液体分子的黏性剪切,最后导致整个流体运动的现象就被称为电渗。

在微混合器中引入电渗主要的方法是在两个主电极之间安装一个副电极,并将直流电场引入主电极诱导电渗。当将电位提供给副电极时,主电极所引导的电渗便会发生变化,若周期性地重复副电极的电位供给,就会产生交变的流场振荡和旋涡,进而得到剧烈而有效的混合搅拌。有学者将不对称排列的人字形浮动电极纵向布置[79],以此诱导流体产生电渗,干扰两相流体交界面处的流动,驱动部分流体横向输运,在微尺度内实现了流体的快速混合。

(3)其他类型动态微混合器

除使用磁场、电场等力场驱动之外,还有其他种类的动态微混合器,例如以声场作为驱动的微混合器。声场驱动的微混合器可以分为两种,一种是超声振动,在微混合器背面装载超声波发生装置,当装置被激发时其释放的超声波引起流体振动,从而破坏流道内的层流运动,提高混合效率,但超声振动往往会使流体的局部温度升高,在一些对温度有要求的微混合中并不适用。另一种是基于气泡的快速混合方法,一般是通过调整声波发生器的频率,使其接近气泡的固有频率,从而引发气泡的剧烈振动以扰动气泡周围的流体,破坏流道内的层流运动,提高混合效率,这种装置一般通过马蹄形结构限制气泡的位移,并通过引入不同大小的气泡来调节破坏层流的声频率与强度。

其他类型的动态微混合器还有压力场驱动的微混合器,通过操纵微通道内的压力场分布来在微混合器的层流运动中制造原位流体不规则流动,在微通道内集成可以推动或阻止流体运动的微泵来实现提高混合效率。以及光场驱动的微混合器,是利用锥形微纳光纤倏逝场的能量加热光纤周围的溶液,使其气化,产生气泡,借助气泡的扰动来破坏微流道中的层流运动以加速混合。

综上,动态微混合器大多是通过在流场中引入一些能够扰动流场、使流体从层流变为混沌流的外力来提高混合效率,从根本上说,是以驱动力改变流体局部的流体动能、压力、热能等来促进混合的。

5.4.5　微混合器发展展望

微混合器发展迅速,但目前来说无论静态还是动态微混合器都存在各自的缺陷。由于静态微混合器通道的直径通常为微米级,雷诺数较小,一般不会有涡流产生,且静态微混合器中没有驱动器来驱动流体发生扰动,所以流体浓度差造成的分子扩散在静态微混合器的混合过程中起着重要的作用。但仅仅依靠分子扩散作用实现流体混合可能会需要特别长的混合时间或需要非常长的混合距离。如何更有效地增加流体间的有效接触面积,从而缩短分子扩散距离,提高混合效率仍是学者们致力研究的方向。

动态微混合器具有体积小、结构简单和混合效率高等优点。但其同样存在一些明显的缺陷,主要表现在三个方面:①需要额外的设备提供驱动力,这些外加设备使得微流控芯片的使用成本大幅提高,也使得微混合器的便携性等优点不复存在;②混合过程需要专业化的操作和控制,对于普通用户来说比较困难,这极大限制了其应用的范围,使得成为仅能应用于专业实验室的产品;③最后,外部驱动力的施加不可避免地会对微混合器内的流体产生加热作用,造成流体局部或整体温度的升高,这可能对某些化学反应和生物质的活性造成不利影响。这些固有缺陷的存在限制了动态微混合器的应用和发展。

总而言之,微混合器的未来的发展和应用还有许多方面有待研究。①在微混合理论的基础研究方面,以往适用于常规度混合器的宏观规律不适用于微尺度,例如传统的动量传递、热量传递、质量传递和化学反应工程等公式理论,要使其能够应用于微混合器中,这些公式理论还需要进一步修正和补充,微尺度相关的完整基础理论体系还有待建立。②微尺度下流体的流动特性与其宏观和微观理论之间的相互关联有待进一步研究。③微混合器与其他微装置的兼容性、可集成性还需进一步优化、加强和融合。最后,在技术基础研究与实际应用方面,由于微混合器的结构比较复杂且整体尺度较小,各种微混合器在结构、原理和材料等方面存在差异,且实际制作、加工和装配等方面较为困难,如何实现微混合器的统一、批量和规模生产以及为微混合器的商业化铺平道路,仍然是该领域的一大难题。

参考文献

[1] 郑亚锋,赵阳,辛峰.微反应器研究及展望[J].化工进展,2004(5):461-467.

［2］Bier W，Keller W，Linder G，et al. Manufacturing and testing of compact micro heat exchangers with high volumetric heat transfer coefficients［C］// ASME. American Society of Mechanical Engineers，Dynamic Systems and Control Division (Publication) DSC. New York：ASME，1990，19：189-197.

［3］吴迪,高朋召.微反应器技术及其研究进展［J］.中国陶瓷工业,2018,25(5):19-26.

［4］吕婧.微通道制备纳米粒子及沸石膜微反应器的研究［D］.大连:大连理工大学,2011.

［5］张万轩.利用聚合物作为微反应器［J］.胶体与聚合物,2007(1):44-46.

［6］Miložič N，Stojkovič G，Vogel A，et al. Development of microreactors with surface-immobilized biocatalysts for continuous transamination［J］. New Biotechnology，2018，47：18-24.

［7］卜橹轩,谢天明,邓秋林,等.微结构反应器中连续快速制备多种萘系磺酸［J］.南京工业大学学报(自然科学版),2012,34(3):61-65.

［8］李金鹰,王勋章,赵英翠,等.微化工技术的研究与应用［J］.化工科技,2011,19(1):72-76.

［9］何爽.螺旋盘管反应器内粘性流体微观混合性能研究［D］.北京:北京化工大学,2013.

［10］Park C P，Maurya R A，Lee J H，et al. Efficient photosensitized oxygenations in phase contact enhanced microreactors［J］. Lab on a Chip，2011，11(11)：1941-1945.

［11］陈雪叶,余东生,魏兴,等.微反应器的结构优化设计与仿真［J］.分析测试学报,2013,32(7):898-900.

［12］陈慧群,林振龙,胡吉良.基于低温共烧陶瓷应用的制氢微反应器结构设计［J］.科技创新与应用,2018(10):33-36.

［13］高瑞泽.微型甲醇重整制氢反应器结构设计与催化剂制备技术研究［D］.哈尔滨:哈尔滨工业大学,2019.

［14］徐晓东,张雯君,杨巧梅.精细化工中微反应器的应用初探［J］.山东化工,2017,46(20):115-116,122.

［15］Aghel B，Mohadesi M，Sahraei S，et al. New heterogeneous process for continuous biodiesel production in microreactors［J］. The Canadian Journal of Chemical Engineering，2017，95(7)：1280-1287.

［16］周才金.非受限空间内对撞流微反应器制备高性能纳米颗粒的研究［D］.北京:北京化工大学,2018.

［17］郭松,尹苏娜,潘宜昌,等.微流体技术制备多级结构材料的研究进展［J］.中国科学:化学,2015,45(1):24-33.

［18］曹晨熙,张莘,储博钊,等.微结构反应器气固相催化过程强化的研究与工业化进展［J］.化工学报,2018,69(1):295-308.

［19］过增元.国际传热研究前沿——微细尺度传热［J］.力学进展,2000(1):1-6.

［20］Sen M，Wajerski D，Gad-El-Hak M. A novel pump for mems applications［J］. Journal of Fluids Engineering，1996，118(3)：624-627.

［21］刘静.微米/纳米尺度传热学［M］.北京:科学出版社,2001.

［22］Tien C L. Microscale Energy Transfer（Series in Chemical and Mechanical Engineering）［M］. Boca Raton:CRC Press,1997.

［23］黄春朴.纳米 ZnO 薄膜热导率模拟与计算研究［D］.北京:华北电力大学,2020.

［24］Lee L L. Chapter XIII-Molecular dynamics［M］//Lee L L. Molecular Thermodynamics of Nonideal Fluids. Oxford:Butterworth-Heinemann,1988:373-393.

［25］Heyes D M. The Liquid State:Applications of Molecular Simulations［M］. Chichester: Wiley,1998.

［26］彭亚晶.纳米金属 Al 复合含能材料激光光热过程研究［D］.哈尔滨:哈尔滨工业大学, 2008.

［27］Kadam S T,Kumar R. Twenty first century cooling solution:Microchannel heat sinks［J］. International Journal of Thermal Sciences,2014,85:73-92.

［28］Zhao J,Wang Y,Ding G,et al. Design,fabrication and measurement of a microchannel heat sink with a pin-fin array and optimal inlet position for alleviating the hot spot effect［J］. Journal of Micromechanics and Microengineering,2014,24(11):115013.

［29］谢洪涛,李星辰,绳春晨,等.微通道换热器结构及优化设计研究进展［J］.真空与低温,2020,26(4):310-316.

［30］Moriyama K,Inoue A,Ohira H. The thermohydraulic characteristics of two-phase flow in extremely narrow channels（the frictional pressure drop and heat transfer boiling two-phase flow,analytical model）［J］. Heat Transfer-Japanese Research: （United States）,1993,21:8.

［31］Yen T H,Shoji M,Takemura F,et al. Visualization of convective boiling heat transfer in single microchannels with different shaped cross-sections［J］. International Journal of Heat and Mass Transfer,2006,49(21-22):3884-3894.

［32］薛玉卿,陈学永,蔡艳召,等.微通道高效冷却技术综述［C］//中国航空学会.第九届中国航空学会青年科技论坛论文集(1).北京:中航出版传媒有限责任公司,2020:4-13.

［33］Xu F,Wu H. Experimental study of water flow and heat transfer in silicon micro-pin-fin heat sinks［J］. Journal of Heat Transfer,2018,140(12):122401.

［34］杨世鹏.塑料薄膜微通道流动与传热特性及其应用研究［D］.杭州:浙江大学,2015.

［35］王柏村.多层/梯度多孔材料的设计及其吸声与强化传热性能研究［D］.杭州:浙江大学,2016.

［36］苏亮.高强:微通道换热器节能降碳潜力以及应用问题挑战［J］.家用电器,2022(11): 52-53.

［37］Skidmore J A,Freitas B L,Crawford J,et al. Silicon monolithic microchannel-cooled laser diode array［J］. Applied Physics Letters,2000,77(1):10-12.

[38] 吴健,刘源,李言祥,等. 藕状多孔铜微通道热沉的散热性能优化研究[J]. 制冷学报, 2016,37(3):94-99.

[39] 刘本东,张震,李德胜. 微泵的分类及其研究的最新进展[J]. 北京工业大学学报, 2018,44(6):812-824.

[40] Mohith S, Karanth P N, Kulkarni S M. Recent trends in mechanical micropumps and their applications: A review[J]. Mechatronics, 2019, 60: 34-55.

[41] Ma H K, Luo W F, Lin J Y. Development of a piezoelectric micropump with novel separable design for medical applications[J]. Sensors and Actuators A: Physical, 2015, 236: 57-66.

[42] Lee K S, Kim B, Shannon M A. An electrostatically driven valve-less peristaltic micropump with a stepwise chamber[J]. Sensors and Actuators A: Physical, 2012, 187: 183-189.

[43] Mi S, Pu H, Xia S, et al. A minimized valveless electromagnetic micropump for microfluidic actuation on organ chips[J]. Sensors and Actuators A: Physical, 2020, 301: 111704.

[44] Chia B T, Liao HH, Yang Y J. A novel thermo-pneumatic peristaltic micropump with low temperature elevation on working fluid[J]. Sensors and Actuators A: Physical, 2011, 165(1): 86-93.

[45] Xu D, Wang L, Ding G, et al. Characteristics and fabrication of NiTi/Si diaphragm micropump[J]. Sensors and Actuators A: Physical, 2001, 93(1): 87-92.

[46] Joo S, Chung T D, Kim H C. A rapid field-free electroosmotic micropump incorporating charged microchannel surfaces[J]. Sensors and Actuators B: Chemical, 2007, 123(2): 1161-1168.

[47] Berthier E, Beebe D J. Flow rate analysis of a surface tension driven passive micropump[J]. Lab on a Chip, 2007, 7(11): 1475-1478.

[48] Chang Y J, Hu C Y, Lin C H. A microchannel immunoassay chip with ferrofluid actuation to enhance the biochemical reaction[J]. Sensors and Actuators B: Chemical, 2013, 182: 584-591.

[49] Wang B, Xu J L, Zhang W, et al. A new bubble-driven pulse pressure actuator for micromixing enhancement[J]. Sensors and Actuators A: Physical, 2011, 169(1): 194-205.

[50] Qian J Y, Hou C W, Li X J, et al. Actuation mechanism of microvalves: A Review [J]. Micromachines, 2020, 11(2): 172.

[51] Okazaki T, Tanaka M, Ogasawara N, et al. Development of magnetic-field-driven micro-gas valve[J]. Materials Transactions, 2009, 50(3): 461-466.

［52］Jadhav A D，Yan B，Luo R C，et al. Photoresponsive microvalve for remote actuation and flow control in microfluidic devices［J］. Biomicrofluidics，2015，9(3)：034114.

［53］Debray A，Ueda K，Shibata M，et al. Fabrication of suspended metallic structures：application to a one-shot micro-valve［J］. IEICE Electronics Express，2007，4(14)：455-460.

［54］Nagai M，Oguri M，Shibata T. Characterization of light-controlled Volvox as movable microvalve element assembled in multilayer microfluidic device［J］. Japanese Journal of Applied Physics，2015，54(6)：067001.

［55］张钢强，焦春霞，高楼军，等. 毛细管电色谱应用研究进展［J］. 化学分析计量，2019，28(3)：115-120.

［56］李静，刘元元，闫超. 加压毛细管电色谱技术研究进展［J］. 现代生物医学进展，2017，17(33)：6584-6588,6600.

［57］Manz A，Graber N，Widmer H M. Miniaturized total chemical analysis systems：A novel concept for chemical sensing［J］. Sensors and Actuators B：Chemical，1990，1(1)：244-248.

［58］Wong S H，Ward M C L，Wharton C W. Micro T-mixer as a rapid mixing micromixer［J］. Sensors and Actuators B：Chemical，2004，100(3)：359-379.

［59］Bothe D，Stemich C，Warnecke H J. Fluid mixing in a T-shaped micro-mixer［J］. Chemical Engineering Science，2006，61(9)：2950-2958.

［60］Soleymani A，Kolehmainen E，Turunen I. Numerical and experimental investigations of liquid mixing in T-type micromixers［J］. Chemical Engineering Journal，2008，135：S219-S228.

［61］Ait Mouheb N，Malsch D，Montillet A，et al. Numerical and experimental investigations of mixing in T-shaped and cross-shaped micromixers［J］. Chemical Engineering Science，2012，68(1)：278-289.

［62］Mariotti A，Galletti C，Mauri R，et al. Steady and unsteady regimes in a T-shaped micro-mixer：Synergic experimental and numerical investigation［J］. Chemical Engineering Journal，2018，341：414-431.

［63］Qi Z，Cussler E L. Bromine recovery with hollow fiber gas membranes［J］. Journal of Membrane Science，1985，24(1)：43-57.

［64］Kashid M N，Renken A，Kiwi-Minsker L. Micromixing devices［M］// Kashid M N，Renken A，Kiwi-Minsker L. Microstructured Devices for Chemical Processing. Weinheim：Wiley-VCH，2014：129-178.

［65］Afzal A，Kim K Y. Passive split and recombination micromixer with convergent-divergent walls［J］. Chemical Engineering Journal，2012，203：182-192.

［66］Anwar K，Han T，Yu S，et al. Integrated micro/nano-fluidic system for mixing and preconcentration of dissolved proteins[J]. Microchimica Acta, 2011, 173 (3-4): 331-335.

[67] Li J, Xia G, Li Y. Numerical and experimental analyses of planar asymmetric split-and-recombine micromixer with dislocation sub-channels: Planar asymmetric split-and-recombine micromixer with dislocation sub-channels [J]. Journal of Chemical Technology & Biotechnology, 2013, 88(9): 1757-1765.

[68] Chen Y T, Chen K H, Fang W F, et al. Flash synthesis of carbohydrate derivatives in chaotic microreactors[J]. Chemical Engineering Journal, 2011, 174(1): 421-424.

[69] Das S S, Tilekar S D, Wangikar S S, et al. Numerical and experimental study of passive fluids mixing in micro-channels of different configurations[J]. Microsystem Technologies, 2017, 23(12): 5977-5988.

[70] Wang L, Ma S, Han X. Micromixing enhancement in a novel passive mixer with symmetrical cylindrical grooves: Mixer with symmetrical grooves[J]. Asia-Pacific Journal of Chemical Engineering, 2015, 10(2): 201-209.

[71] Khosravi Parsa M, Hormozi F, Jafari D. Mixing enhancement in a passive micromixer with convergent-divergent sinusoidal microchannels and different ratio of amplitude to wave length[J]. Computers & Fluids, 2014, 105: 82-90.

[72] Kuo J N, Liao H S, Li X M. Design optimization of capillary-driven micromixer with square-wave microchannel for blood plasma mixing[J]. Microsystem Technologies, 2017, 23(3): 721-730.

[73] Fu X, Liu S, Ruan X, et al. Research on staggered oriented ridges static micromixers [J]. Sensors and Actuators B: Chemical, 2006, 114(2): 618-624.

[74] 李春会. 交叉导流式和超声振动式微混合器的机理研究[D]. 杭州: 浙江大学, 2011.

[75] Owen D, Ballard M, Alexeev A, et al. Rapid microfluidic mixing via rotating magnetic microbeads[J]. Sensors and Actuators A: Physical, 2016, 251: 84-91.

[76] Oh D W, Jin J S, Choi J H, et al. A microfluidic chaotic mixer using ferrofluid[J]. Journal of Micromechanics and Microengineering, 2007, 17(10): 2077-2083.

[77] Tsai T H, Liou D S, Kuo L S, et al. Rapid mixing between ferro-nanofluid and water in a semi-active Y-type micromixer[J]. Sensors and Actuators A: Physical, 2009, 153(2): 267-273.

[78] Wen C Y, Yeh C P, Tsai C H, et al. Rapid magnetic microfluidic mixer utilizing AC electromagnetic field[J]. Electrophoresis, 2009, 30(24): 4179-4186.

[79] Hu Q, Guo J, Cao Z, et al. Asymmetrical induced charge electroosmotic flow on a herringbone floating electrode and its application in a micromixer[J]. Micromachines, 2018, 9(8): 391.

第6章 微注塑成型技术及装备

作为现代三大高分子材料之一,塑料可以说是现代人生活的基础和标志。没有塑料就没有飞机、汽车、高速列车等现代化的交通工具,也没有现代人工作和生活离不开的电脑、手机等设备,人们日常生活中的各种塑料制品更是无处不在。塑料加工机械产业涉及机械、制造、材料、控制、轻工和纺织等多个学科的知识,在我国塑料工业快速发展的今天占有重要地位。塑料加工成型制品的种类日益丰富,其中一个重要的发展方向就是其几何尺寸的薄壁化、精密化、微小化;注塑成型机械单机产量不断提升,生产效率不断提高;新型材料的不断发现,成型工艺的不断改进,以及节能环保要求的不断提高,是我国塑料加工机械产业发展的原动力。

6.1 微注塑成型技术

一般来说,微注塑成型技术主要指其成型的制品具有微小的尺寸和质量。迄今,微注塑成型技术的定义还没有明确和统一。与传统加工方法相比,微注塑成型的优势为:成型周期短、生产效率高、易实现自动化,能成型形状复杂、尺寸精确、可制备带有金属或非金属嵌件的塑料制件、产品质量稳定,以及适应范围广。一些学者从微注塑制品的角度定义微注塑成型的概念:

①成型制品的质量在毫克级之内;

②成型制品的质量不在毫克级,但其尺寸和几何精度达到微米级;

③成型制品的质量没有要求,但其部分微结构如孔和槽等的特征尺寸达到微米级。

由上述定义,可根据微注塑成型制品的质量将其分为三类:微型塑件、微结构塑件和微精密塑件。

6.1.1　微注塑成型理论和工艺

(1)微注塑成型理论

微注塑成型工艺是指将粒状或粉状塑料料样从微注塑机的料斗送入料筒内加热熔融塑化均一,同时在螺杆加压下,物料被压缩并向前移动;精密计量通过机筒前端的喷嘴熔融物料量,以很快的速度将其注入温度较低的闭合微注塑模具内成型;经过一定时间的冷却定型后,开启模具即得到微注塑成型制品。

其中,加热过程一般是把固体物料从料斗加入料筒中,利用料筒外的加热圈加热,使物料部分熔融。料筒内装有外动力马达驱动旋转的螺杆,物料在螺杆的作用下,沿着螺槽向前输送并压实,同时物料在外加热和螺杆剪切的双重作用下逐渐地熔融和塑化均一。当螺杆旋转时,物料在螺槽摩擦力及剪切力的作用下,把已熔融的物料推到螺杆的头部。与此同时,螺杆在物料的反作用下后退,使螺杆头部与料筒之间形成储料空间,完成塑化过程。然后,螺杆在注射马达推力的作用下,以高速、高压,将储料空间内的熔融物料通过喷嘴注射到模具的型腔中。型腔中的熔融物料经过保压、冷却和固化定型后,通过合模机构开启模具,并借助顶出或吸附装置把定型好的制品从模具取出。

微注塑成型是一种重要的塑料成型方法。这种成型方法的操作过程是间歇式的。它的特点是:效率高、成型件结构可复杂又可简单,以及不需切削加工即可一次成型。除极少数的几种热塑性塑料外,几乎所有热塑性塑料都可用此方法成型。

(2)微注塑成型工艺的参数

①注射压力。注射压力是由注塑系统提供的。将机或液压缸的压力通过塑化螺杆传递到熔融的塑料物料上。熔融物料在压力的推动下,经注塑机的喷嘴进入模具的竖流道(对于部分模具来说也是主流道)、主流道和分流道,并经浇口进入模具型腔,这个过程即为注塑过程,或称填充过程。压力的存在是为了克服熔融物料流动过程中的阻力,或者反过来说,熔融物料流动过程中存在的阻力需要注塑机的压力来抵消,以保证注塑过程顺利进行。

在注塑过程中,注塑机喷嘴处的压力最高,以克服熔融物料全程的流动阻力。然后,压力沿着流动长度往熔融物料最前端波前处逐步降低。如果型腔内部排气良好,则熔融物料前端最后的压力就是大气压。

影响注射压力的因素很多,概括起来有三类:材料因素,如塑料的材质类型、黏度等;结构性因素,如浇注系统的类型、数目和位置,模具的型腔形状以及制品的厚度等;成型的工艺要素。

②注射时间:注射时间是指熔融物料充满型腔所需要的时间,不包括模具开、合等辅助时间。尽管注射时间很短,对于成型周期的影响也很小,但是注射时间的长短决定了浇口、流道和型腔处的压力控制。合理的注射时间有助于实现熔融物料的理想充填,而且对于提高制品的表面质量以及减小尺寸公差有着非常重要的意义。

注射时间要远远小于冷却时间,大约为冷却时间的 1/10～1/15,这个规律可以作为预测制品成型周期的依据。在做模流分析时,只有当熔融物料完全是由螺杆旋转推动注满型腔的情况下,分析结果中的注射时间才等于工艺条件中设定的注射时间。如果在型腔充满前发生螺杆的保压切换,那么分析结果将大于工艺条件的设定。

③注塑温度。注塑温度是影响注射压力的重要因素。注塑机料筒有 5～6 个加热段,每种原料都有其合适的加工温度(详细的加工温度可以参阅材料供应商提供的数据)。注塑温度必须控制在一定的范围内。温度太低,熔融物料塑化不良,影响成型制品的质量,增加后续工艺难度;温度太高,原料容易分解。在实际的注塑成型过程中,注塑温度往往比料筒温度高。高出的数值与注塑速率和原料材料的性能有关,最多可高出 30℃。这是由于熔融物料通过注料口时受到剪切而产生了很高的热量。在做模流分析时,可以通过两种方式来补偿这种差值,一种是设法测量熔融物料对空注塑时的温度,另一种是建模时将喷嘴也包含进去。

④保压压力与时间。在注塑过程将近结束时,螺杆停止旋转,只是向前推进,此时注塑进入保压阶段。保压过程中注塑机的喷嘴不断向型腔补料填充由于制品收缩而空出的容积。如果型腔充满后不进行保压,制品大约会收缩 25%,特别是筋处会因收缩过大而形成收缩痕迹。保压压力一般为注射最大压力的 85% 左右,当然要根据实际情况来确定。

⑤背压。背压是指螺杆反转后退储料时所要克服的压力。采用高背压有利于色料的分散和塑料物料的熔化,但却会同时延长螺杆回缩时间,降低塑料纤维的长度且增加注塑机的压力。因此,背压应该低一些,一般不超过注射压力的 20%。注塑泡沫塑料时,背压应该比气体形成的压力高,否则螺杆会被推出料筒。有些注塑机可以将背压编程,以补偿熔化期间螺杆长度的缩减,这样会降低输入热量,令温度下降。不过这种变化的结果难以估计,不易对机器作出相应的调整。

(3)微注塑成型工艺的特点

微注塑技术包含以下过程:塑料颗粒的熔融、计量、注射、合模、保压、冷却和脱模等。然而,微注塑成型工艺并非常规注塑成型工艺的简单缩小,还需考虑一些常规注塑成型工艺中可忽略的因素。

注射是整个成型过程中的第一步。时间从模具闭合开始注射算起,到模具型腔充填到大约95%为止。理论上,注射时间越短,成型效率越高;但是在实际生产中,成型周期(或注塑速度)要受到很多条件的制约。塑化单元要求体积小、计量精确;模具要快速加热,使熔融物料在较高压力和较高速率下充满型腔;模具需要迅速冷却,以缩短成型周期;模具需要抽真空以减小熔融物料的流动阻力,避免制品产生“灼伤”、气泡、欠注等现象;工艺参数需精密快速控制,以提高制品的成型精度。微细结构制品的脱模通常采用自动吸附装置,以抵消模具和制品间的静电吸附,使制品无损伤脱模[1]。

保压过程的作用是持续施加压力以压实熔体,增加制品密度(增密),以补偿制品的收缩行为。在保压过程中,由于腔中已经填满物料,背压较高。在保压过程中,塑化螺杆仅能慢慢地向前微微移动,熔融物料的流动速度也较为缓慢,这时的流动称作保压流动。在保压过程中,受模壁冷却固化加快,其黏度增加也很快,因此模具型腔内的阻力很大。在保压过程的后期,制品密度持续增大逐渐成型,保压过程要一直持续到浇口固化封口为止,此时保压过程的型腔压力达到最高值。

6.1.2　微注塑成型的材料

聚合物材料种类多、来源广且成本低,目前微注塑成型应用较多的材料有:聚碳酸酯(简称PC,透明性高)、聚醚醚酮(简称PEEK,在250℃高温下仍能保持很好的稳定性)、全氟烷氧基共聚物(简称PFA,化学稳定性强,能抵抗酸碱腐蚀)以及聚甲醛(简称POM,弹塑性好)等。常见用于微注塑成型的热塑性聚合物材料及其特点如表6.1所示。

表6.1　常见用于微注塑成型的热塑性聚合物材料及其特点

简称	全称	温度稳定性/℃	特点	结构
COC	环烯烃共聚物	140	透明性高	非晶体
PMMA	聚甲基丙烯酸甲酯	80	透明性高	非晶体
PC	聚碳酸酯	130	透明性高	非晶体
PS	聚苯乙烯	80	透明性高	非晶体
POM	聚甲醛	90	弹塑性好	半结晶
PFA	全氟烷氧基共聚物	260	温度的化学稳定性强	半结晶

简称	全称	温度稳定性/℃	特点	结构
PVC	聚氯乙烯	60	成本低	非晶体
PP	聚丙烯	110	机械性能好	半结晶
PET	聚对苯二甲酸乙二醇酯	110	透明性高,弹塑性好	非晶体/半结晶
PEEK	聚醚醚酮	250	温度稳定性强	半结晶
PA	聚酰胺	80~120	机械性能好	半结晶
PSU	聚砜	150	化学和温度稳定性强	非晶体
PVDF	聚偏氟乙烯	150	化学惰性,压电性	半结晶

6.1.3　微注塑模具技术

(1)模具嵌件制造技术

模具嵌件对于微注塑成型制品的生产是不可或缺的。制品的微尺寸和公差要求通过一些特定的方法制造模具嵌件,如:

①基于 LIGA 技术,包括 LIGA,紫外 LIGA,离子束 LIGA,电子束 LIGA;

②3D 微加工重组,微放电加工(μEDM),以及微机械球磨和利用超短脉冲的电化学加工(ECM);

③硅湿法刻蚀(或称硅湿法散加工);

④深反应离子刻蚀;

⑤厚深紫外抵抗;

⑥准分子和超短脉冲激光烧蚀。

(2)微注塑模具脱模系统

聚合物冷却时会有一定的收缩,导致脱模时制品将与型腔壁产生摩擦,不利于制品脱模,尤其是深宽比大的制品比表面积大,其受到的摩擦力也大。不少研究指出,光滑的型腔表面有助于减少制品和型腔之间摩擦力。与常规注塑一样,提高模具型腔表面光滑度的较为实用方法就是表面涂覆。Griffiths 等[2]发现在 PC 和 ABS 微注塑成型制品的型腔中涂覆类金刚石薄膜能极大降低脱模时的摩擦力。Navabpour 等[3]发现为避免推出时损坏制品,熔融聚合物与不锈钢模具之间的黏合力应小于聚合物的抗拉强度。Becker 等[4]指出可使用脱模剂降低脱模难度,但是不能用在医疗和微流控微注塑成型制品上,以免污染制品。Michaeli 等[5]认为,由传统推杆提供的集中推出力会造成微注塑成型制品变形损坏,传统推杆的方法不适合应用于微注塑;同时,他提出了新的脱模方法,该方法包括真空脱模、型腔机械回收和超声波振动三个步骤,但具体应用还有待实践验证。此外,合理的微注塑脱模系统应综合考虑型腔形状、表面修整情况和成型材料等。

(3)微注塑模具温度控制

在常规注塑成型中,模具温度远小于注射温度。在微注塑成型中,熔融聚合物的比表面积大,如果采用常规注塑工艺,熔融聚合物将迅速冷却,黏度提高很快,这会造成充填不足,并且制品将产生一系列缺陷。这可以通过提高模具温度,降低熔融聚合物与壁面温度梯度的方式来解决。常用的微注塑和普通注塑模具温度的对比如表 6.2 所示。由表可知,微注塑模具温度可接近于熔融温度(T_M)或玻璃化温度(T_g)。

表 6.2 常用微注塑模温和普通注塑模温对比

结构	材料	玻璃化温度(T_g)/℃	熔融温度(T_M)/℃	微注塑模温/℃	普通注塑模温/℃
半结晶聚合物	HDPE	—	130~137	125,140,150	30~60
	PBT	—	220~267	120	80
	POM	—	160~175	90	70~90
	PP	—	160~175	≈163	30~60
非结晶聚合物	PC	150	—	60~140	90~110
	PS	74~105	—	≈163,175	140

注:HDPE 为高密度聚乙烯,PBT 为聚对苯二甲酸丁二酯。

微注塑成型中,较高的模具温度使得成型周期延长,Gornik 等[6]提出了快速变模温系统(Variotherm)的解决方案,快速变模温系统和常规系统的模具温度对比如图 6.1 所示。Hanemann 等[7]、Heckele 等[8]认为快速变模温系统能使普通的注塑机也能进行微注塑成型。快速变模温系统能防止塑料降解,减少产品内应力,改善产品外观,避免熔接痕和短射;但采用变模温系统后的成型周期还是偏长,同时模具温度将有从几十度到几百度的大跨度变化,这会使模具材料产生热疲劳,影响模具寿命。因此,模具应选传热效果好的材料。变模温系统现在还处于研究和初步开发阶段,目前开发的不同的变模温系统如表 6.3 所示。由表可知,气体火焰和感应加热两种加热装置的效率最高,但气体火焰只能保证模具一面的加热,而感应加热虽然可对整个模具材料加热,但其设备投资比其他方式大,适合较大微注塑制品成型;对于中小型微注塑制品,油/电联合系统或红外卤素灯加热虽然成型周期稍长,却是比较适合的方式。

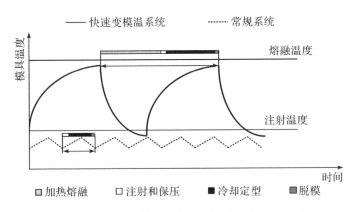

图 6.1　快速变模温系统和常规系统模具温度对比

表 6.3　目前开发的不同变模温系统

加热装置	冷却装置	周期	工具表面/(mm×mm×mm)
气体火焰	无	环境温度 400℃,10s	$100×100×30$
快速热变模具	无	环境温度 250～50℃,11s	$72×25.4×12.7$
邻近效应加热(感应加热)	气氲	环境温度 220～90℃,14s	$24.3×51×2.6$
电气系统	水循环	环境温度 205～32℃,30s	—
红外卤素灯	无	环境温度 208℃,20s	$180×180×1$
感应加热线圈	冷油循环	—	$7×4×0.05$
油/电联合系统	水循环	—	—
特殊表面涂覆	冷却剂回路	—	—
Peltier 装置	Peltier 装置	温度控制较困难	—

6.1.4　微注塑机的类型及发展概况

　　微注塑成型机械简称微注塑机,又名微注射成型机。它是将热塑性塑料或热固性塑料通过微注塑模具制成各种形状的微型塑料制品的主要成型设备。普通注塑机的最小计量尺寸无法满足微型塑料制品的小注塑量。液压计量准确度较低,需要采用精确计量的电控系统;而若实施精确计量,会使得熔融物料在料筒停留时间加长,容易发生降解,同时微型塑料制品时接触面积小,需降低夹紧力。1985 年,首台专门用于加工微型塑料制品的注塑装置 Micromelt 在德国研发成功,随后由其他国家开发的不同类型的微注塑机也相继问世,微注塑技术从此进入了快速发展阶段。

近年来,在微注塑机的研发方面,各研究机构大都致力于注射技术和控制技术的改进与完善,旨在实现更高的注射精度和注射速度。目前,市场上的微注塑机按照驱动方式的不同可分为液压/气压式驱动、全电式驱动和油电复合式驱动微注塑机;按照注射系统结构的不同可分为单阶型(如单螺杆式)、双阶型(如螺杆-螺杆式、柱塞-柱塞式和柱塞-螺杆式等)以及三阶型微注塑机。以下对几种常见的微注塑机作简要介绍。

(1)单螺杆式

日本发那科(Fanuc)株式会社研发的 Roboshot 全电式驱动系列注塑机可利用波形的重叠程度来判断射出的稳定性,并具有显示止逆环的密封和磨损状况的逆流监视功能,便于调整到最优的注塑成型条件。同时在注射单元里,螺杆配合高精度和高分辨率的数字测力传感器,可以实现高响应注射和高精度压力控制。其中,Roboshot 系列 S-2000i 15B 型号注塑机的螺杆直径为 14mm,合模力为 150kN,该注射机的最大注射速度能达到 700mm/s。同系列 S-2000i 30B 型号的注射机整机外观如图 6.2 所示。

图 6.2　Roboshot S-2000i 30B 整机

(2)螺杆-螺杆式

德国阿博格(Arburg)公司研制的微注塑机采用液压驱动方式,且具有双螺杆呈 45°空间布置的独特形式的注塑单元[9]。注塑单元将一根直径 8mm 的螺杆和一根有多种选择规格(如直径为 12mm 或 15mm)的螺杆组合在一起进行注射工作,并根据先入先出原则进行持续性最佳备料过程;同时为了防止物料的回流,该公司还在注塑单元中设计了止逆阀和密封系统,使其可以加工的最小注塑重量小于 1g。

(3)柱塞-柱塞式

西班牙 Cronosplast 公司生产了一款合模力为 62.5kN 的液压驱动 Babyplast

6/10P 型微注塑机,如图 6.3 所示,其注射柱塞直径有 10、12、14、16、18mm 等多个组合,最小注射量可达 4cm³,尤其适合加工重量为 0.01~5g 的小型和微型产品。为了使塑料颗粒塑化均一,该注塑机采用了特有的金属球塑化系统,金属机塑化系统可以有效避免螺杆在塑化过程中对物料的剪切破坏,同时也防止了物料的过热降解;而该注塑机的活塞式注射系统则保证了微注塑的注塑精度,同时避免常规螺杆式塑化系统中对纤维等填充式材料产生的剪切破坏,且缩短了物料在料筒的停留时间,避免物料热降解。

图 6.3　Babyplast 6/10P 型微注塑机

(4)螺杆-柱塞式

德国的 Maenner 公司研制的一款合模力为 50kN 的 micro-man 50 型微注塑机采用全电动注射方式,如图 6.4 所示,具体是由伺服电机驱动直径为 14、16、18mm 等的螺杆进行预塑,然后遵循先入先出原则将熔融物料输送到注射腔内,并通过精密的控制系统利用柱塞进行注射,其柱塞直径最小可达 4mm。

图 6.4　micro-man 50 型微注塑机

(5)三阶型

德国的 Wittenmann Battebfeld 公司研发的 Micro Power 5-15t 微注塑机采用模块化设计,单独分离塑化单元、计量单元和注射单元,然后通过模块化的组装技术进行注塑系统的装配,利用直径为 14mm 的挤出机螺杆将原材料塑化均匀,使原材料的降解程度降到最低,然后经计量单元精确计量后,依靠直径为 5mm 的活塞实现熔融物料的精密注射。同时,该注塑机中短流道的设计能够使压力损失降到最低,其高精度的动态压力控制能使注射量精度达到 0.001cm³,实现精密的注塑过程。该注塑机的注射塑化结构如图 6.5 所示。

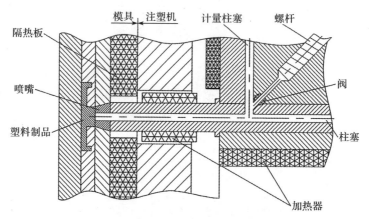

图 6.5　三阶型微注塑机注射塑化结构

目前市面上部分微注塑机及其规格对比如表 6.4 所示。由表 6.4 可知,在已商业化的微注塑机中,螺杆直径最小为 8mm,柱塞直径最小为 3mm;允许注射量在 0.082~15cm³。此外,Michaeli 等[10]发现,超声波能应用于微量塑料塑化,且是一种有效的方式,而且已经逐步得到发展和推广。

表 6.4　市面上部分微注塑机及其规格对比

制造商	型号	合模力 /kN	注射量 /cm³	注射压力 /MPa	螺杆或柱塞	注射速度 /(mm/s)
Lawton	Sesame nanomolder	13.6	0.082	350	P10	1200
Desma	FormicaPlast	10	0.15	300	P6/P3	500
APM	SM-5EJ	50	1	245	S14	800
Wittmann Battenfeld	Micro Power 5	50	1.2	300	S14/P5	750
Nissei	AU3E	30	1.4	250	S14/P8	300

制造商	型号	合模力/kN	注射量/cm³	注射压力/MPa	螺杆或柱塞	注射速度/(mm/s)
Sodick	LP10EH2	100	2	197	S14/P8	1500
Cronosplast	Babyplast 6/10P	62.5	4	265	P10	—
Rondol	High Force 5	50	4.5	160	S20	—
Boy	XS	100	4.5	313	S12	
Toshiba	ES5-A	48	5.6	200	S14	150
Fanuc	Roboshot S2000-15A	50	6.0	200	S14	300
Sumitomo(SHI)Demag	SE18DUZ	170	6.2	223	S14	500
Arburg	220s	150	15	250	S15/S8	112

注:S 指螺杆,P 指柱塞,后方数字为直径,单位 mm。

　　香港理工大学成功研制了一款真空立式微注塑机。该注塑机结构简单,解决了微注塑中空气滞留的问题,同时不需要单向阀和截止阀,操作人员可通过测量压力曲线信号控制被注射熔料的准确值。这款注塑机为高速注入和精确计量注射到型腔的熔融物料提供了一种新的机电一体化方法。其注射柱塞直径为 5mm,合模力为 20kN,注射速度最高 1000mm/s。

　　香港力劲集团研发的 SP 系列微注塑机为螺杆-柱塞式注塑机,具有很高的注射定位精度($\pm 5\mu m$),最小注射重量为 0.01g,合模力为 20～50kN。它能够大批量和低成本生产高精度、高精密度的零件。同时,其中无阀门的设计使得物料不会停留在阀门上,可以减少物料浪费;无锁模柱的设计可以使操作人员更容易接近模具,方便进行更换。

　　台湾震雄集团最新研发了敏而捷第二代伺服驱动微注塑机。其中 MJ20H-SVP/2 型注塑机的螺杆直径为 18mm,注射重量 18g,塑化速率 2.7g/s,最大合模力 200 kN。该系列微注塑机配有高效伺服电机油泵系统,具有高效节能、高动态回应、高重复精度、低惯量和低噪声等优点,特别适用于微结构及高精度制品的生产。

　　新普塑(上海)机械有限公司生产的 XM-E 系列全电动注塑机,采用了全电机驱动以及伺服、变频和 PLC(programmable logic controller,可编程逻辑控制器)控制技术。其注射系统采用了螺杆-柱塞式结构和 PID(proportional,integral and differential,比例、积分、微分)温度控制方式。其中 XM-E05 型注塑机的合模力为 50kN,螺杆直径为 16mm,注射柱塞直径为 10mm,理论注射量 8cm³,最大注射压力 245MPa,最大注射速度 150mm/s。

拓凌机械(浙江)有限公司生产的采用全电动驱动;该公司生产的 Turn 系列注塑设备如图 6.6 所示,其合模力低至 70kN,最大注射速度 300mm/s,其合模机构具有大行程比,节能稳定。

图 6.6　Turn 系列微注塑设备

6.2　微注塑机的注塑系统

在微注塑机设计中,注塑系统的主要功能是完成塑料物料的加料输送、熔融塑化、计量注射等,而微型塑料制品的生产需要更高的注射压力、更短的成型周期以及更高的塑化质量,这无疑对注塑系统的设计是一个比较大的挑战。注塑系统的可靠性直接影响微型塑料制品成型质量的高低。

6.2.1　微注塑系统设计方案

(1)项目设计任务

设计要求:多个驱动源的节能型全电动驱动系统,多路温度自适应控制技术,高注射速度与压力的闭环控制,精密计量注射装置。

(2)微注塑系统主要结构及工作原理

完整的成型周期如图 6.7 所示。

图 6.7　成型周期

注塑装置能够为微注射成型提供塑化均一的熔融物料,并能按设定的参数如温度、压力和速度等将物料注入型腔,是微注塑机的关键部件。物料的塑化均一指的是物料的熔融速率恒定以及稳定的混炼温度,这是微注塑成型的基本条件,如果塑化均一的性能不达标,即使采用反馈控制也很难实现精密的微注塑成型。塑料是聚合物、填料、添加剂组成的混合物,注塑过程受聚合物本身非牛顿特性、加工工艺和设备结构等多方面因素影响。基于微注塑机的微尺度特性,物料侧漏和黏着等现象造成的影响将比常规注塑机更为严重,注塑过程对塑化注射部件的保护变得尤其重要。

微注塑机的注塑系统设计需要从以下两方面来考虑,以减少塑料的降解和原料的浪费。①由于微型塑料制品成型只需要非常少量的物料,所以首先需要缩小注射机筒和螺杆的尺寸(螺杆直径小于 20mm)。②注塑装置应为相互独立的一个塑化单元和一个注射单元的组合:塑化单元包括螺杆和机筒,注射单元包括柱塞和气缸。其中,螺杆转动剪切生热和机筒加热使得颗粒状的塑料变为塑化均一的熔融状态,当物料达到计量值时,塑化螺杆停止转动,熔融状态的物料进入注射单元,由直径只有几毫米的柱塞注射进入模具型腔。相较于常规注塑机的大直径螺杆计量方式,微注塑机的注射柱塞计量方式比较准确,且工艺比较稳定,能有效提高生产效率。

此外,在注射压力与保压压力的切换上,不同于基于压力值切换的常规注塑机,微注塑机是根据注射柱塞在气缸中的位移变量来实现切换的。这种方式使微注塑机能在压力切换阶段更好地控制熔融物料的注射量。

对于螺杆式微注塑机,其螺杆集塑化、计量和注射功能于一体,构造简单,控制方便;但螺杆前端的止逆环结构会降低单次注射量的控制精度,不利于制品的稳定成型,同时增大了物料在机筒中降解的可能。对于柱塞式微注塑机,其对注射量的控制精度比螺杆式高,但是其塑化量较小,混料性能不佳,物料的塑化质量较螺杆式差,不适用于具有较高表面质量和光学性能要求零件的成型。

参考国内外现有的微注塑机,本项目设计采用螺杆-柱塞式微注塑机,螺杆与柱塞的轴线夹角为 $20°$,最大限度地发挥了螺杆式和柱塞式微注塑机的优点,同时设置密封机构避免物料与柱塞直接接触。为了使微注塑机的控制精度以及制品的成型质量,选择螺杆进行塑化、柱塞进行计量和注射的结构方式,以密封机构为物料和柱塞的中介,使得熔融物料无法与柱塞直接接触,避免物料黏着在柱塞表面等。同时,熔融物料也无法进入柱塞与机筒的缝隙,实现了注射过程高精密性和绿色环保。又考虑到本项目微注塑机采用的是新型多功能微型合模系统,所以在不降低制品质量的前提下,相应的单次注射量比常规的微注塑机要大,打破了常规螺杆-柱塞式微注塑机中柱塞直径不能过大的限制。本项目微注塑机中的复合式注射装置与新型多功能微型合模系统相配合能够极大地提高注塑化精度和环保性能,符合当代微注塑机的发展趋势。

将螺杆作为微注塑机的塑化单元,用于进行物料的混合与塑化;将小直径注射柱塞作为注射单元,配合伺服电机和伺服控制器完成精密计量与注射。其中,计量过程为:塑料颗粒首先经由螺杆塑化均一并进行粗计量,然后被输送至柱塞前端,由柱塞推动密封机构进行精密计量和注射。在螺杆和柱塞间设置有止逆阀,其作用是使熔融物料在预塑时经螺杆的粗计量后能够进入注射腔内,并阻止预塑熔融物料在柱塞注射过程中继续混入注射腔内,实现注射柱塞的精确计量和注射。微注塑机注塑系统中,在塑化螺杆和注射柱塞间加入了压力/温度传感器,用于调控注射参数;同时,通过控制系统对塑化螺杆的压力值和螺杆转速进行反馈调节和精密控制,保证微型塑料制品的成型质量。

由于微型塑料制品的质量很小(几克甚至零点几克),因此微注射机的单次注射量也相应地较少。应设计较短的流道系统,否则熔融物料在长流道的停留时间也会较长,停留时间较长除了增加温度控制难度之外,对制品成型质量也会产生一定的影响,精确计量的难度也相应增大。此外,在注射系统的注射座上安装了一个步进电机,它将带动丝杠螺母装置实现注射座的移动。

①塑化螺杆设计

塑化螺杆的设计需要考虑注射量、注射压力、合模力等参数,螺杆在注塑系统中占有重要的地位。

为了提高预塑效率和节省预塑时间,需要螺杆边塑化边后退,持续提供充足的注射量。螺杆由电机控制,其套筒上安装了四根导杆来支撑支架的运动,电机固定在支架上并通过皮带轮与螺杆连接,可通过控制螺杆的转动来控制塑料的塑化。

螺杆的螺槽沿深度方向采用三段式设计,与普通螺杆相类似,其主要功能为加料、输送和压缩等,具体结构如图 6.8 所示。

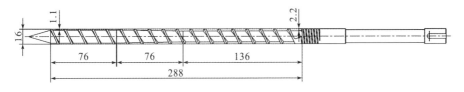

图 6.8　螺杆结构(单位:mm)

②动力驱动系统设计

注塑系统以两个伺服电机和为动力源:塑化和注射伺服电机。塑化伺服电机的主要功能是提供螺杆剪切和混炼塑料所需的动力,以及控制塑化螺杆转速;注射伺服电机的主要功能是提供柱塞注射时所需的注射速度、注射压力、保压压力以及精密控制注射量等。伺服电机具有准确快速定位功能和标准化的全闭回路控制,其转速高、响应快、体积小且所需维护少。

6.2.2　微注塑机的主要结构及工作原理

差动螺纹传动的工作原理如图 6.9 所示,图中,螺杆 23 由左右两段不同螺距的螺纹组成,其中右段螺纹在固定螺母 21 中转动,而左段螺纹在只能移动不能转动的移动螺母 22 中转动,右段和左段螺纹的螺距分别为 S_1 和 S_2,两段的螺纹方向相同,均为右螺纹。当螺杆 23 转动 φ(rad)时,螺杆要对机架(即固定螺母 21)向左移动距离 $S_1(\varphi/2\pi)$,同时可动螺母 22 相对螺杆向右移动距离 $S_2(\varphi/2\pi)$,则可动螺母 22 相对机架的移动距离 L 应为两个移动量的代数和,即 $L=(S_1-S_2)(\varphi/2\pi)$。因为 S_1 和 S_2 相差很小,即使 φ 很大,移动距离 L 也会很小,故差动螺纹实现了微动装置的精密传动。

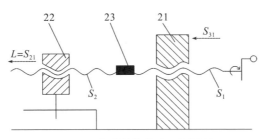

图 6.9　差动螺纹传动工作原理

　　差动螺纹传动的微注塑机的注射装置如图 6.10 所示。注射伺服电机 2 由支撑座 1 垂直支撑且与螺纹套 3 连接,并直接驱动螺纹套 3 转动。螺纹套 3 的外螺纹与固定在支架上的主动螺母 4 相配合,形成主螺纹副;螺纹套 3 的内螺纹与从动螺杆 5 相配合,形成从螺纹副;主、从两螺纹副串联叠加形成差动螺旋机构,两螺纹副的螺距差即为差动距离。从动螺杆 5 由从动螺杆支撑块 19 垂直支撑并可在支撑连杆 20 上轴向滑动,从动螺杆 5 末端安装注射柱塞 17,用以进行熔融物料的注射;从动螺杆 5 与注射柱塞 17 连接处安装计量调节装置 18,通过控制调节注射柱塞 17 的轴向移动距离可实现熔融物料的精密计量与快速注射。计量调节装置 18 包括模拟开关、放大滤波电路、A/D 转换器、加法器和处理器等。主动螺母 4 和从动螺杆 5 的螺纹方向一致,螺距不等,且主动螺母 4 的螺距大于从动螺杆 5 的螺距。

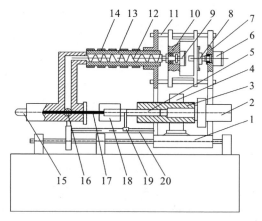

1—支撑座,2—注射伺服电机,3—螺纹套,4—主动螺母,5—从动螺杆,6—预塑丝杠伺服电机,7—固定支架,8—预塑丝杠,9—预塑螺杆伺服电机,10—移动支架,11—支架导杆,12—预塑螺杆,13—预塑机筒,14—加热线圈,15—喷嘴,16—止逆阀,17—注射柱塞,18—计量调节装置,19—从动螺杆支撑块,20—支撑连杆。

图 6.10　差动螺纹传动的微注塑机的注射装置

　　区别于一般微注塑机通过温度/压力传感器控制注射量达到注射精度的方法,差动螺纹传动的微注塑机是利用螺纹结构的差动传动来实现对注射精度的控制,具体依据上述原理,根据注塑成型工艺,输入设定的熔融物料注射量,通过位移传感器将从动螺杆 5 的位移测量转换为熔料的注射量,反馈到注射伺服电机 2,进行计量和注射的协调动作。注射量可以按照不同制品和注塑工艺的需求灵活设定和调节,并通过位移传感器快捷地做出反应。因此,差动螺纹传动的微注塑机的注射装置可以提高注射精度,实现微型塑料制品的精密高效成型,而且它的结构简单、操作方便。

6.2.3　主要零部件选型设计和校核

(1) 螺杆

塑化螺杆除了需要承受注射的高压之外,还要受到熔融物料的腐蚀作用以及经受预塑时的频繁负载启动。所以在微注塑机零部件中,塑化螺杆的工况条件和工作环境相对而言是比较恶劣的。因此,采用耐磨、耐腐蚀、高强度和高硬度(65~70HRC)的螺杆材料是很有必要的。目前来说,大部分螺杆的制造材料为氮化钢(38CrMoAl),氮化层厚度应有 0.8mm;且为了减小摩擦,提高输送效率,表面粗糙度应在 Ra0.8 以下。近年来,也有厂家在塑化螺杆表面喷涂碳化钛或通过离子氮化处理等技术来提高螺杆的耐磨和耐腐蚀能力。

根据相关实验和研究,塑化螺杆在预塑时,受压应力和剪应力的复合作用,常见的螺杆失效形式是其加料段根部发生断裂,此处即为危险截面。应按压-扭复合应力对螺杆强度 σ_s 进行校核:

$$\sigma_s = \sqrt{\sigma_c^2 + 4\tau} \leqslant [\sigma] \tag{6.1}$$

$$\sigma_c = \frac{P_0}{A_1} = \frac{D_s^2 P_b}{D_1^2} \tag{6.2}$$

$$P_o = 0.785 D_s^2 P_b \tag{6.3}$$

$$A_1 = 0.785 D_1^2 \tag{6.4}$$

$$\tau = \frac{M_s}{W_s} \tag{6.5}$$

式中,σ_c 和 τ 分别为螺杆的轴向压应力和剪应力;P_o 和 P_b 分别为预塑时轴向推力和背压;D_s 和 D_1 分别为螺杆外径和加料段根径;A_1 为螺杆加料段的根截面积;M_s 和 W_s 分别为螺杆预塑扭矩和加料段截面抗扭系数;$[\sigma]$ 为材料的屈服极限。

代入数据,可得

$$\sigma_c = \frac{P_S}{A_1} = \frac{D_s^2 P_b}{D_1^2} = 0.618 P_b \frac{D_s^2}{D_1^2}$$

由扭矩 M_s 产生的剪应力 τ

$$\tau = \frac{M_s}{W_s} = \frac{16 M_s}{\pi D_1^2}$$

根据材料力学可知,对塑性材料合成应力用第三强度理论计算,其强度条件为式(6.1),螺杆材料 38CrMoAl 的屈服极限$[\sigma] = 833.6$MPa。

目前塑化螺杆常用的材料及其主要性能如表 6.5 所示。参考表中数据,综合考虑,本项目设计选择的螺杆材料为 38CrMoAl,该材料综合性能优良,适合本设计中螺杆的工作要求。并在螺杆加工时采取氮化措施,提高螺杆强度,氮化层深度为 0.8mm。

表 6.5　塑化螺杆常用的材料及其主要性能

性能	材料		
	45	40Cr(镀铬)	38CrMoAl(氮化)
屈服极限/MPa	353	784.5	>833.6
硬度不变时的最高使用温度/℃	600	500	500
热处理硬度/HRC	>45	基体≥45 镀铬层>55	>65
耐 HCl 腐蚀性	较差	较好	中等
热处理工艺	简单	较复杂	复杂
线膨胀系数/(1/℃)	12.1	基体 13.8 铬层 8.2~9.2	14.8
相对成本	1	1.5	2.5

(2)平键

本项目设计中塑化螺杆与顶轴采用平键连接。根据螺杆平键处轴的直径,选用 GB 1095—79 中 $b \times h$ 为 $5 \times 5 (\text{mm} \times \text{mm})$ 的普通 C 型平键,长度为 22mm。下面进行普通 C 型平键强度校核。

本项目设计中为静连接,平键强度的校核公式为

$$\sigma_p = \frac{\dfrac{2T}{d}}{\dfrac{L_c h}{2}} = \frac{4T}{dhL_c} \leqslant [\sigma_p] \tag{6.6}$$

式中,T 为传递的扭矩,单位为 N·mm;L_c 为键的计算长度,单位为 mm;h 为键与轮毂的接触高度,单位为 mm;d 为轴的直径,单位为 mm;$[\sigma_p]$ 为键、轴、轮毂三者中最弱材料的许用挤压应力,单位为 MPa,不同情况下其取值如表 6.6 所示。

表 6.6　键连接的许用挤压应力

单位:MPa

许用挤压应力	连接工作方式	制造材料	静载荷条件	轻微冲击条件
$[\sigma_p]$	静连接	钢	120~150	100~120
		铸铁	70~80	50~60

本项目中平键制造情况良好,承受静载荷,由表取$[\sigma_p]$为 70MPa。键工作长度为 19.5mm。代入式(6.6),计算得应力值为 6.15MPa,故平键满足强度要求。

(3)滚珠丝杠

差动螺纹传动的微注塑机采用全电动驱动,因此需要驱动机构提供较大的推力和较低运转速度。使用直线电机可以简化整个机械装置,但是直线电机相对微注塑机来说尺寸大,成本高,而伺服电机则成本较低,控制技术成熟,所以本项目选择伺服电机作为微注塑机的动力驱动元件。同时,选用合适的滚珠丝杠,以及丝杠螺母周向固定、轴向直线运动,丝杠周向旋转、轴向固定的形式。

滚珠丝杠具有高刚度、高精度、可逆性和零间隙等优点,可以将旋转运动转换为线性运动,并且效率超过 90%。为节省成本,根据设计要求和使用条件选用不同精度等级的滚珠丝杠,如精密级滚珠丝杠应用在要求高定位精度、高重复性、运动平稳以及使用寿命长的部位,转造级滚珠丝杠应用在需要高效率和使用寿命长的部位。

台湾上银(HIWIN)公司生产的滚珠丝杠的牙形表面采用超精密加工,降低了滚道和滚珠间的接触摩擦。同时钢珠作与珠槽点接触的滚动运动,滚珠丝杠的摩擦力低且运转效率高,对电机驱动力的要求低,从而降低了成本。选用该公司生产的精密转造级滚珠丝杠(FSW 型),该滚珠丝杠副如图 6.11 所示。

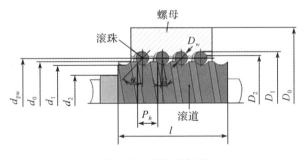

图 6.11 滚珠丝杠副

图中,d_{pw} 为节距圆直径;d_0 为滚珠丝杠副额定直径;d_1 为滚珠丝杠副轴底径直径;d_2 为滚珠丝杠副轴径直径;D_0 为螺母体外直径;D_1 为螺母体底径;D_2 为螺母体内径;P_h 为导程;l 为丝杠导程总长;D_w 为滚珠直径;φ 为导程角;α 为接触角,一般为 $45°$。

滚珠丝杠的选型如表 6.7 所示。

表 6.7　滚珠丝杠选型

位置	外径 /mm	导程 /mm	珠径 /mm	动负载 /kgf	静负载 /kgf
注射丝杠	20	5	3.175	1001	2149
射座丝杠	32	5	3.175	1702	5098

代入计算可得节距圆直径

$$d_{pw} = D_w + d_1 = 21.16$$

导程角

$$\varphi = \arctan \frac{P_h}{\pi d_{pw}} = 4.3°$$

滚珠丝杠副增力比

$$M_G = \frac{1}{\sin\varphi} = 13.33$$

滚珠丝杠副传动效率

$$\eta_G = \frac{1 - \mu \times \tan\varphi}{1 + \dfrac{\mu}{\tan\varphi}} = 0.948$$

式中，μ 为滚动摩擦系数，$\mu = 0.04$。

伺服电机提供的扭矩经由滚珠丝杠转化为推力，再经过差动螺纹传动装置，转化为柱塞注射的动力。

丝杠螺母的扭矩为

$$T_G = F_G \times \frac{P_h}{2\pi\eta_G} \tag{6.7}$$

式中，T_G 为负载扭矩，单位为 N·m；F_G 为轴向外负载，单位为 N；P_h 为滚珠丝杠导程，单位为 m；η_G 为滚珠丝杠机械效率，取 0.95。

注射速度和注射压力决定着注射功率[11]。注射功率为注射推力与注射速度的乘积，且注射推力 $F = \dfrac{\pi}{4}D_s^2 P_i$ 计算，故有

$$N_i = \frac{\pi D_s^2}{4} P_i v_i \tag{6.8}$$

式中，N_i 为注射功率，单位为 kW；D_s 为柱塞直径，单位为 m；P_i 为注射压力，单位为 MPa；v_i 为注射速度，单位为 mm/s。其中，N_i 为注射的瞬时功率，在设计时需要考虑整个成型周期的功率，故其转换成成型周期的等值功率为

$$N_{\mathrm{m}} = \sqrt{\frac{\sum\limits_{1}^{i} N_{\mathrm{i}}^{2} t_{\mathrm{i}}}{\sum\limits_{1}^{i} t_{\mathrm{i}}}} \tag{6.9}$$

式中,N_{m} 为等值功率,单位为 kW;N_{i} 为成型周期中每个阶段(或动作)所需的功率,单位为 kW;t_{i} 为成型周期中每个阶段所需的时间,单位为 s。

相对于占注射伺服电机绝大部分功率的注射动作,塑化和保压过程所需的功率较小,近似计算时可以忽略。选取伺服电机时应把等值功率 N_{m} 与各阶段的最大功率 N_{i} 相比较,当最大功率在电机允许超载范围内时,可按等值功率选取电机,即 $N_{\mathrm{m}} \leqslant K N_{\mathrm{e}}$。其中,$N_{\mathrm{e}}$ 为电机额定功率,K 为超载系数,一般为 $1.5 \sim 2$。

经计算选型后选择满足工作要求的电机,选用宁波菲仕电机,电机具体选型如表 6.8 所示。该电机结构紧凑,可以提高控制精度,有利于微型塑料制品的成型。

表 6.8　注塑电机选型

位置	型号	额定功率 /kW	额定转速 /(r/min)	额定扭矩 /(N·m)	额定电流 /A	最大扭矩 /(N·m)	最高转速 /(r/min)
塑化电机	U506.20.3	1.35	2000	6.44	2.9	18	2568
注射电机	U503.20.3	0.8	2000	3.8	1.65	9.0	2628

注:塑化电机与注射电机选用同型号电机。

6.3　微注塑机合模系统

6.3.1　合模系统的主要结构及工作原理

(1)项目设计任务

设计要求:设计高精度多功能微型合模系统,针对复杂微型塑料制品的特殊要求,实现合模系统的高精度及高重复精度,提高生产效率,降低能耗。

目标参数:开模行程 90mm,合模力 50kN,顶出行程 30mm,顶出力 2kN,重量重复精度 $\leqslant 0.5\%$,模具温度控制精度 ± 0.5℃。

(2)合模系统的主要结构

受微型塑料制品微尺度特征的客观影响,对微型合模系统特性的要求较常规合模系统更为严格。基于此,综合考虑模具浇注系统、模具变温系统、模具排气系统及微型塑料制品脱模等多方面因素，设计了一种微注塑机的全电动直压三板式合模系统，其装置结构如图 6.12 所示。

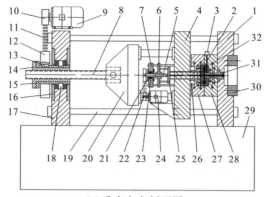

(a)垂直方向剖面图

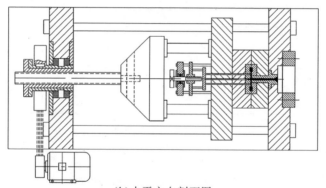

(b)水平方向剖面图

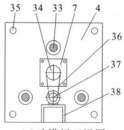

(c)动模板正视图

1—前模板，2—通气孔，3—真空接头，4—动模板，5—顶出滚珠丝杠，6—顶出滚珠丝杠螺母，7—顶出座，8—移模滚珠丝杠，9—伺服电机1号，10—合模小齿带轮，11—合模齿带，12—合模大齿带轮，13—平键，14—移模滚珠丝杠螺母，15—轴承套，16—止推滚子轴承端盖，17—后模板，18—止推滚子轴承，19—拉杆，20—推动机座，21—止推球轴承端盖，22—同步带，23—止推球轴承，24—伺服电机2号，25—顶出固定板，26—传感器通道，27—动模具，28—定模具，29—机座，30—定位环，31—浇口套，32—快速变温系统，33—推动机座连接杆，34—顶出大齿带轮，35—拉杆孔，36—顶出齿带，37—顶出小齿带轮，38—伺服电机固定座。

图 6.12　微注塑机的全电动直压三板式合模系统

合模系统能有效避免肘杆式合模系统中的肘杆加工精度要求高、易损坏和调模难度大等问题,且结构简单紧凑。利用伺服电机驱动同步带和滚珠丝杠来使动模板做往复直线运动,实现开模、合模及锁模动作。开模、合模和锁模动作由伺服电机 1 号来控制,微型塑料制品的脱模由伺服电机 2 号来控制。连接前模板和后模板的四根平行安装的拉杆,以及安装在动模板上的线性导轨保证了合模精度。

同时,该合模系统装置的受力均衡性好,将合模力集中在模板中央,减小了模板的形变量,保持模具表面受力均匀;且减少了成型制品壁厚偏差,缩短了成型周期,提高了锁模系统精度,延长了模具寿命。该合模系统设计在结构上较大的创新在于省去了顶出机构,通过丝杠螺母和动模板固连,利用丝杠和顶板的相对运动实现开模工序和顶出工序的重合,有效缩短成型周期,提高生产效率,并简化了合模机构,降低了成本。

(3)合模系统的工作原理

整个系统主要由前模板、动模板、后模板、动模具、定模具、拉杆、合模驱动系统、顶出驱动系统以及机座组成。前模板和后模板安装在机座上,动模板、前模板和后模板之间由拉杆和螺母连接,通过移模滚珠丝杠驱动动模板在拉杆上做往复直线运动从而实现开、合模。合模驱动系统由伺服电机 1 号、同步带、移模滚珠丝杠组成。开、合模以及锁模都是由伺服电机 1 号提供正反转动力,再通过齿带及其带轮传递给滚珠丝杠来实现的,而移模滚珠丝杠螺母固定在轴承套上,受止推滚子轴承的止推作用,移模滚珠丝杠只能原位旋转,迫使移模滚珠丝杠轴向运动并带动动模板。可通过调节伺服电机 1 号的正反转和转速实现动模板的开、合模运动及其速度的变换。

为了给顶出系统预留出空间,同时保证合模精度和动模板受力均衡,设计了三点构成一面的合模方式。具体结构为移模滚珠丝杠和推动机座相连,推动机座通过三根连接杆和动模板连接,这样移模滚珠丝杠的轴向运动将带动推动机座运动,从而实现动模板的开-合模运动。合模以后,移模滚珠丝杠产生推力直至达到设定的合模力。合模力是由伺服电机输出扭矩决定的,开、合模速率是由伺服电机 1 号的输出转速决定的,同时扭矩和转速由伺服控制器对伺服电机进行闭环控制。注塑过程注射速率和保压扭矩切换的时刻,是通过位移传感器进行位置检测,对伺服电机实现多级控制与调节。

顶出驱动系统由伺服电机 2 号、同步带、顶出滚珠丝杠组成。开模以后,伺服电机 2 号带动同步带转动,带轮和顶出滚珠丝杠之间用平键连接,将伺服电机的转动力传递给顶出滚珠丝杠,由于止推球轴承的止推作用,顶出滚珠丝杠只能原位旋转,顶出滚珠丝杠螺母由四根拉杆固定,不能转动,因此顶出滚珠丝杠迫使顶出滚珠丝杠螺母做直线运动,带动顶出系统进行顶出动作。顶出完成以后,伺服电机 2 号反转,通过带传动,滚珠丝杠传动实现顶系统的复位。脱模采用间接顶出的方法,即顶料杆不直接作用在制品上,而是作用在流道上,通过流道和浇口带动制品脱模。

模具为镶块式结构,优点为:①只需对镶块进行较高精度的加工,而模具支撑板可以采用普通的方法加工,节约成本;②根据所需制品的不同,可以采用不同的镶块结构,互换性好。该合模系统中模具的设计为一模四腔,一次成型四个制品,一定程度上解决了大注射量和制品微注塑量的矛盾,同时提高了生产效率。模具中设有抽真空辅助排气系统、快速变模温系统。在定模具上开通气孔和引气槽,通过真空接头以及软管和真空泵连接,在模具闭合以后,开启真空泵对型腔辅助抽气,促进物料填充;在动模具和定模具中开通电加热棒通道、热油通道以及冷却水通道,通过电加热棒加热、热油辅助保温和冷却水循环冷却的方式实现模具快速变温,缩短成型周期,提高生产效率,同时保证制品质量。动模具中装有温度和压力传感器通道,用于检测制品的温度,并反馈给温控机对模具温度进行调节。

(4)合模机构优化设计

在微注塑机的合模机构中,除了上述直压式合模系统外,双曲肘五孔斜排合模系统具有增力效果好、运动特性优异、机构紧凑、油路简单、工作可靠和成本较低等优点。目前在合模力 50kN~3600kN 的各类型微注塑机和大型注塑机上,双曲肘五孔斜排合模系统应用广泛,其外观如图 6.13 所示。

双曲肘五孔斜排合模系统的机构参数较多,不易直观分析,计算过程也非常复杂。一套方便计算合模机构的结构尺寸、提高设计人员效率和注塑机设计水平的多功能集成设计系统一直是国内外注塑行业发展所需要的。华南理工大学在大量工程经验和理论分析的基础上建立了一套体系完整、简洁可靠的肘杆式合模机构工程设计的数学模型;但随着注塑机品种的多样化和不同工程应用的发展,该模型需要根据工程实际进行改进。北京化工大学经过多年的研究建立了新的肘杆式合模机构设计体系并开发了配套的设计软件;然而,该设计方法在推导过程中表达复杂程度高。台湾科技大学射出成形实验室推出的合模机构设计过程优化系统在富强鑫注塑机上得到了验证,但该系统部分设定参数的表达和检验上与大陆有区别,无法在大陆进行推广。

　　笔者所在研究团队在上述研究的基础上,降低了模型复杂度,采用 Matlab 新一代 UI 开发平台 APP Designer 开发了一套集结构分析计算和多目标优化于一体的集成设计系统;该设计系统可针对行程比 K_s、增力倍数 M,以及行程比/增力倍数等不同的需求开展优化设计,分析肘杆尺寸和夹角对与增力倍数、动模板与十字头速度比,以及动模板加速度的关系,大幅提高设计效率[12-13]。

图 6.13　典型的双曲肘五孔斜排合模系统

①合模系统运动与受力特性

　　为了对双曲肘五孔斜排合模系统的参数进行计算,定义合模系统各杆长、夹角等参数如图 6.14 所示,图中体现了合模系统的开合模运动,A、B、C、D、E 的脚标“1”表示开模位置的尺寸和角度,脚标“0”表示最终合模位置的尺寸和角度。考虑到双曲肘五孔斜排合模系统上下对称的结构,取模板中心线一侧进行分析研究。其中将后模板对称铰 A 的中心距离记为 L_{AA},十字头中心距记为 L_{EE},动模板中心距记为 L_{BB},油缸行程记为 S_G,动模板的合模行程记为 S_m,增力倍数记为 M,铰 A 和铰 B 之间的垂直距离记为 ΔH,后连杆 AC 长度记为 L_1,前连杆 CB 长度记为 L_2,中间杆 AD 和 CD 的长度记为 L_3 和 L_5,推力杆 DE 长度记为 L_4,AC 和 CB 的比值记为 λ,AC 和 AD 的夹角记为 θ,DE 与水平线的夹角记为 Φ,AC 和铰 A 和 B 的连线之间的夹角记为 α,AB 和 CB 之间的夹角记为 β,铰 A 和 B 的连线与水平线之间的夹角记为 γ,系统刚度记为 c。

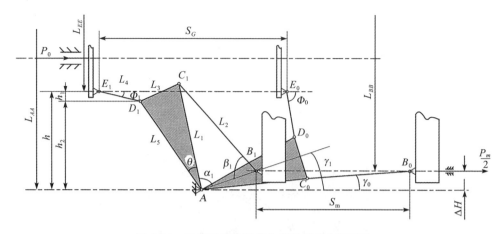

图 6.14　双曲肘五孔斜排合模系统开合模运动

②运动分析

铰 C 的移动量可用于表征动模板的合模行程 S_m，铰 E 的移动量可用于表征油缸行程 S_G。动模板的合模行程 S_m 和油缸行程 S_g 的数学表达式

$$S_m = L_{AB0}\cos\gamma_0 - L_{AB1}\cos\gamma_1 \tag{6.10}$$

$$S_g = L_5[\cos(\gamma_0 + \theta) - \cos(\gamma_1 + \alpha_1 + \theta))] + L_4(\cos(\Phi_1) - \cos(\Phi_0)) \tag{6.11}$$

式中，L_{AB0} 为合模时铰 A 和 B 间的距离，L_{AB1} 为开模时铰 A 和 B 间的距离。

$$L_{AB0} = L_1 + L_2 \tag{6.12}$$

$$L_{AB1} = \frac{\Delta H}{\sin\gamma_1} \tag{6.13}$$

合模系统行程比 K_s 为

$$K_s = \frac{S_m}{S_g} \tag{6.14}$$

根据速度瞬心法，可以确定计算合模速度 V_m 和速度变化系数 K_v

$$V_m = V_B = \frac{V_E L_1 \sin(\alpha + \beta)\cos\Phi}{L_5 \sin(\gamma + \alpha + \theta + \Phi)\cos(\beta - \gamma)} \tag{6.15}$$

$$K_v = \frac{V_B}{V_E} = \frac{L_1 \sin(\alpha + \beta)\cos\Phi}{L_5 \sin(\gamma + \alpha + \theta + \Phi)\cos(\beta - \gamma)} \tag{6.16}$$

式中，V_B 和 V_E 分别为铰 B 和铰 E 的速度。不计合模机构运动过程中各杆件的变形，动模板加速度 a_m 可表示为

$$a_m = \frac{L_1 \varepsilon_1 \sin(\alpha + \beta) - L_1 \omega_1^2 \cos(\alpha + \beta) - L_2 \omega_2^2}{\cos(\beta - \gamma)} \tag{6.17}$$

$$\omega_1 = \frac{\cos\beta}{L_5 \sin(\alpha + \theta + \gamma + \Phi)} V_g \tag{6.18}$$

$$\omega_2 = \frac{L_1 \omega_1 \cos(\alpha + \gamma)}{L_2 \cos(\beta - \gamma)} \tag{6.19}$$

$$\omega_4 = \frac{\cos(\alpha + \theta + \gamma)}{L_4 \sin(\alpha + \theta + \gamma + \Phi)} V_g \tag{6.20}$$

$$\varepsilon_1 = \frac{L_5 \omega_1^2 \cos(\alpha + \theta + \gamma + \Phi) - L_4 \omega_4^2}{L_5 \sin(\alpha + \theta + \gamma + \Phi)} \tag{6.21}$$

式中，ω_1 为 AC 杆的角速度，ω_2 为 CB 杆的角速度，ω_4 为 ED 杆的角速度，ε_1 为 AC 杆的角加速度，V_g 为十字头速度。

③受力分析

根据虚位移原理，可以获得合模系统的增力倍数 M

$$M = \frac{P_m}{P_0} = \frac{L_5 \sin(\gamma + \alpha + \theta + \Phi) \, \cos(\beta - \gamma)}{L_1 \sin(\alpha + \beta) \cos\Phi} \tag{6.22}$$

式中，P_0 为油缸推力，P_m 为合模力。可见增力倍数 M 随 α 变化，为了便于比较，根据经验，取 $\alpha = 2°$ 时的 M 作为增力倍数的参考值。

根据式(6.16)和式(6.22)可得增力倍数 M 和速度变化系数 K_v 为倒数关系，表明连杆机构的增力和增速是相互矛盾的，因此，需要合理确定增力倍数以确保合模系统的综合性能。

(5)合模系统的优化设计

①目标函数

在双曲肘五孔斜排合模系统的设计中，通常按以下要求对其进行优化。a. 追求最大行程比，即 $\max(K_s)$，其设计思想是在合模系统活塞行程相同的条件下，使动模板行程最大，即动模板平均速度最大；此目标函数有利于提高注塑机的开、合模效率，提高空循环次数，缩短成型周期。b. 追求最大增力倍数，即 $\max(M)$，提高增力倍数有利于提高合模力，降低能耗，并且有助于提高产品质量。c. 追求多目标优化，即 $\max(K_s, M)$，其设计思想是选择合适的技术指标参数，以确保系统性能整体最优；该目标函数的表达式为

$$\max(K_s, M) = -(x_1 n_1 K_s + x_2 n_2 M) \tag{6.23}$$

式中，x_1 和 x_2 分别为合模机构的行程比 K_s 和增力倍数 M 的权重系数，需根据实际情况调整，本节实例 $x_1 = 1, x_2 = 1/18$；n_1 和 n_2 表示条件判断系数，取值为[0，1]。

②设计变量

设计变量是优化设计过程中重要的参数，需要综合考虑计算难度和计算量，以及系统的综合性能两个指标。双曲肘五孔斜排合模系统结构复杂，参数较多，需排除相互干涉的参数。经综合分析，最终确定 L_1、L_2、L_4、L_5、h、γ_0、θ 七个参数

为设计变量。定义

$$X=(L_1,L_2,L_4,L_5,h,\gamma_0,\theta)=(X_1,X_2,X_3,X_4,X_5,X_6,X_7) \quad (6.24)$$

③约束与边界条件

双曲肘五孔斜排合模系统的约束条件包括性能约束条件和几何约束条件。为了避免合模系统各部件的自锁和干涉现象，需要对合模系统后连杆 L_1 与前连杆 L_2 的长度比 λ、行程比 K_s、增力倍数 M、临界锁模角 α_L、初始角 α_1 和 Φ_1、后连杆长度 L_1、开模时铰 A 与 B 之间的距离 L_{AB1} 进行约束

$$0.7 \leqslant \lambda \leqslant 0.9$$
$$\gamma_1 + \alpha_1 + \theta + \Phi_1 \leqslant 180°$$
$$3° \leqslant \alpha_L \leqslant 6°$$
$$95° \leqslant \alpha_1 \leqslant 105°$$
$$10° \leqslant \Phi_1 \leqslant 22°$$
$$L_1 < \frac{L_{AA} - \Delta_1 - D_C}{2}$$
$$L_{AB1} > D_A + \Delta_2$$
$$K_s \geqslant 0.9$$
$$M \geqslant 18 \quad (6.25)$$

式中，Δ_1 为连杆 L_1 两肘相对间隙，Δ_2 为销孔 A 和 B 孔壁间实体最小间距，D_C 为铰 C 销轴衬套外径，D_A 为铰 A 销轴衬套外径。

在不同影响收敛的前提下，设计变量的边界条件需根据具体的结构设计参数进行确定，本节实例中边界条件为

$$300 \leqslant L_1 \leqslant 400$$
$$350 \leqslant L_2 \leqslant 500$$
$$50 \leqslant L_4 \leqslant 150$$
$$100 \leqslant L_5 \leqslant 250$$
$$130 \leqslant h \leqslant 190$$
$$3 \leqslant \gamma_0 \leqslant 5$$
$$10 \leqslant \theta \leqslant 25 \quad (6.26)$$

(6)实例分析

下面以合模力 1300kN 的大行程比双曲肘五孔斜排合模系统作为实例对该多功能集成设计系统展开验证。依次对拉杆设计、连杆设计、销轴及衬套设计、模板设计、杆件长度及相关角度设计，以及约束条件进行检查和验算。

实例的初始化参数如表 6.9 所示，合模系统的拉杆和模板等结构件的材料选择如表 6.10 所示。首先开展结构化设计，获得可行的杆件结构参数，随后开

展优化设计,利用该多功能集成设计系统得到的结构化设计结果与优化设计结果如表 6.11 所示,其中优化圆整主要对后连杆 AC、前连杆 AB 以及中间杆 AD 的水平与垂直距离进行近似。

表 6.9　初始化参数

参数	P_{mmax}/kN	S_m/mm	L_{AA}/mm	h/mm	ΔH/mm	λ	θ	Φ_0
数值	1300	625	850	165	60	0.85	15°	87°

注:P_{mmax} 为最大合模力。

表 6.10　结构件材料

结构件	材料
拉杆	40Cr
销轴	20CrMnTi
连杆	QT500-7
模板	45

本节实例中,保证合模行程 S_m 为 625mm 不变,对原有的结构参数开展优化。以行程比 K_s 为优化目标($n_1=1$,$n_2=0$),在保证增力倍数合理的同时,使行程比由 1.524 上升至 1.589,行程比得到提高;而 L_1 与 L_2 的总和由 784mm 降至 752mm,降低了 4%,在保证机构有效功能的同时缩短了机器的长度,减少了占地面积。以增力倍数 M 为优化目标($n_1=0$, $n_2=1$),L_1 和 L_2 的总和由 784mm 降至 752mm,降低了制造成本,提高了空间利用率;且增力倍数 M 由 23.54 增至 29.53,增长了 25.4%,降低了能耗,优化效果显著。

表 6.11　结构化设计和优化设计结果

参数	结构化设计	优化设计(K_s)	优化圆整(K_s)	优化设计(M)	优化圆整(M)
L_1/mm	360	355.5	356	348.5	349
L_2/mm	424	395.0	396	402.3	403
L_4/mm	102	74.8	74.8	143.4	143.6
L_5/mm	192	205.8	205.7	206.3	205.3
h/mm	165	167	167	190	190
γ_0/°	4.39	3.06	3.05	3.05	3.05
θ/°	15	23.93	23.93	10	10
S_m/mm	625	625	625	625	625
S_g/mm	410.1	393.8	393.4	478.6	476.3
K_s	1.524	1.587	1.589	1.306	1.312
$M(\alpha=2°)$	23.54	19.99	19.98	29.44	29.35

合模过程中,原设计方案与优化方案中动模板与十字头之间的速度比 K_v(速度变化系数)随着合模行程的变化曲线如图 6.15 所示。由图可知,动模板的运动经历了"慢—快—慢"的过程,以行程比 K_s 为优化目标的结果与原设计方案相比,当合模行程小于 100mm 时速度比差别较小,优化后整个过程的合模平均速度有所提高,最大速度比由 2.55 增至 2.56,模具的开、合模过程启动更加迅速,且模具速度波动与原设计相比变化较小,按行程比 K_s 优化后的合模系统有助于提高生产效率。以增力倍数 M 为优化目标的结果合模系统速度比 K_v 降低,合模行程小于 100mm 与合模行程大于 450mm 时,速度比显著低于原设计方案,最大速度比降低至 2.36,平均速度减低,速度波动程度基本不变,合模系统运动过程更加平稳,有效缓解了前后模板之间的冲击作用。

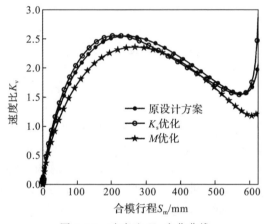

图 6.15　速度比 K_v 变化曲线

各优化方案与原设计方案的动模板加速度变化曲线如图 6.16 所示。按行程比 K_s 优化后的动模板加速度 a_m 曲线在合模启动时最为陡峭,加速效果最明显,在合模行程为 180mm 附近出现零点,随后开始减速。以增力倍数 M 为优化目标的动模板加速度曲线最为平滑,合模系统在合模启动和终了时加速度为 0,合模过程中加速度在合模行程为 250mm 时出现零点,出现零点的过程也最迟缓,合模运动过程中启停最平稳,冲击更小。

各优化方案与原设计方案的增力倍数 M 曲线如图 6.17 所示。以行程比 K_s 为优化目标的合模系统的增力倍数 $M(\alpha=2°)$ 有所降低,从 23.54 降至 19.98,降低了 15%,提高行程比的同时,保证了增力倍数有效取值。以增力倍数 M 为优化目标的合模系统增力倍数 $M(\alpha=2°)$ 上升至 29.44,提升 27%,降低了能源的消耗,优化效果显著。

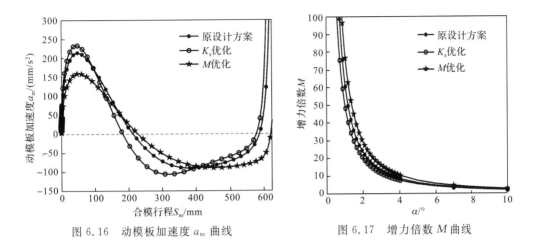

图 6.16　动模板加速度 a_m 曲线　　　图 6.17　增力倍数 M 曲线

　　利用 Matlab 配套的 Matlab Web App Server 对本节多功能集成设计系统进行 Web 端部署，设计人员可以在不安装 Matlab 的情况下在 Web 端进行设计计算，这极大地便利了设计人员，该多功能集成设计系统在 Web 端运行的界面如图 6.18 所示。

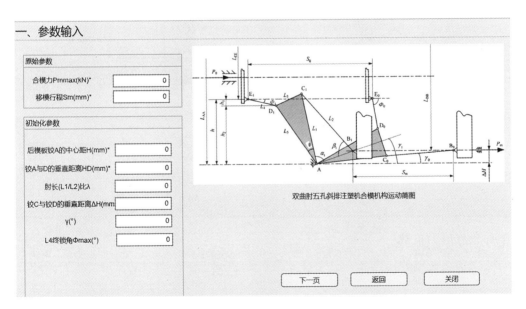

图 6.18　多功能集成设计系统 Web 端运行界面

6.3.2 主要零部件选型设计和校核

(1)滚珠丝杠

滚珠丝杠除了要实现开合模运动和顶出运动,还需提供足够的合模力,保证制品质量,因此滚珠丝杠设计是合模系统设计的重点之一。综合产品质量、成本以及定做周期等因素,本项目设计选用台湾上银集团生产的精密研磨级滚珠丝杠,丝杠类型为 FSI 型(法兰型/单螺帽/内循环),型号为 50-20T4。该滚珠丝杠的参数如表 6.12 所示。

表 6.12　滚珠丝杠选型参数

型号	直径 D/mm	导程 P_h/mm	珠径 D_w/mm	根径 d_1	动载荷/N	静载荷/N
50-20T4	50	20	9.525	42.466	9327	23955

该滚珠丝杠结构如图 6.19 所示。

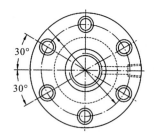 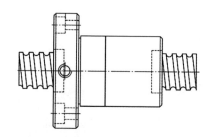

图 6.19　滚珠丝杠结构

具体参数计算如下。其中,节距圆直径

$$D_{pw} = D_w + d_1 = 51.991 \text{mm}$$

导程角

$$\varphi = \arctan \frac{P_h}{\pi D_{pw}} = 6.98°$$

滚珠丝杠增力倍数

$$M_G = \frac{1}{\sin\varphi} = 8.23$$

滚珠丝杠传动效率

$$\eta_G = \frac{1 - \mu\tan\varphi}{1 + \dfrac{\mu}{\tan\varphi}} = 0.9679$$

式中,μ 为滚动摩擦系数,$\mu=0.04$。锁模力设计为 50kN,取安全系数为 1.1,故轴向负荷为 55kN。滚珠丝杠驱动力

$$F_G = \frac{F_0}{M_G}$$

螺母驱动扭矩

$$T_G = F_G \times \frac{P_h}{2\pi\eta_G}$$

伺服电机驱动扭矩

$$T_D = \frac{T_G}{i\eta_C} = 8.31\mathrm{N} \cdot \mathrm{m}$$

式中,i 为电机数目,η_C 为电机额定转速。

伺服电机额定转速为 2000r/min,因此所需伺服电机额定功率

$$N_D = \frac{T_D \times n_D}{9550} = 1.74\mathrm{kW}$$

式中,n_D 为旋转扭矩。

根据以上计算,得到各参数如表 6.13 所示。

表 6.13 滚珠丝杠计算参数

型号	直径 /mm	导程 /mm	导程角	效率	增力倍数	动载荷 /N	静载荷 /N
50-20T4	50	20	6.98°	0.9679	8.23	9327	23955

(2)伺服电机

伺服电机要保证精确的开、合模动作,开、合模速度,以及提供足够的扭矩以保证锁模力,因此伺服电机的选择也是设计重点之一。伺服电机的选择要综合考虑位置控制、速度控制及扭矩控制,以保证合模系统稳定运行。在上述滚珠丝杠的设计选型计算中,所需伺服电机的扭矩为 8.31N·m,额定功率为 1.74kW,额定转速 2000r/min。考虑到以上因素,选择宁波菲仕伺服电机生产厂家的 UL305 系列交流永磁伺服电机,型号为 U715.20.3,具体参数如表 6.14 所示。

表 6.14 伺服电机选型

型号	额定功率 /kW	额定转速 /(r/min)	额定扭矩 /(N·m)	额定电流 /A	最大扭矩 /(N·m)	最高转速 /(N·m)
U715.20.3	2.23	2000	10.65	4.5	66.32	2500

(3) 同步带轮

为了能使伺服电机提供更大的扭矩,并控制好开、合模速度,需要采用同步带减速器。圆弧齿同步带的齿高、齿根厚和齿根圆角半径等均比梯形齿同步带大,具有较大的承载能力,且能防止啮合过程中齿的干涉。因此本项目设计选用圆弧齿同步带。以下对具体参数进行计算。

伺服电机额定功率 $P_m = 1.74 \text{kW}$,额定转速 2000r/min。可得设计功率

$$P_d = KP_m = 1.6 \times 2.23 = 2.78 \text{kW}$$

式中,K 为载荷修正系数。根据圆弧齿同步带选型图,选择 5M 型同步带。

取传动比 $i = 2.7$,5M 型同步带最小齿数 $Z_{min} = 28$,小带轮齿数 $Z_1 = 40$,可得大带轮齿数

$$Z_2 = iZ_1 = 2.7 \times 40 = 108$$

经查询,大、小带轮的节距圆直径分别为 $d_2 = 171.89 \text{mm}$,$d_1 = 63.66 \text{mm}$。考虑到模板尺寸和电机安装空间,取初心距 $a_0 = 250 \text{mm}$,节线长度

$$L_{OP} = 2a_0 + \frac{\pi}{2}(d_1 + d_2) + \frac{(d_2 - d_1)^2}{4a_0} = 881.5 \text{mm}$$

故选取节线长度 $L_P = 890 \text{mm}$,则实际中心距

$$a \approx a_0 + \frac{L_P - L_{OP}}{2} = 254.25 \text{mm}$$

验算带速

$$v = \frac{\pi d_1 n_1}{60 \times 1000} = 6.67 \text{m/s} \leqslant v_{max}$$

参考文献

[1] 王兴天. 注塑工艺与设备[M]. 北京:化学工业出版社,2010:388.

[2] Griffiths C, Dimov S, Brousseau E, et al. Investigation of surface treatment effects in micro-injection-moulding [J]. International Journal of Advanced Manufacturing Technology, 2010, 47(1-4): 99-110.

[3] Navabpour P, Teer D, Hitt D, et al. Evaluation of non-stick properties of magnetron-sputtered coatings for moulds used for the processing of polymers[J]. Surface and Coatings Technology, 2006, 201(6):3802-3809.

[4] Becker H, Gartner C. Polymer microfabrication methods for microfluidic analytical applications[J]. Electrophoresis, 2000, 21(1): 12-26.

[5] Michaeli W, Gärtner R. New demolding concepts for micro injection molding of

microstructures[J]. Journal of Polymer Engineering，2006,26(2-4)：161-177.

[6] Gornik C. Injection moulding of parts with microstructured surfaces for medical applications [J]. Macromolecular Symposia，2004，217：365-374.

[7] Hanemann T，Heckele M，Piotter V. Current status of micromolding technology[J]. Polymer News，2000，25(7)：224-229.

[8] Heckele H，Schomburg W K. Review on micro molding of thermoplastic polymers[J]. Journal of Micromechanics and Microengineering，2004，14(3)：1-14.

[9] 杨卫民. 微注射成型技术国际最新发展与应用[J]. 塑料制造,2009(8):59-56.

[10] Michaeli W，Spennemann A，G̈artner R. New plastification concepts for micro injection moulding[J]. Microsystem Technologies，2002,8(1):55-57.

[11] 许忠斌,李春会,王珏,等. 高效节能全电动注塑机的研究与开发[J]. 化工机械,2009(5):439-444.

[12] 赵南阳,许忠斌,林增荣,等. 注塑机合模机构的多功能集成设计系统开发[J]. 塑料工业,2022,50(10):75-80,95.

[13] Zhao NY，Xu ZB，Shan Y，et al. The constant/variable kinematics adjustment of the crosshead and the mold's stability management in injection molding[J]. International Journal of Advanced Manufacturing Technology，2023：1-10.

第7章　微挤出成型技术与装备

挤出成型是聚合物熔体在螺杆或柱塞挤压作用下通过一定形状口模并成型的连续生产方式,所得制品是具有恒定截面形状的连续型材。挤出成型是高分子材料加工成型领域极为重要的加工方法之一,具有生产效率高、适应性强和用途广泛等优点。微挤出是挤出成型朝着微型化方向发展而来的代表性技术,所得制器的截面平均直径在几微米到几百微米,精度高于传统挤出成型。

微挤出技术在生物医疗、通信、农业滴灌、微电子器件和精细化工等领域有着巨大的潜在应用价值,其制品具有高技术含量和高附加值。以塑料微管为例,它具有尺寸小、截面复杂、精度要求高等特点,需要从材料、设备、工艺等多方面着手才能通过精密微挤出制备。

由于微挤出的机头和口模等设备设计、微挤出的加工工艺以及微挤出制品的应用场景等均受微挤出制品的结构和材料影响,因此本章以具有代表性的微通道塑料薄膜、微通道塑料管以及矩形微通道管等微挤出制品为例,在各节中分别介绍微挤出的设备设计、加工工艺和实际应用。

7.1　微挤出成型装备

与传统挤出成型设备类似,微挤出成型设备由挤出机、机头和口模,以及附属设备等几部分组成。但微挤出成型设备对口模和附属设备的要求更高,具体表现在其口模尺寸更小,精度更高,需要对附属设备进行更精确的控制等。

7.1.1　挤出机的基本组成

挤出机可分为螺杆式挤出机和柱塞式挤出机两大类,前者为连续挤出,后者为间歇挤出。螺杆式挤出机又分为单螺杆挤出机和多螺杆挤出机,其中单螺杆挤出机的应用最广,双螺杆挤出机是多螺杆挤出机中最常见的形式[1]。

挤出机由挤出系统、传动系统、加热冷却系统和控制系统等几部分组成,其中挤出系统是最关键的部分,它包括加料装置、料筒、螺杆、机头和口模等。

加料装置是向挤出机料筒连续均匀供料的装置,通常称为料斗。料斗的底部与料筒连接处是加料孔,加料孔周围有冷却夹套,它可以防止料筒向料斗传热,避免料斗内物料升温发黏引起加料不均和料流受阻。

料筒,也称机筒,是受热受内压的金属圆筒。物料的熔融塑化和压缩都是在料筒内进行的。料筒一般采用耐磨、耐腐蚀且强度高的合金钢或碳钢内衬合金钢来制造。料筒长度一般为其直径的 15～24 倍。

螺杆是装在料筒内可以转动且带有螺槽的金属杆,是实现固体物料输送、熔融塑化和熔体输送的重要部件,被称为挤出机的"心脏"。螺杆一般由耐热、耐腐蚀且强度高的合金钢制成,其表面应具有良好的硬度和光洁度。部分螺杆的中心有孔道,可通冷却水,这一方面可以防止螺杆长期运转中因摩擦生热而损坏,同时还可以使螺杆表面温度略低于料筒温度,防止物料黏附在螺杆上。螺杆的几何参数主要有直径、长径比、螺槽深度、螺旋角、压缩比以及螺杆与机筒的间隙等。

机头是口模和料筒的过渡连接部分,口模是制品的成型部件,通常机头和口模是一个整体,习惯上统称机头。但有时为强调口模的特殊结构,不称机头而称口模。后文将对机头和口模进行详细介绍。

此外,还有一些附属设备,如定型和冷却装置,以及牵引、卷取和切割装置等,这里不做详细介绍。

7.1.2　机头和口模

机头和口模有三个方面的作用:①使黏流态物料从螺旋运动转变为平行直线运动,并将其稳定地导入口模成型;②产生回压,使物料进一步塑化均一,提高制品质量;③产生必要的成型压力,以获得结构密实和形状准确的制品[1]。

挤出机头可按挤出成型的塑料制品分类,通常挤出成型的塑料制品有管材、棒材、板材、片材、网材、单丝、粒料、各种异型材、吹塑薄膜和电线电缆等。可按制品出口方向分类,分为直向机头和横向机头,直向机头内料流方向与挤出机螺杆轴向一致,如硬管机头;而横向机头内料流方向与挤出机螺杆轴向成一定角度,如电缆机头。可按机头内压力大小分类,分为低压机头(压力小于 4MPa)、中压机头(压力为 4MPa～10MPa)和高压机头(压力大于 10MPa)。

挤出机头是微挤出过程的关键部件,对微结构产品尺寸影响较大。挤出机头的设计有以下四点基本原则:①内腔呈流线型,为了使熔融物料能沿着机头中的流道均匀平稳地流动并顺利挤出,机头的内腔应为光滑的流线型,表面粗糙度应小于 $3.2\mu m$;②足够的压缩比,为使制品密实和消除分流器支架造成的结合缝,应根据制品和塑料种类不同设计足够的压缩比;③合理的截面形状和尺寸,塑料的物理性能和压力、温度等因素引起的挤出胀大效应,以及牵引作用引起的收缩效应会使得机头的成型区截面形状和尺寸并非符合挤出件要求,因此在设计时,要对口模进行适当的形状和尺寸补偿,确定合理的流道尺寸,保证成型长度,获得符合要求的制品截面形状及尺寸;④合理的材料,机头内的流道与流动熔融物料接触,磨损较大,有的塑料在高温成型过程中还会产生化学气体,腐蚀流道,因此为提高机头的使用寿命,机头材料应选择耐磨、耐腐蚀且硬度高的钢材和合金钢等材料。

在微挤出过程中,口模是决定制品形状的关键部件,也是制品尺寸能够达到微尺度的重要前提之一。下面以微通道塑料薄膜、微通道塑料管和矩形微通道塑料管等制品为例,介绍微挤出机头和口模的设计。

(1)微通道塑料薄膜(MCF)的口模[2]

微通道塑料薄膜的横截面不同于常规棒材、管材和平膜,它可以看作一种特殊的异型材。因此,MCF 挤出机头设计主要参考一般异型材机头设计的经验,并在此基础上进行符合 MCF 挤出要求的改进。异型材挤出机头的典型流道可分为四个区域:a. 发散段,将螺杆挤出的熔体由旋转流动变为稳定的平行流动,并通过分流锥,使截面形状由挤出机出口处的圆形向制品形状逐渐转变;b. 分流段,此段中的分流支架将流动分为几个特征一致的简单单元流道,使熔体流动为更加稳定,从而保证制品的均匀性;c. 压缩段,使物料产生一定的压缩比,以保证有足够的挤压力,削弱由分流筋产生的熔接痕的影响,从而使制品塑化均一,密实度良好,内应力小,同时压缩角不宜过大,否则容易使内应力加大,造成挤出的不稳定,这将使制品表面粗糙,降低制品外观质量;d. 成型段,赋予制品规定的形状,并提供适当的机头压力,使制品具有足够的密实性,有利于熔体的熔接,消除熔体中由分流变截面等产生的内应力。

MCF 挤出机头主要设计参数要求如表 7.1 所示。

表 7.1 微通道塑料薄膜挤出机头参数要求

生产能力 /(kg/h)	最大工作压力 /MPa	工作温度 范围/℃	流道内径 /mm	注射针头 数/个	缝隙宽度 /mm
1～5	6	160～220	30～50	25～35	35～50

①机头流道的设计，

根据 MCF 的设计参数要求，MCF 挤出机头缝隙口模宽度取为 40mm，厚度 1～5mm。由于注射针头结构较小，加工困难，选购外径 0.66mm 的 304 不锈钢中空针头。流道设计受注射针头的直径和长度限制，各段流道设计具体如下。

a.成型段流道的设计。口模内部排布 28 根中空针头，针头外壁面和口模内壁构成机头出口截面。由于针头比较软，成型段流道长度不宜过长，为保证压缩段距离，设计成型段长度为 6mm。

b.压缩段流道设计。压缩比 ε、分流器扩张角 α 和压缩角 β。压缩比指支撑板和口模型腔横截面的面积比，一定的压缩比能够保证足够的挤压力，使塑化更均匀，内应力小。异型材机头流道压缩段压缩比 ε 一般取 3～13，分流器扩张角 $\alpha < 60°$，压缩角 β 取 25°～50°；这里受微型注射器结构尺寸的限制，选取 $\varepsilon = 8$，$\alpha = \beta = 40°$。

c.分流段流道设计。此段流道为平直区，型腔截面根据压缩比设计的最大截面决定。在 MCF 的生产过程中，需要通过注射针头向 MCF 膜内微孔提供气体，气源由与外界相通的型芯内腔提供。型芯部分外表面构成分流段内部界面，内部中空，与外界气源和针头相通。型芯的结构复杂，并且尺寸较小，加工困难。

d.发散段流道设计。发散段将螺杆挤出的熔融物料由旋转流动变为稳定的平行流动，熔融物料的截面形状由挤出机出口处的圆形向制品形状逐渐转变。

按照以上要求初步设计的机头流道如图 7.1 所示。

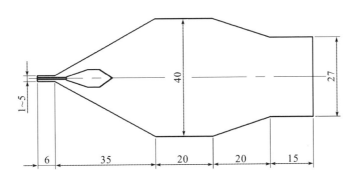

图 7.1　MCF 挤出机头流道(单位:mm)

②机头材料选用

机头内的流道与流动的熔融物料相接触，磨损较大；有的塑料在高温成型过程中还会发生降解，产生气体及低分子物质，腐蚀流道。为提高机头的使用寿命，机头材料应选择耐磨、耐腐蚀、高硬度的钢材或合金钢。但这里笔者所在的研究团队设计的机头主要用于实验研究,对机头寿命、加工制品质量的要求不高,并且考虑到加工性能和成本,选用的是 45 号碳素钢。

MCF 挤出机头装配如图 7.2 所示。根据由简单到复杂的基本原则,还设计加工了单注射针头组件和 28 注射针头组件如图 7.3 所示,并分别进行了单孔微通道和 28 孔微通道塑料薄膜的加工实验。挤出机头内的注射针头组件结构中空,能够将外界的注射流体夹带入聚合物熔体内形成微通道。

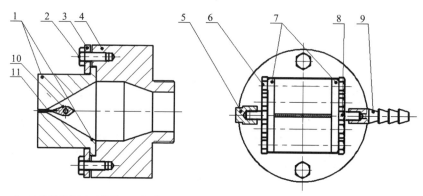

1—口模腔外板,2—螺栓,3—垫片,4—机头,5—密封器,6—压环,7—芯模夹板,8—芯模注气部位,9—注气接头,10—芯模,11—针管。

图 7.2　微通道塑料薄膜挤出机头装配图

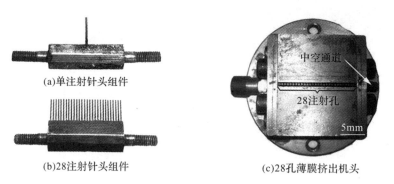

(a)单注射针头组件

(b)28注射针头组件

(c)28孔薄膜挤出机头

图 7.3　针头组件和 28 孔薄膜挤出机头

如图 7.3(a)所示,单注射针头组件的注射针头外径为 1.25mm,内径为 0.8mm;如图 7.3(b)所示 28 注射针头组件的注射针头外径为 0.66mm,内径为 0.4mm。装配好的 28 孔薄膜挤出机头如图 7.3(c)所示。外界注射气体可以通过右侧的中空通道,经注射针头注入熔融物料内。

③微通道塑料薄膜挤出机头的特点

该挤出机头缝隙口模厚度尺寸可调,便于实验;模块化设计,方便拆卸、更换和安装;尺寸小,轻便;加工简单。但同时也存在一些不足,如尺寸定位不准,内压承受力低等。

(2)微通道塑料管(MCT)[3]

在设计管材制品的口模时,口模的主要尺寸包括口模的内径和定型段的长度。MCT 的口模内径设为 12mm,定型段长度 L_1 设为 10mm,口模收缩角取 $50°$,压缩段长度 L_2 设为 54mm。

①熔体分流器设计

在加工 MCT 时,还需使用熔体分流器。外径 D_1 设置为 56mm,根据圆柱形芯模流道分配系统的设计指南进行,如图 7.4 所示。

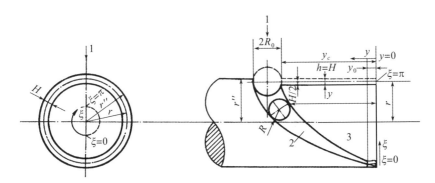

1—熔融物料入口,2—歧管,3—狭缝阻流区。

图 7.4 圆柱形芯模流道分配系统

分流器的各参数计算如下。

a.歧管半径 $R = R(\xi)$ 及最大半径 R_0

$$R = R_0 \left(\frac{\xi}{\pi} \right)^{\frac{1}{3}} \tag{7.1}$$

$$R_0 = 0.95 \, (rH)^{\frac{1}{3}} \tag{7.2}$$

式中,ξ 为半径方向与竖直向下方向的夹角,在 $0° \sim 360°$ 变化。

b.阻流区高度 $y = y(\xi)$ 及最大高度 y_c

$$\frac{y}{y_c} = \left(\frac{\xi}{\pi} \right)^{\frac{2}{3}} \tag{7.3}$$

$$y_c = 5.016 \, (r^2 H)^{\frac{1}{3}} \tag{7.4}$$

由于分流器前段与口模最大内径吻合，所以得 $H=3\text{mm}, r=29.5\text{mm}, y_c=69\text{mm}, R_0=6.1\text{mm}$。

c. 分流器内径

常规小型挤出机对线性低密度聚乙烯（LLDPE）的挤出压力一般为 4MPa～5MPa，这里设计的为中压机头，为保证余量，将挤出压力取整，$P=6\text{MPa}$。外压圆筒为常规设计，先假设有效厚度 δ_e 为 2mm，由圆筒判断公式可得临界长度

$$L_{cr}=1.17D_1\sqrt{\frac{D_1}{\delta_e}}=347 \tag{7.5}$$

根据该机头的分流段和压缩段长度可以判断为短圆筒。而短圆筒的设计可参考美国海军水槽公式

$$P_{cr}=2.59E\frac{\left(\dfrac{\delta_e}{D_1}\right)^{2.5}}{\dfrac{L}{D_1}-0.45\left(\dfrac{\delta_e}{D_1}\right)^{2.5}} \tag{7.6}$$

式中，L 为圆筒长度，E 为所选用材料的弹性模量。最终计算得临界压力 $P_{cr}=91.3\text{MPa}$，分流器最小厚度为 3.8mm，取整为 4mm。

鱼雷头分流器的外观如图 7.5 所示。为了保证两部分在实验过程中便于拆装，分别在两段中加工了键槽，并配备了专门工具来拧紧和拧松。

图 7.5　鱼雷头分流器

②注射针头组件设计

注射针头组件是整个 MCT 挤出机头中决定 MCT 结构的核心部件。这里的整体方案设计中，注射针头组件的一端布置在分流器内部，与大气直接连通；另一端则暴露在熔融流道内，针口统一与机头端面平行，装配后好后，挤出机头内的注射针头端部均超出机头端面 1～2mm。注射针头部件与鱼雷头分流器的连接方式为配合连接，便于快速更换。利用内部端的凸台，注射针头部件可以在加工过程中安稳地固定在鱼雷头分流器的端部，无须担心针头的滑动或者脱落。

注射针头上预留了多个针头安装位置，呈圆孔状。针头按照一定的方式排列在注射针头上的圆孔内，排列方式可根据对制品的要求而定，这里重点研究了环

形排列的方式,如图 7.6(a)所示,它是为了 MCT 专门设计的。不锈钢针头与注射针头组件的连接为胶水固定连接。注射针头组件表面刻有一条环形的胶水凹槽。这里采用 Hasunbond 739 型号树脂胶水进行固定。另外,可以将部件的端部进行一定程度的定制和改造,用于成型不同微通道排列结构的 MCT,部分特殊 MCT 的结构如图 7.6(b)(c)所示。

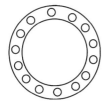 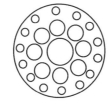 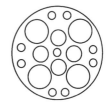

(a)针头的环形排列　　(b)内大外小的微通道排列结构MCT　　(c)错落的微通道排列结构MCT

图 7.6　针头排列方式和不同微通道排列结构的 MCT

③芯膜设计

芯模的外径由管材的内径决定,但由于离模膨胀和冷却收缩效应,芯棒外径的尺寸并不等于管材口模内径尺寸。根据生产经验,可按下式计算

$$d_{芯} = D_{内} - 2e_{间隙} \tag{7.7}$$

$$e_{间隙} = (0.83 \sim 0.94)t_{壁} \tag{7.8}$$

式中,$d_{芯}$ 为芯棒的外径,$D_{内}$ 为口模的内径,$e_{间隙}$ 为口模与芯棒的单边间隙,$t_{壁}$ 为材料壁厚,单位均为 mm,参数 $e_{间隙}$ 取 0.84,则可得芯模外径 $d_{芯} = 8.8$mm。

为使鱼雷头分流器端部的注射针头部件更好地与芯模配合,在芯模上加入了一个阶梯结构,它可以防止分流器端部的注射针头部件从芯模尾部装入后,经长距离向前移动而影响两者的密封性。另外,为防止端部的熔融塑料被积压在芯模变截面处,需将芯模前端变截面处设计成锥状结构平缓变化,尽量减少尖锐弯角,使热熔塑料能顺利流出。

(3)矩形微通道塑料管(RMCT)[4]

制备 RMCT 用的挤出口模如图 7.7 所示。外模由钢块切削而成,一端切削出与机头的流道平稳过渡的豁口,另一端中央带有 7.0mm×3.0mm 的矩形孔,孔深为 10mm,此矩形孔即为 RMCT 外壁面的成型段。芯模分两步制成。如图 7.8(a)所示为特别定制的部件 1,为中空结构,可以从两端注入气体,一侧开有矩形狭缝。针管和热固胶分别如图 7.8(b)和(c)所示。芯模由 9 根钢针制成,最终芯模成型段长度为 5.8mm。芯模成型段宽度 W_d 均为 0.6mm,如图 7.8(d)所示。芯模两端分别插入两块侧板中固定,然后芯模成型段插入外模的矩形孔中,侧板与外模通过几枚螺栓固定,组装后的口模如图 7.9 所示。

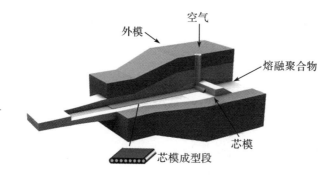

图 7.7　RMCT 挤出口模

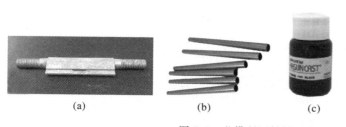

图 7.8　芯模所用材料及成品

图 7.9　组装后的口模

口模与挤出机通过机头部件相连,如图 7.10 所示。

机头体1　　　　　　　　　机头体2

图 7.10　机头部件

7.1.3　供气/供液装置

微挤出过程常常需要用到气体或者液体辅助挤出,而精密的微挤出过程中辅助气体和液体的流量或压力的控制精度要求也较高。

对于气体辅助的微挤出,由于制品尺寸较小,成型过程中其对注射气体的压力非常敏感。因而,注射气体供气装置的具体要求是供气装置应与挤出机头内注射芯体相连,用于向挤出成型微通道内供应气体,气体压力在 $0\sim2kPa$,并且可以精确调节。但市场上压力小且稳定的气体供应装置通常复杂而昂贵,且采用常规的气泵、缓存罐和减压阀等装置搭建后难以满足研究性能要求。

一种有效的注射气体供应装置由压力缓冲罐、压力调节器、压力测量装置、阀门及管路构成,注射气体供应装置的出口与挤出机头相连接,如图 7.11 所示。其中,压力缓冲罐用于保证压力的稳定并储存足够的气体;压力调节器用于将压力调节到实验设定的压力;压力测量装置用于测量供气装置内空气压力。该注射气体供应实验装置的外观如图 7.12 所示。

对于液体辅助的微挤出,供液装置可以采用注射器,其流速为 $5\mu m/min\sim130mm/min$,以常用的 10mL 注射器为例,其流量为 $1.08\mu L/min\sim28.14mL/min$。

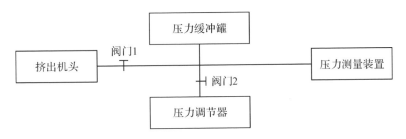

图 7.11　注射气体供应装置与挤出机头

冷却水槽 ——→

注射器 ——→

图 7.12　注射气体供应实验装置

7.1.4　数据采集系统

微挤出制品加工过程中,机头压力、温度和牵引速率等是影响制品加工温度和结构的主要工艺参数。并且,这些参数不易在线监测。因此,需设计一套数据采集系统对相关参数进行监测。挤出机头内的聚合物熔体的压力和温度可通过安装在挤出机头上的压力-温度双输出传感器测量。安装在牵引机辊轮上的接近开关可采集脉冲信号,用于计算牵引速率。这些传感器的输出信号通过数据采集卡输入一台运行 LabVIEW 软件的电脑。

(1)数据采集系统硬件

对于压力-温度双输出传感器,在机头部位设置温度和压力采集点。实验使用的热塑性聚合物经螺杆输送增压和电热圈加热后,变为熔融状态进入机头,具有一定的温度和压力且黏度较高,故设计要求压力为 0～30MPa,温度为 0～300℃。牵引装置的转速可通过接近开关转化为频率进行采集,在程序中通过公式转化为牵引装置牵引速率即可。以上传感器采集到的信号,由标准数据采集卡进行采集和实时监测,再通过程序在电脑上显示,并记录相关数据。除以上主体硬件设备外,考虑到传感器自身供电、数据采集卡采集电压信号和供气系统需要,本系统还配备了标准 24V 稳压电源以及将输出信号由电流转换为电压的温度变送器。

(2)数据采集系统程序

机头压力主要通过压力-温度双输出传感器的压力端口测量,其输出为 0～5V标准电压量;机头温度主要通过传感器的温度端口测量,其输出为 4～20mA 标准电流量,需经温度变送器及电阻转换为 1～5 V 标准电压量。牵引装置的转速主要通过接近开关采集,无信号输出时它输出 0.3 V 电压,有信号输出时它输出 0.65 V 电压。通过 LabVIEW 软件编写程序,并对上述数据进行采集。

7.2　微挤出成型工艺

微挤出制品的加工流程如图 7.13 所示,微通道塑料薄膜、微通道塑料管以及矩形微通道塑料管的加工设备的主要区别在于机头和口模的结构不同,其他装置及流程大致相同。

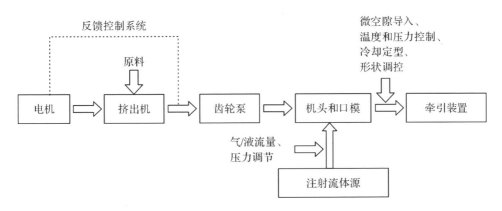

图 7.13　微挤出制品加工流程

7.2.1　微挤出制品的加工过程

微挤出制品的加工过程主要包括机器预热、预料加入、熔融塑化、熔体输送、口模成型等步骤,这里以微通道塑料薄膜为例,详细介绍其加工和质量检测的全流程。

(1)加工过程

在一系列不同注射气体压力下,分别进行单孔微通道和 28 孔微通道塑料薄膜的成型加工实验。实验原料为线性低密度聚乙烯(LLDPE)粒料 Dowlex LLDPE NG 5056E。具体加工步骤如下。

打开挤出机电源;开启加热圈,设定挤出机料斗和机头口模处的温度;开启数据采集系统;制备标签,准备样品袋;设置熔融拉伸距离,即挤出机头口模出口到冷却水槽的入口之间的距离,记为 L,开启冷却水槽内水循环;测量气温、湿度、冷却水水温并记录;待温度达到设定温度,继续保温 30 分钟。

启动挤出机,逐渐增大螺杆转速;开始在料斗内加粒料,并且启动牵引装置;观察熔体挤出较均匀,引至牵引装置,设置卷制机拉伸速度为低速;挤出稳定后,调节注射气体到所需的压力,打开供气装置阀门后,标记机头出口处微通道塑料薄膜;依次改变实验参数,进行各组实验。

完成各组实验后,保存采集系统采集到的数据,关闭采集系统并切断电源,挤尽所有余料,降低螺杆转速至零,关闭各个温度加热开关,关闭挤出机和牵引机电源,排尽冷却水,关闭排风扇,整理工具。

原料颗粒由料斗加入,在螺杆旋转输送和电热圈的加热作用下转变为聚合物熔体,接着熔体在挤出机头内流道的作用下横截面逐渐转变为口模处的流道形状。聚合物熔体在挤出机头内基本成型后,进入熔融挤出阶段,初步成型的挤出熔体在后续牵引装置的拉伸作用下尺寸快速减小,同时,气体供应装置通过注射针头将特定压力的空气注入熔体内,帮助成型微通道。接下来,基本成型的熔体进入自来水冷却水槽中,快速冷却固化为微通道塑料薄膜,最后经过牵引装置进入收集箱内。在这一系列实验中,注射气体的压力是变量。每一个系列实验中,注射气体压力从大气压等量地降低,并在每个特定注射气体压力值下采集五次 30s 加工的微通道塑料薄膜的样品,直到微通道塑料薄膜消失;然后,注射气体压力从大气压等量地上升,类似地,在每个特定注射气体压力值下采集五次 30s 加工的微通道塑料薄膜的样品,直至有微通道爆破,难以得到完整的微通道塑料薄膜。

(2)微通道塑料薄膜尺寸测量

测量所有微通道塑料薄膜测量的质量和长度,并分别除以时间 30s,得到质量流速和牵引速率。忽略 LLDPE 温度变化下的体积变化,实验过程中的聚合物熔体体积速率可以用质量流速除以密度近似获得,LLDPE 的密度参考原料厂家陶氏化学公司提供的性能表数据,取 $0.919g/cm^3$,熔体流动指数取 $1.1g/10min$。

在聚合物熔体体积速率 $4\times10^{-7}m^3/s$,拉伸速率 $1.5\times10^{-2}m/s$ 和注射气体压力 $80mm\ H_2O$(约 800Pa)条件下加工得到的单孔微通道塑料薄膜,其横截面在光学显微镜下的形态如图 7.14 所示。图中标注了测量过程中采集的数据:微通道薄膜宽度 l,最大厚度 t,中间厚度 t_m,微通道横截面的最大轴长度 w 和最小轴长度 d。将微通道比例系数定义为 w/d。以上定义同样适用于 28 孔微通道塑料薄膜的测量分析。

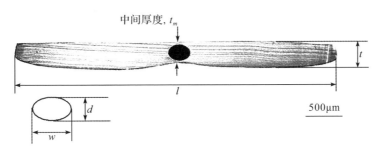

图 7.14　LLDPE 单孔微通道塑料薄膜横截面

7.2.2　微通道塑料管的挤出成型工艺

在微挤出中,影响制品质量的工艺参数主要包括挤出速度、牵引速率、注气压力/注液速度、熔融拉伸距离以及口模结构等,这里以 MCT 为例,介绍各常见因素对制品形貌参数所产生的影响。

(1)注气压力和牵引速率的影响

首先将牵引机转速固定在 12r/min,室温保持在 20℃,不同流量和压力下,MCT 的所有微通道的平均孔径 d 如表 7.1 所示。

表 7.1　MCT 的所有微通道平均孔径 d

流量 $Q/(L/h)$	66	70	74	88	100
注气压力 P_{in}/kPa	0.15	0.18	0.21	0.32	0.41
平均直径 $d/\mu m$	66.75	67.64	68.03	76.79	82.46

根据上表,MCT 的所有微通道的平均直径 d 与注气压力 P_{in} 的关系如图 7.15 所示。可见,随着流量 Q 的增大,注气压力 P_{in} 也逐渐增大,引起微通道平均直径 d 逐渐增大。这是因为熔融物料内壁直接受到注气压力的影响,当注气压力增大时,熔融物料本身的挤出胀大逐渐减弱,也就是内壁面逐渐向外撑开,引起直径的增大。同时,如图 7.16 所示,当注气压力继续增大时,微通道的形状也开始明显改变,但整体外尺寸仍保持几乎不变。

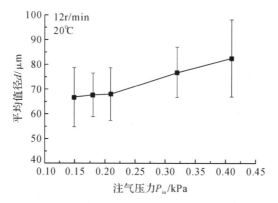

图 7.15　牵引机转速 12r/min，注气压力 P_{in} 与 MCT 所有微通道的平均直径 d 的关系

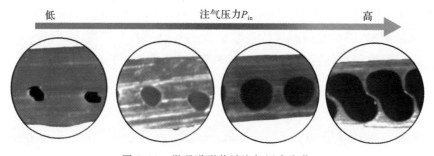

图 7.16　微通道形状随注气压力变化

MCT 所有微通道的横截面平均面积 S_m 与流量 Q 的关系如图 7.17 所示。

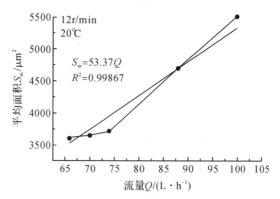

图 7.17　牵引机转速 12r/min，流量 Q 与 MCT 所有微通道的平均面积 S_m 的关系

将牵引机转速调整至 10r/min，室温仍为 20℃，此时 MCT 所有微通道的横截面平均面积 S_m 与流量 Q 的关系如图 7.18 所示。

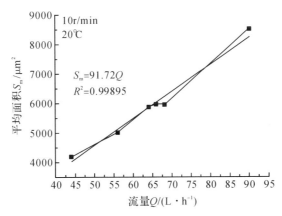

图 7.18 牵引机转速 10r/min,流量 Q 与 MCT 所有微通道的平均面积 S_m 的关系

综上可知,MCT 的微通道平均直径随注气压力增大而增大;且微通道的横截面平均面积随着流量的增大而增大。同时,注气压力的改变对制品外部的整体尺寸影响不大,主要改变了制品内部壁面受压区域的形状,大大改变了微通道横截面的尺寸,从而影响了制品整体的孔隙度。然而将不同的牵引速率(牵引机转速)下的平均面积-流量的关系图相对比,可以发现,增大牵引速率会使拟合直线的斜率在一定程度上变小,也就是说通过调整牵引速率能够改变注气压力所带来的影响,说明牵引速率是 MCT 成型过程中十分重要的参数。

(2)熔融拉伸距离的影响

将熔融拉伸距离从 35mm 增加至 110mm,在每个参数下稳定挤出后,获取 MCT 样品至少 3 个,重复操作,直至获得所有组的样品。将牵引比设定在 3 左右,机头温度固定在 190℃,不额外增加注气压力,仅保持注射针头内部始终与大气连通。

如图 7.19(a)所示,随着熔融拉伸距离 L 的增大,MCT 所有微通道的平均直径 d 相应减小,但是减小的速度随着熔融拉伸距离的增大而减缓;由图中可看出,熔融拉伸距离在 80~110mm 时,平均直径 d 已基本保持不变,说明熔融拉伸距离 L 对 MCT 微通道直径的影响具有一定的局限性,随着 L 的增大,这种局限性越来越明显,在本实验中 80~110mm 内其带来的影响几乎消失。截面各尺寸之间的比值与熔融拉伸距离 L 的关系如图 7.19(b)所示,可以发现截面各尺寸之间的比值并不会随着 L 变化,始终保持在恒定值附近,平均直径与中央孔径的比值 d/D_c 的平均值为 0.095,而中央孔径与外径的比值 D_c/D_o 的平均值为 0.62,均非常接近初始口模端的相应安装尺寸比例 0.09 和 0.67。这说明改变熔融拉伸距离并不会改变 MCT 微通道横截面的形状分布,只会同比例地改变整个横截面的大小。

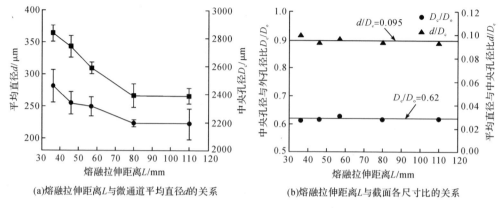

(a)熔融拉伸距离L与微通道平均直径d的关系   (b)熔融拉伸距离L与截面各尺寸比的关系

图 7.19 熔融拉伸距离的影响

熔融拉伸距离 L 对 MCT 成型的影响可以理解为其大小决定了熔融物料进入冷却的时间点从而影响 MCT 成型的微通道尺寸。这是因为熔融状态下的 MCT 挤出后一旦接触并进入冷却液,即可认为其已被基本定型,微通道横截面尺寸后续几乎不再改变(不考虑冷拉伸);在其他工艺参数固定的情况下,熔融拉伸距离 L 的大小决定了熔融物料段在何时进入冷却,因此进入冷却液面处的熔体尺寸基本就是最终的样品尺寸,一般情况下两者的区别不大。

(3)牵引比的影响

牵引比是牵引速率与挤出速率的比值,在 MCT 挤出成型的过程中起着决定性的作用,是本最应重点研究的工艺参数。

MCT 微通道横截面各尺寸参数包括中央孔径 D_c、外径 D_i 和平均直径 d,都随牵引比 λ 的增大而减小,且这种减小的趋势随着牵引比 λ 的增大而逐渐减弱如图 7.20(a)所示;同样地,如图 7.20(b)所示,牵引比 λ 的变化并不会影响各尺寸参数之间的比例关系。因此可以基本说明牵引过程中 MCT 微通道各处的收缩比例相同,即牵引比的变化不会改变 MCT 微通道横截面参数相互之间的比例关系,仅仅改变绝对数值的大小。牵引比 λ 主要决定了熔融拉伸段的熔融物料的拉伸状态。因此,从结果上来看,改变熔融拉伸距离 L 和改变牵引比 λ 的效果很相似,增大或减小熔融拉伸距离 L 则相当于相应地增大或减小了牵引比 λ。

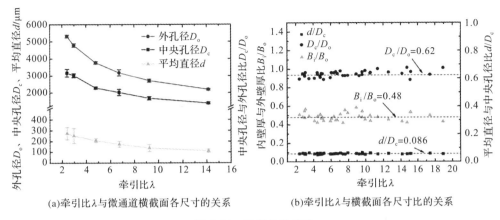

(a)牵引比λ与微通道横截面各尺寸的关系　　(b)牵引比λ与横截面各尺寸比的关系

图 7.20　牵引比的影响

(4)边界效应

此外,MCT 与 MCF 的成型存在很大不同,MCT 的成型避免了边界效应,这种边界效应在 MCF 的成型过程中体现明显,具体表现为处于 MCF 内不同位置的微孔尺寸相差明显,越接近口模两侧壁面,微孔成型质量越差。这是因为挤出过程中截面速度分布不均匀,越接近两侧壁面,速度梯度越大,进而对微孔成型质量的影响也越大。而 MCT 的微孔呈环状中心对称分布,各种壁面的影响能够周向相互抵消,这有效避免了两侧的缩孔等现象,换言之,MCT 将边界效应均等分布到所有微孔上,进而使得所有微孔成型质量保持一致性。故 MCT 比 MCF 在产品结构上具有更好的一致性,MCT 的定制化和针对性改变变得更为直接和可行,其在后续的应用上也具有一定的优势。

7.2.3　矩形微通道塑料管的挤出成型工艺

在实际的 RMCT 挤出实验中,进料流量(挤出流量)Q_p、牵引速率 v_h 及注气流量 Q_a 三个因素之间相互耦合,共同决定 RMCT 的形状和尺寸。

单通道 RMCT 的外形尺寸主要由进料流量 Q_p 和牵引速度 v_h 共同控制。当 Q_p 和 v_h 恒定,仅调节注气流量 Q_a 时,可以发现单通道 RMCT 的总长度 L_{all} 和总宽度 W_{all} 的变化率分别仅为 0.9% 和 13%,如图 7.21 所示。单通道 RMCT 外形尺寸的测量方法与微通道类似,即用 Image J 测量单通道 RMCT 横截面面积(含通道)和最大长度,宽度则用横截面面积与长度的比值计算得到。然而,虽然 Q_a 对单通道 RMCT 外形尺寸的影响很小,但是随着 Q_a 的减小,单通道 RMCT 微通道

内外压差 P 增大,微通道长宽比 R_c^* 显著增大,与数值模拟结果一致。即 Q_a 是影响单通道 RMCT 通道长宽比的主要因素之一。

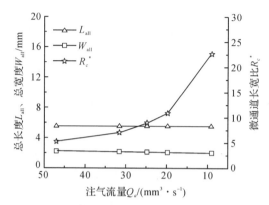

图 7.21　注气流量 Q_a 对单通道 RMCT 外形尺寸和微通道长宽比 R_c^* 的影响

同时,世界的以通过控制系统改变挤出机的螺杆转速 n_1 调节。螺杆转速 n_1 和挤出体积流量 Q_p 的关系如图 7.22 所示。Q_p 与 n_1 成正比,$Q_p = 7.12n_1$,螺杆转速 n_1 的单位为 r/min,挤出流量 Q_p 的单位为 mm³/s。

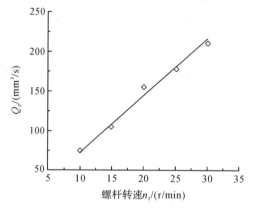

图 7.22　挤出流量 Q_p 与螺杆转速 n_1 的关系

通过控制系统设定牵引机转速为 n_2,单位为 r/min;测出滚轮直径为 d,单位为 mm。则可得牵引速率 $v_h = \pi d n_2 / 60$,单位为 mm/s。牵引比定义为牵引速率与挤出速率之比,挤出速率用体积流量 Q_p 表示,即 $\lambda = v_h / Q_p$,其在无主动注气时的影响如图 7.23 所示。RMCT 微通道长宽比 R_c^* 随着牵引比的增大而减小,对应的气体流量则随着牵引比的增大而增大。说明无注气条件下,牵引比越大,熔体在口模出口处形成的负压腔吸入的空气流量越大。

对两组芯模而言,直线关系依然成立,如图 7.24 所示,且 Q_p/Q_a 一定时,芯模长度大的挤出机制得的 $RMCT$ 微通道长宽比更大。

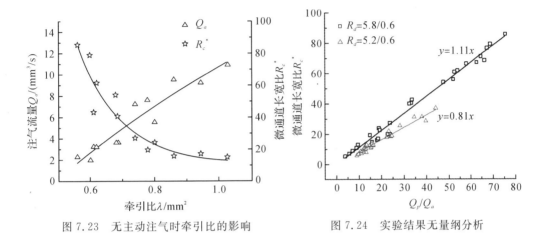

图 7.23　无主动注气时牵引比的影响　　图 7.24　实验结果无量纲分析

实验中所得形状规则(即微通道两条长壁面平行度较高)的 $RMCT$ 微通道最大长宽比可达 87。若要获得长宽比更大的微通道,则通道中央部分的宽度会明显小于两侧,截面呈哑铃形如图 7.25(a)所示。此外,$RMCT$ 的外形并不完全不对称,两端宽度不相等,且长边壁面明显向一侧弯曲,这主要是口模加工和装配精度引起的。

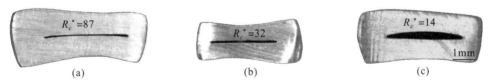

(a)　　　　　　　　　(b)　　　　　　　　　(c)

注:(a)的加工条件为 $Q_a = 2.6mm^3/s$, $Q_p = 43mm^3/s$, $v_h = 32mm^3/s$;(b)的加工条件为 $Q_a = 6.0mm^3/s$,
$Q_p = 30mm^3/s$, $v_h = 32mm^3/s$;(c)的加工条件为 $Q_a = 24.7mm^3/s$, $Q_p = 43mm^3/s$, $v_h = 32mm^3/s$。

图 7.25　几种微通道横截面

显然,当牵引速率变大时,$RMCT$ 的外形尺寸会减小。对比图 7.25(a)和(b)可以发现,当 Q_p 减小时,$RMCT$ 的外形尺寸也减小了。而对比(a)和(c),当 Q_a 从 $2.6mm^3/s$ 调节至 $24.7mm^3/s$ 时,微通道的长宽比由 87 减小为 14,且(c)中由于注气流量偏大,微通道中央明显隆起。

7.3 微挤出过程的数值模拟

微挤出过程的数值模拟可以补充实验过程中难以测量的数据,且将数值模拟结果与实验结果对比,可以更好地理解注射气体对微通道成型的作用和注射气体夹带进入聚合物熔体的机理。

计算流体力学($computer\ fluid\ dynamics$,CFD)是指利用计算机工具求解描述流体运动、传热和传质的偏微分方程组,并且对这些现象进行过程模拟。CFD可用来进行流体力学的基础研究,以及复杂流动结构的工程设计。CFD求解过程有以下基本步骤:首先确定能够描述对象流动参量连续变化的微分方程组,然后通过离散化方法(如有限差分法和有限元法)对连续变化的参量用离散空间和时间的值来表示,使微分方程组转变成代数方程组形式,空间离散位置可用计算网络上的节点描述;最后通过计算机求解离散方程组。

聚合物加工中常用的数值模拟软件有$MouldFlow$、$Fluent$、$Fidap$、$Polyflow$和$Flow2000$等。其中,$Polyflow$是基于有限元法的CFD商业软件,是$ANSYS$公司开发的针对聚合物流体分析的一款专业软件,适合用于黏弹性材料的流动仿真。该软件有强大的解决非牛顿流体及非线性问题的能力,而且具有多种流动模型,可以解决聚合物、食品、玻璃等加工过程中遇到的等温/非等温、两维/三维,以及稳态/非稳态等多种流动问题,可用于挤出、吹塑和热压等多种成型的模拟计算[5]。此外,该软件还可处理自由表面的流动问题,因而被广泛地用于研究聚合物熔体的挤出胀大现象,它不但可以根据机头口模的结构正向求解挤出胀大,而且可以逆向求解,即根据所需的制品形状计算出合适的机头口模结构。

7.3.1 基本控制方程及本构方程

聚合物挤出流动分析是一种黏弹性流体的流动分析,但仍属于流体分析的范畴。对于一般的流体分析,流体流动符合基本的守恒定律,包括质量守恒定律、动量守恒定律和能量守恒定律,控制方程是这些守恒定律的数学描述。

其中,连续性方程即质量守恒方程

$$\frac{\partial \rho}{\partial t} + (\nabla \rho v) = 0 \tag{7.9}$$

运动方程即动量守恒方程,又称纳维-斯托克斯(N-S)方程

$$\rho \frac{\mathrm{d}v}{\mathrm{d}t} = -\mathrm{grad}\ p + \mathrm{div}\ \tau + \rho g \tag{7.10}$$

式中,grad 和 div 分别表示物理量的梯度和散度,τ 为剪切应力,g 为重力加速度。

能量守恒方程(热力学第一定律)

$$\rho c_p\left[\frac{\partial T}{\partial t}+(v\nabla)T\right]=\frac{\partial}{\partial x}\left(K\frac{\partial T}{\partial x}\right)+\frac{\partial}{\partial y}\left(K\frac{\partial T}{\partial y}\right)+\frac{\partial}{\partial z}\left(K\frac{\partial T}{\partial z}\right) \tag{7.11}$$

式中,K 为热导率,单位为 W/(m·k);ρ 为流体密度,单位为 kg/m³;v 为速度矢量,单位为 m·s⁻¹;t 为时间,单位为 s;c_p 为定压比热容,单位为 J/(kg·K);T 为温度,单位为 K;∇ 为哈密顿算子。

以上只是流体力学的基本方程。为了确保计算的收敛和加快技术速率,数值模拟中还做了一些减少非线性问题的合理假定:①挤出成型过程非动态变化,数值模拟区域主要在机头和空气环境中,并且距离较短,因而可将成型过程假定为稳态和等温的;②机头内阶段聚合物熔体相对机头壁面不存在滑动现象,即机头内壁面的速率为零;③聚合物熔体在模拟区域的入口处是完全发展流;④模拟过程中,聚合物熔体的黏性作用力是主要作用力,从而忽略熔体密度、表面张力。

本构方程,即本构关系(constitutive relations)是反映物质宏观性质的数学模型,建立物质的本构关系是流变学的重要任务,也是求解聚合物加工过程中动力学方程及数值模拟求解的必要条件。世界上各种材料如弹性物质、黏性物质、塑性物质、黏弹性物质、黏塑性物质和弹塑性物质等的普适的本构关系尚未找到,对某种材料进行模拟计算,一般需根据研究对象和流动形态特点选用合适的本构关系;应力张量和变形速率张量之间满足广义牛顿公式的流体称为"牛顿流体",否则称为"非牛顿流体";聚合物熔体一般都属于非牛顿流体,其本构关系更加复杂,但在许多情况下可以抓住其主要因素进行简化计算。另外,Polyflow 提供了多个本构模型可选用。

微挤出过程的数值模拟需首先测量材料的流变学特性,根据黏度和剪切速率的关系确定适用于该材料的本构方程;然后建立符合流动过程的三维模型并进行合理的网格划分;最后根据实际物理过程设置边界条件进行数值模拟。下面以微通道塑料薄膜、微通道塑料管和矩形微通道管为例分析微挤出的数值模拟过程。

7.3.2　微通道塑料薄膜的微挤出过程数值模拟

(1)材料参数

在聚合物加工的流体力学中,Carreau-Yasuda 模型是应用较广泛的一种非牛顿黏性流体的本构方程,它对于聚合物流体的分析能够满足工程应用上的需要。MCF 挤出过程的数值模拟采用 Carreau-Yasuda 模型

$$\eta(\dot{\gamma}) = \eta_{\infty} + (\eta_0 - \eta_{\infty})[1 + (t_{nat}\dot{\gamma})^a]^{n-\frac{1}{a}} \tag{7.12}$$

式中，η_0 和 η_{∞} 表示零剪切速率下和无穷剪切速率下的流体黏度，单位为 Pa・s；t_{nat} 为松弛时间，单位为 s；n 为幂律指数；a 为特性参数；$\dot{\gamma}$ 为剪切速率，单位为 s^{-1}。

该模型较为简单且具有较大的灵活性，非常适合描述末端和剪切变稀区域的黏性特性。Hallmark 等[6]通过流变性测试测量了材料 Dowlex LLDPE NG 5056E 的 Carreau-Yasuda 方程，其方程参数如表 7.3 所示，本节采用表中的方程参数进行数值模拟。

表 7.3　Carreau-Yasuda 方程参数

参数	数值
$\eta_0/(\text{Pa・s})$	13800
$\eta_{\infty}/(\text{Pa・s})$	0
t_{nat}/s	0.17
n	0.34
a	0.93

(2)几何模型和边界条件

①几何模型的区域确定

实验表明，注射气体压力变化条件下，聚合物熔体在机头内的流动和冷却水槽内的冷却固化过程对 MCF 内的微通道成型作用不大，挤出成型变化主要集中在挤出机头和冷却水槽之间的熔融拉伸段。因此，数值模拟区域只选择了熔融拉伸段和挤出机头内的一段平直段。并且由于 28 孔 MCF 的三维模型两个平面对称，为了减少运算量，只选取四分之一的三维模型用于数值模拟。

②边界条件

数值模拟模型边界包括壁面、入口流、出口流、对称平面和自由表面。边界条件包括压力边界条件和速度边界条件。入口流边界和出口流边界为完全发展流；对称平面无切应力，法向速度为零。入口流的体积流率可以通过实验中单位时间挤出的聚合物质量除以聚合物密度得到，忽略温度对聚合物体积的影响，其平均值为 $4 \times 10^{-7} \text{m}^3/\text{s}$。由于熔融拉伸段包括内部和外部自由表面，在熔融拉伸段应用了 3D 自适应网格重置技术。

首先，使用 UG NX 三维建模软件建立了仅四分之一的三维几何模型，可简化计算模型从而节省计算时间，几何模型包含机头内区域和机头外区域。使用软件中的 ICEM CFD 模块将得到的几何模型进行网格划分。接着在 Polydata 软件模块内设置边界条件和材料参数等。边界包括壁面(wall)、入口流(inflow)、出口流(outflow)、自由表面(free surface)和对称平面(planes of symmetry)。机头内区域的口模壁面和针头外表面壁面,均采用无滑移边界,即任何速度分量都为零;入口流边界设置为完全发展流,熔体体积速率为 $4 \times 10^{-7} \, \mathrm{m^3/s}$,微通道自由表面设置特定的注射气体压力条件。28 孔 MCF 熔融拉伸阶段的数值模拟的几何模型、网格划分和边界条件设置如图 7.26 所示。然后,通过 Polyflow 进行数值模拟计算。最终,使用 CFD-Post 模块进行后处理,分析数值模拟结果。

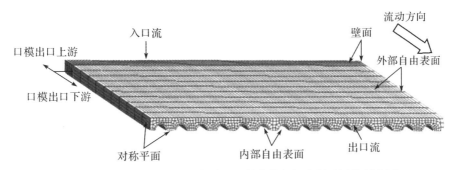

图 7.26　28 孔 MCF 熔融拉伸过程数值模拟的有限元网格划分图

(3)单孔 MCF 数值模拟

注射气体压力 50mm H_2O(约 500Pa)条件下,单孔 MCF 熔融拉伸段的实验照片和数值模拟结果对比如图 7.27 所示。图中挤出成型的 MCF 的沿程变化清晰可见,说明数值模拟 MCF 的外部尺寸结果基本符合实验结果。另外,图中也显示冷却段单孔 MCF 尺寸基本无变化。因此,只选择对熔融拉伸段进行数值模拟是合理的。

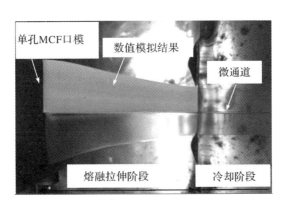

图 7.27　注射气体压力 50mm H_2O 条件下单孔 MCF 加工实验和数值模拟结果比较

单孔 MCF 熔融拉伸阶段的等压线如图 7.28 所示。图中可见,熔体出机头前,机头内有较大的压力下降梯度。实验过程中,挤出机头内压力为 3MPa～6MPa,熔体流出机头出现大的压降是符合实验事实的。

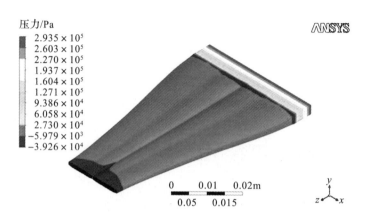

图 7.28　单孔 MCF 熔融拉伸阶段表面的等压线图

注射气体压力对单孔 MCF 的外部尺寸影响不大,但对于其微通道尺寸的作用明显。不同注射气体压力 p 条件下,得到的单孔 MCF 的横截面的实验和数值模拟结果如图 7.29 所示。实验结果中,微通道水力直径明显地从 $200\mu m$ 左右增大到 $1200\mu m$ 左右,且微通道比例系数有明显变化,椭圆形状由垂直型逐渐变为水平型;数值模拟结果较好地反映了微通道尺寸的变化过程,数值上与实验结果存在一定差异。

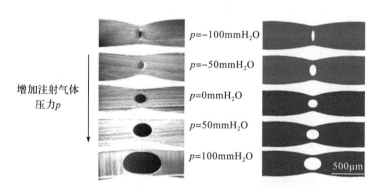

图 7.29　单孔 MCF 横截面实验(左)和数值模拟(右)结果

注射气体压力 p 对单孔 MCF 中微通道尺寸的影响作用如图 7.30 所示。当 p 由 -120mm H_2O 逐渐增大到 -100mm H_2O,微通道水力直径 D_h,从 0 逐渐增大;

薄膜中间厚度 t_m 在负压阶段基本不变,而在正压阶段,随着 p 的增大而增大。微通道比例系数在负压阶段增长快速,而在正压阶段增长缓慢。另外,注射气体压力 p 对微通道的外部尺寸、宽度和最大厚度的影响不明显,因此未在图中显示。

数值模拟结果提供了实验过程中难以测量的熔融拉伸段微通道变形过程的尺寸信息。单孔 MCF 内微通道界面的成型过程如图 7.31 所示,图中表现了熔融拉伸阶段微通道横截面在注射气体和牵引拉伸等共同作用下由圆形逐渐变为椭圆形的过程。

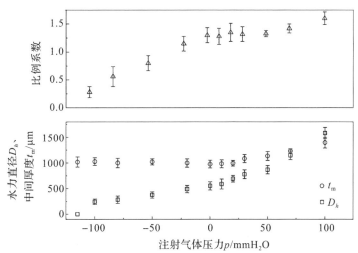

图 7.30　注射气体压力 p 对单孔 MCF 内微通道比例系数、水力直径 D_h 和中间厚度 t_m 的作用

图 7.31　注射气体压力为 -50mm H_2O 条件下单孔 MCF 内微通道成型过程的数值模拟结果

(4)28 孔 MCF 数值模拟

28 孔 MCF 挤出是在单孔 MCF 挤出的基础上发展出来的,微通道增加到 28 个。不同注射气体压力 p 条件下,得到的 28 孔 MCF 的横截面的实验结果如图 7.32(a)所示。随着 p 的增大,MCF 的宽度和厚度缓慢增大,而微通道水力直径增大很

明显。另外,MCF 不同位置的微通道尺寸不一样,微通道尺寸由中间向两边逐渐变小,并且中间部位的微通道尺寸的增大程度大于边缘部位。相应条件下,28 孔 MCF 数值模拟结果如图 7.32(b)所示,但其中 p 为 140mm H_2O 条件下,模拟计算发散没能得到计算结果。与实验结果相同,随着 p 的增大,微通道尺寸逐渐增大。但实验结果中显示的宽度、厚度和位置对微通道尺寸的影响在模拟结果中不明显。

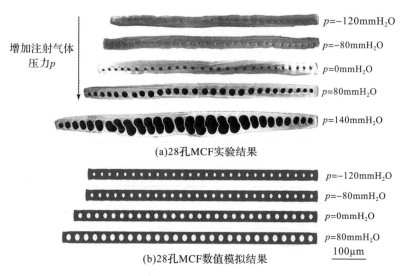

图 7.32　28 孔 MCF 实验和数值模拟结果

注射气体压力对 28 孔 MCF 的微通道尺寸和薄膜空隙度影响较大。如图 7.33 所示,当注射气体压力 p 从 -240mm H_2O 增长到 140mm H_2O,空隙度 V_{MCF} 相应从 0 增长到 53%,平均水力直径 D_{MCF} 从 0 增长到 835μm。在负压阶段,空隙度 V_{MCF} 和平均水力直径 D_{MCF} 增长缓慢,而正压力条件下,二者增长快速。二者随着注射气体压力 p 增大基本呈指数增长,因而可使用指数增长模型拟合实验数据,指数增长模型的一般方程为

$$y = y_0 + A e^{\frac{x}{t}} \tag{7.13}$$

由此可获得计算不同注射气体压力条件下的 28 孔 MCF 空隙率 V_{MCF} 和微通道平均水力直径 D_{MCF} 的经验公式如下。

$$V_{MCF} = 0.24 + 6.93 e^{\frac{p}{69.4}} \tag{7.14}$$

$$D_{MCF} = -31.7 + 256 e^{\frac{p}{114}} \tag{7.15}$$

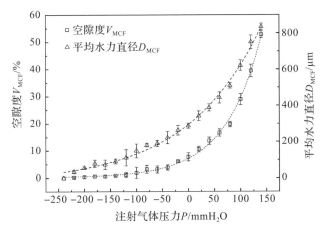

图 7.33　注射气体压力对空隙度和微通道平均水力直径的作用

　　图中拟合曲线和实验结果匹配较好,两者误差小于 5%。两个经验公式可以用于预测特定注射气体压力条件下的 28 孔 MCF 的空隙度和平均水力直径,对于加工所需结构的 MCF 具有重要的参考价值。

　　不同注射气体压力 p 条件下,28 孔 MCF 的 28 个微通道的水力直径如图 7.34 所示。所有的 28 孔 MCF 的微通道尺寸基本是中间大两边小。并且,中部微通道的水力直径随着注射气体压力的增长速率大于两边微通道。

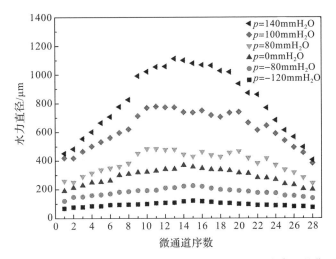

图 7.34　注射气体压力对 MCF 的 28 个微通道的水力直径的作用

在单孔和 28 孔 MCF 挤出加工实验中还可以发现,当注射气体压力降低到微通道成型的极限时,熔融拉伸段将出现微通道逐渐闭合的现象。如图 7.35 所示,在注射气体压力－240mm H_2O 条件下 28 孔 MCF 内微通道明显闭合。这种现象证明了微通道挤出成型过程中微通道对外界气体的抽吸力作用,微通道闭合时代表了其最大抽吸力。

图 7.35　注射气体压力为－240mm H_2O 条件下 MCF 内的微通道闭合现象

7.3.3　微通道塑料管的微挤出过程数值模拟

(1)材料参数

实验采用线性低密度聚乙烯(LLDPE)作为原料,其具体牌号为 LLDPE NG 5056E。根据生产厂家美国陶氏化学公司提供材料物性表,这种材料的密度为 0.919g/cm³,熔体流动指数为 1.1g/10min。数值模拟中的参数如表 7.3 所示。

(2)几何模型和边界条件

根据研究经验可知,微通道结构塑料制品的挤出成型变化主要集中在挤出机头和冷却水槽之间的熔融拉伸段,这里不考虑冷却水槽中的变化。因此,数值模拟区域只选择了熔融拉伸段和挤出机头内的一段平直距离。并根据 MCT 结构的挤出特性,仅采用了二十四分之一的轴对称模型进行计算,减少了计算量和时间。

模型的边界包括壁面、入口流、出口流、对称平面、自由表面。边界条件包括压力边界条件和速度边界条件。入口流边界和出口流边界设定为完全发展流;对称平面无剪切应力,法向速度为零。入口流的体积流率忽略温度对聚合物体积的影响,平均为 $4 \times 10^{-7} \text{m}^3/\text{s}$。由于熔融拉伸段包括内部和外部自由表面,在熔融拉伸段应用了 3D 自适应网格重置技术。

首先,由于模拟区域是轴平面对称,使用 UG NX 软件建立了二十四分之一的三维几何模型,可简化计算模型从而节省计算时间,几何模型包含机头内区域和机头外区域两部分。使用软件中的 ICEM CFD 模块将得到的几何模型进行网格划分,对重点关心的微通道区域,尤其是机头挤出端上下游提高网格密度,以提高计算精确度。整个网格模型含有 3220 个节点及 1625 个要素。接着在 Polydata软件模块内设置边界条件和材料参数等。边界条件包括壁面、入口流、出口流、自由表面和对称平面。机头内区域的口模壁面和针头外表面壁面,均采用无滑移边界,即所有方向的速度分量都为零;入口流边界设置为完全发展流,熔体体积速率为 $5 \times 10^{-7} \mathrm{m}^3/\mathrm{s}$,微通道自由表面设置大气压条件。MCF 的几何模型、网格划分和边界条件设置如图 7.36 所示。然后,通过 Polyflow 进行数值模拟计算。最终,使用 CFD-Post 模块进行后处理,分析数值模拟结果。

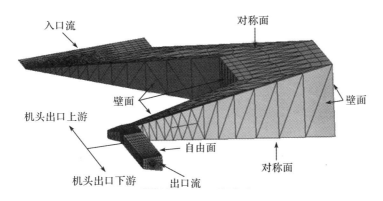

图 7.36　MCT 挤出几何模型及网格划分

(3)微通道塑料管成型机理

数值模拟过程中,重点改变了牵引比 λ 和熔融拉伸距离 L 的设定值。牵引比 λ 可通过调节出口流的流量改变。根据假设,理论上牵引比 λ 即为出口流与入口流的流量比值。熔融拉伸距离 L 可通过改变机头出口下游段长度和出口流的位置改变。不同牵引比 λ 与熔融拉伸距离 L 条件下 MCF 横截面的实验与数值模拟结果对比如图 7.37 所示。其中,根据数值模拟结果,增大牵引比 λ 或者增大熔融拉伸距离 L 会使 MCT 截面各尺寸明显减小,但并不会改变截面整体及微通道的形状。且该数值模拟结果体现的变化规律与实验结果吻合。

通过进一步观察可以发现,MCT 微孔的实际形状都是类似椭圆形,并非完美的圆形。因此,可通过数值模拟结果将 MCT 挤出截面的速度分布单独呈现出来,用于分析其成因。如图 7.38(a)(b)所示,每一个微通道周围的熔融物料的挤出速度分布并不均匀,各壁面处的速度由于无滑移的设定都为零,而针头之间的速度梯度明显要大于针头与口模、模芯之间的速度梯度,因此熔体内部的黏滞力由于速度梯度的不同会对挤出的形状产生影响,即周向两侧的熔融物料会拉扯着径向壁面之间的物料挤出,从而导致微通道在成型后径向方向的长度要大于周向方向,形成椭圆形状的微通道截面,如图 7.38(c)所示。因此后续如果要获得更圆的微通道,可以通过改变针头与针头或者针头与内外壁面之间的条件来进行补偿和修正。

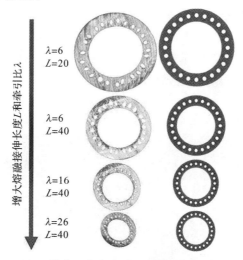

图 7.37　MCT 横截面的实验(左)与数值模拟(右)结果对比

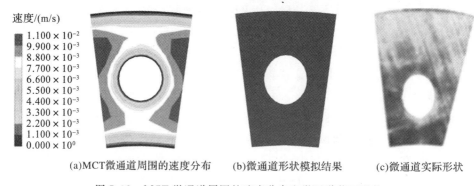

(a)MCT微通道周围的速度分布　　(b)微通道形状模拟结果　　(c)微通道实际形状

图 7.38　MCT 微通道周围的速度分布和微通道截面形状

另外,还要考虑离模膨胀可能带来的影响。离模膨胀是指聚合物熔体在挤出后的横截面积远大于口模横截面积的现象。离模膨胀的产生依赖于熔体在流动器件可恢复的弹性形变。目前对于该现象的理论定性解释说法不一,主要有以下三类。

①取向效应。聚合物熔体流动期间受高剪切场作用,大分子在流动方向发生取向,但是在出口时该取向发生发散,从而引起向四周的离模膨胀。

②弹性变形效应。当聚合物熔体由大直径的料筒经压缩过程进入小直径口模时,发生弹性变,即熔融物料内蕴含了部分的弹性能,当离开口模时,该部分弹性形变获得恢复,从而发生离模膨胀。

③正应力效应。由于聚合物熔体的剪切变形,在垂直于剪切方向上发生了正应力的作用,从而引起离模膨胀。研究表明该膨胀与正应力,即法向应力的作用有关。根据剪切虎克定律,可以获得膨胀比 B 与可恢复的剪切应变 ε_R 关系。在各种理论关系中,Tanner 计算式较为精准

$$B = 0.1 + \left(1 + \frac{\varepsilon_R^2}{2}\right)^{\frac{1}{6}} \tag{7.16}$$

一般情况下 B 为 1~3。

通过数值模拟截取的单个通道出口的剪切速率分布如图 7.39 所示。可以发现出口处的剪切速率分布并不均匀,且出口端的物料已经发生了明显了离模膨胀,水平方向的剪切速率要远大于垂直方向的剪切速率,这与上述的速度分析结果吻合。根据膨胀比 B 与剪切速率的关系,可知剪切速率越大的地方膨胀比越大,在 MCT 微通道结构分布和设定的工艺条件下,微通道水平方向的离模膨胀要明显大于垂直方向,而挤出后 MCT 内外都是自由表面,因此会引起水平方向的熔融物料会更加靠拢,最终促成椭圆的微通道形状。综上所述,MCT 微通道最终形状的成因可能来自两个方面:通道周围的熔融物料挤出速率(挤出速率会影响剪切速率)分布不均匀,水平方向的速度梯度远大于垂直方向;通道周围熔融物料在挤出后各方向的离模膨胀不同,水平方向的离模膨胀比要明显大于垂直方向。

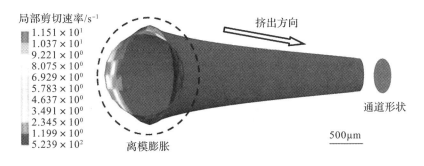

图 7.39　单通道 MCT 口模出口处剪切速率分布

7.3.4 矩形微通道塑料管的微挤出过程数值模拟

(1)材料参数

实验采用的原料为低密度聚乙烯(LDPE),它是挤出管材的常用原料,其柔韧性好,化学稳定性高。选用 Bird-Carreau 模型表征 LDPE 熔体的黏度变化规律。

$$\eta = \eta_\infty + (\eta_0 - \eta_\infty) \cdot \left[1 + (\kappa\gamma)^\alpha\right]^{\frac{n-1}{\alpha}} \tag{7.17}$$

式中,γ 为剪切速率,α 默认值为 2,η_0 为零剪切黏度,η_∞ 为无穷剪切黏度,κ 为松弛时间,n 为非牛顿指数。模型中的具体参数如表 7.4 所示。

表 7.4 Bird-Carreau 模型参数

参数	数值	单位
η_0	2010.6	Pa·s
η_∞	0	Pa·s
κ	0.364	s
n	0.0603	——

根据笔者研究团队已有的加工此原料的经验,结合实际挤出过程中的熔体流动情况,最终在挤出机控制系统中设定的挤出温度为 165℃。

(2)几何模型和边界条件

RMCT 挤出口模包括芯模和外模两部分,其装配如图 7.40(a)所示。其中,外模中部为一矩形通道,芯模为中空扁金属管。聚合物熔体通过芯模和外模间的缝隙挤出,芯模的中空通道为控制气体入口,在建立几何模型时忽略芯模的厚度。在气体的辅助下,聚合物熔体挤出后形成稳定矩形微通道。矩形微通道的理想横截面及尺寸参数应与口模横截面一致,如图 7.40(b)所示,为了方便描述,将口模横截面划分为四个区域Ⅰ~Ⅳ。外模的开孔尺寸为固定值,外模长度 $L_0 = 5\text{mm}$,外模宽度 $W_0 = 3\text{mm}$。芯模的尺寸定义为长度 L_d 和宽度 W_d。考虑到实际加工中芯模的微小扁中空通道要加工成真正的矩形十分困难,而且由于聚合物熔体具有流动性,通道两端不可能保持尖锐的直角,故在建立几何模型时芯模通道的两端设置为半圆形。RMCT 矩形通道的内尺寸定义为长度 L_c 和宽度 W_c,在口模内部的模具成型段,$L_c = L_d$,$W_c = W_d$。口模两侧壁厚分别定义为 t_L 和 t_W。

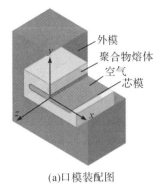

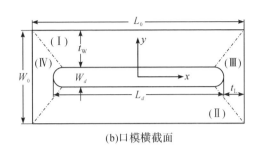

(a)口模装配图　　　　　　　(b)口模横截面

图 7.40　RMCT 挤出口模

为了减小网格质量对模拟结果的影响,数值计算范围仅包括模具成型段流道(即口模内部长度 $L_1=5\text{mm}$)和挤出型坯(离模长度 $L_2=5\text{mm}$)两部分,离模 30mm后,熔体进入循环水冷系统快速冷却定型。由于截面形状的对称性,计算区域为实际流动区域的四分之一。定义口模出口截面为 $z=0$ 平面,沿挤出方向为 z 轴正方向。考虑到 RMCT 的三维结构,采用四边形/三角形混合网格对模型进行划分,即网格主要由四边形网格单元组成,但是在拐角等形状变化大的位置允许有三角形网格单元。

计算区域的边界包括入口流、出口流、壁面、自由表面和两个对称平面,如图 7.41 所示,边界条件描述如下。

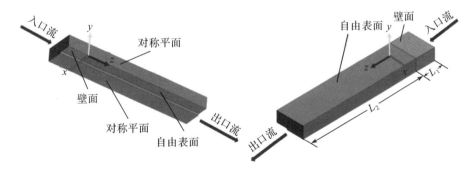

图 7.41　边界条件

①入口流。假设挤出机螺杆正常有效工作,口模上游的流道设计合理,聚合物熔体在进入成型段流道入口处时已经实现流动平衡,即此时入口流为速度完全发展流,进料量用体积流量 Q_p 表示。实际挤出过程中,体积流量 Q_p 为所用挤出机螺杆转速的函数。这里所用挤出机的螺杆转速范围为 0~32r/min,对应标定后

的聚合物体积流量为 $0 \sim 219 \mathrm{mm}^3/\mathrm{s}$。

②出口流。实验中的出口流速度由牵引机的转速决定,这里所用牵引机转速调节范围为 $0 \sim 20 \mathrm{r/min}$,对应的牵引速率为 $0 \sim 53.3 \mathrm{mm/s}$,数值模拟时在出口流作用法向速度表示牵引作用。模拟无牵引工况时,出口流作用无应力边界条件。

③壁面。为了简化模拟,假设聚合物熔体在口模壁面上不产生滑移。

④自由表面。聚合物熔体流出口模后,RMCT 的内外表面均为自由表面,其中,外表面无外力作用,任意位置处的速度方向与该位置的切线方向相同,且法向应力和切向应力均为零。

⑤通道内表面。挤出 RMCT 时,通过芯模在其微通道内注入空气以保证通道成型,因此通道内表面作用有气体压力。为保证聚合物熔体在内外压差的作用下形成具有较大长宽比的通道,注入的气体压力应小于大气压,即内表面的法向应力为负值。$z=0$ 截面的法向应力由注气流量 Q_a 决定。在挤出过程中微通道形状会发生收缩,因此离模较远位置的气体压力会更大。假设入水冷却前通道已经形变完全,达到稳态,则根据质量守恒定律可知,出口流的气体压力为 0。模拟过程中,采用线性函数来描述微通道内的气压分布。

⑥对称平面。典型对称面边界条件,法向速度和切向力均为零。

(3)工艺参数的影响

进料速度是挤出过程中非常重要的影响因素。通过对比实心矩形微管和 RMCT 的截面速度分布可以发现,矩形微管制品的微通道形状和尺寸强烈依赖于离模膨胀,而进料速度对离模膨胀的影响非常显著。数值计算中,用聚合物熔体的体积流量 Q_p 表示进料速度。在挤出实验中很难单独探究进料流量的影响,因为其通常与通道内的气压存在耦合关系。因此,可通过数值模拟探究在注气压力不变且不施加牵引的情况下进料流量的影响规律。

挤出实验无法得知在入水冷却前微通道的变化规律,但是显然在这一过程中 RMCT 内的微通道形状会随着位置改变而发生变化。以 RMC 微矩形通道的长宽比 R_c 为研究对象,探究在纯挤出条件下 R_c 随着与口模出口的距离 Z 变化的趋势。结果显示 R_c 随着 Z 的变化与芯模的长宽比 R_d($R_d = L_d/W_d$)密切相关,如图 7.42(a)所示。当 $R_d < 5.0/0.6$ 时,矩形通道的最终长宽比(R_c^*)小于 R_d。而当芯模长宽比 $R_d > 5.6/6.0$ 时,$R_c^* > R_d$。但是不管 R_d 为多少,始终可以看到在聚合物熔体刚从口模挤出的短距离内,矩形通道长宽比 R_c 会快速增大。这一现象的原因应该是矩形通道各壁面上各向异性的离模膨胀。如图 7.43(a)所示,在口模内部,即 $Z < 0$ 时,聚合物熔体速度矢量的方向与挤出方向一致,图中表示为

垂直于横截面向外。此时由于 RMCT 水平方向的边长大,且壁厚 t_W 大于短边壁厚 t_L,熔体在(Ⅰ)/(Ⅱ)区域受到的壁面摩擦力较小。因此,聚合物在(Ⅰ)/(Ⅱ)区域的速度量值大于在(Ⅲ)/(Ⅳ)区域的速度量值。

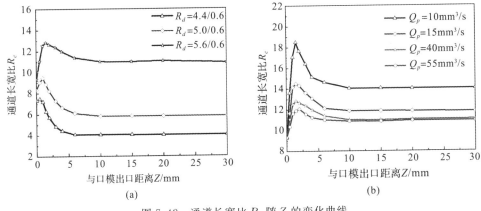

(a)   (b)

图 7.42　通道长宽比 R_c 随 Z 的变化曲线

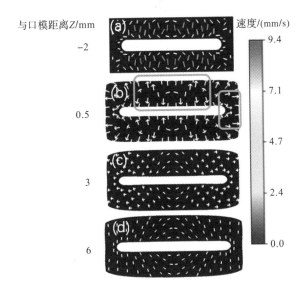

$R_d = 5.6/0.6, Q_p = 40\text{mm}^3/\text{s}$

图 7.43　不同 Z 截面的速度矢量

当熔体从口模内挤出后,离模膨胀使速度矢量产生截面内的分量,壁厚不均同样导致速度矢量分布不均,因而在壁厚更大的(Ⅰ)区产生的膨胀比(Ⅲ)区的更大。如图 7.43(b)所示,(Ⅰ)区熔体向 x 轴正方向的膨胀带动(Ⅲ)区熔体向管外方向运动,进而抵消了(Ⅲ)区熔体向管腔内膨胀的趋势,结果(Ⅲ)区熔体没有向 x 轴负方向的速度矢量。(Ⅰ)区熔体向管腔方向的膨胀会减小矩形通道的宽度 W_c,而(Ⅲ)区熔体向管外的膨胀则会增大通道的长度 L_c,因此在这一阶段,矩形通道长宽比 R_c 快速增大。如图 7.42(a)所示,随着 RMCT 管壁厚度的差值变大, R_c 在这一段的增大趋势也更明显。而提高挤出速率会减小 RMCT 长短边的速度差,从而减小易模膨胀的不均匀性,因此 R_c 在口模出口的快速增长会有所抑制,如图 7.42(b)所示。

R_c 在口模出口附近快速增大,管腔内的气体受到压缩,当离模膨胀效应逐渐减弱,管腔内的气压迫使管壁向外运动,导致矩形通道的长度和宽度均有所增加。然而,由于 RMCT 的长边对气压变化更敏感,因此通道宽度的增大比长度增加更明显,使得 R_c 在经过口模出口附近的快速增长后开始逐渐减小,如图 7.42 所示。在距离口模出口约 10mm 后,离模膨胀效应及气压变化的影响几乎完全消失,矩形通道长宽比 R_c 基本保持恒定,不再随 Z 的变化而变化。

由于加工精度和成本的限制,通过减小口模尺寸生产更小规格挤出制品的方法十分有限。而牵引作用可以有效地弥补这一局限,当牵引速率 v_h 增大时,RMCT 的整体尺寸和通道尺寸均会减小,因此牵引作用对生产 RMCT 非常重要。通过分析挤出流量的影响可知,RMCT 管壁不均匀的离模膨胀是提高其矩形通道长宽比 R_c 的关键因素。然而,牵引作用会抑制聚合物熔体的离模膨胀,因此增大牵引速率 v_h 会使在口模出口处附近的矩形通道长宽比 R_c 减小,如图 7.44 所示,这一趋势一直保持至入水冷却阶段。故为了得到更小规格的 RMCT,可以适当提高牵引速率。

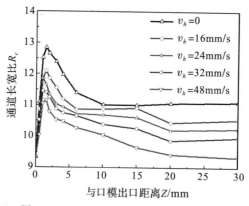

图 7.44　不同牵引速率时 R_c 随 Z 的变化

以上数值计算过程均是在没有考虑矩形通道内气体压力的条件下进行的,然而事实上通道内气压对挤出含有内腔体结构的聚合物制品非常重要。在通道内通入低于大气压的气体,可辅助通道成型,同时能够制得微小尺寸的聚合物制品。在数值模拟中,注气的影响作用在通道内壁面的负压力表示。RMCT 成型过程中,由于 L_c 远远大于 W_c,因此作用在(Ⅰ)区域的正压力远大于作用在(Ⅲ)区域的正压力。而且壁厚 t_L 小于 t_w,使(Ⅲ)区域壁面需承受的 y 轴负方向的正应力大于(Ⅰ)区域壁面需承受的 x 轴负方向的正应力,故而 W_c 减小比 L_c 减小的速度要快,使得矩形通道的长宽比 R_c 大于芯模长宽比 R_d。如图 7.45 所示,当 RMCT 内外压差从 0 增加到 0.024kPa 时,矩形通道最终长宽比 R_c^* 增加了约 3 倍。另一方面,由于冷却定型前 RMCT 的管腔缺乏坚实的支撑,因此(Ⅰ)区域的长边在 y 方向的形变沿 x 轴的分布并不均匀。同时,由图可知,当 RMCT 内外压差过大时,通道中间部分的宽度会明显小于两侧的宽度,呈现哑铃型;如果气压进一步增大,则通道中央会发生坍塌。

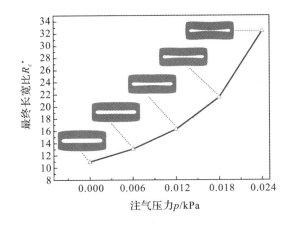

图 7.45　注气压力 p 对矩形通道最终长宽的 R_c^* 的影响及对应的通道截面

(4)芯模尺寸的影响

矩形通道在口模出口处($Z=0$)的形状和尺寸与芯模相同,显然,矩形通道最终的形状和尺寸也与芯模密切相关。芯模尺寸主要包括长度 L_d 和宽度 W_d 两个参数。当 W_d 恒定时,L_d 越大,作用在(Ⅰ)区管壁上的正压力越大;而且由于 t_L 减小,(Ⅲ)区壁面能提供的支持力也变小了,因此所得矩形通道的最终长宽比 R_c^* 越大,如图 7.46 所示。而当 L_d 较小时,RMCT 短边和长边的壁厚 t_L 与 t_w 的大小相当,(Ⅰ)区和(Ⅲ)区的速度差很小。因此这两区域在口模出口附近的离模膨胀也相当,(Ⅰ)区和(Ⅲ)区的壁面均同时向管腔内和外部空间扩展,没有哪个区域熔体的膨胀起主导作用。

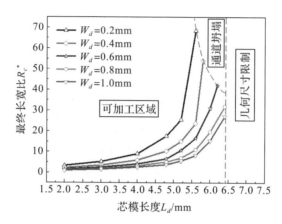

图 7.46　芯模尺寸与矩形通道最终长宽比 R_c^* 的关系

矩形通道最终长宽比 R_c^* 能够达到的最大值(记为 R_{cc}^*)受到两个因素的限制。一个因素是通道的坍塌;当 $W_d \leqslant 0.6\text{mm}$ 时,RMCT 两个长边间的距离很窄,当 L_d 达到某一临界值时,通道会在内外气压差的作用下坍塌。L_d 临界值(记为 L_{dc})的大小取决于 W_d;尽管 W_d 越大,L_{dc} 越大,R_{cc}^* 却随着 W_d 的增大而快速减小。另外,L_d 的大小不能过于接近 L_0,即需要为 RMCT 的短边留出一定的厚度;当 W_d 大于 0.6mm 时,如果 L_d 不超过 6.4mm 则不会发生坍塌,一旦 L_d 超过 6.4mm,(Ⅲ)区域的壁厚很薄,牵引作用会使其进一步变薄,在数值模拟时会出现计算失败,而在实际的挤出过程中,(Ⅲ)区的壁面会产生褶皱;因此当 W_d 大于 0.6mm 时,L_{dc} 等于 6.4mm,R_{cc}^* 为 $L_d=6.4\text{mm}$ 对应的矩形通道最终长宽比 R_c^*,且 R_{cc}^* 随着 W_d 的增大而减小。

(5)物性参数的影响

在挤出 RMCT 的过程中,加工温度远高于 LDPE 的熔融温度,因此聚合物在挤出机内部充分熔化。如果降低加工温度,则聚合物熔体的黏度 η 就会增大,在相同的气压差下抵抗变形的能力增强,进而导致通道的最终长宽比 R_c^* 增加如果聚合物熔体的黏度 η 过低,流动性过强,矩形通道则会坍塌,如图 7.47 所示。

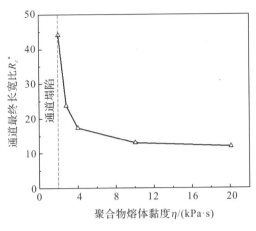

图 7.47　聚合物熔体黏度与 R_c^* 的关系

7.4　微通道塑料制品的应用

　　微通道塑料薄膜(MCF)被广泛应用于微液滴生成、免疫检测、微反应等领域，它具有许多优势：首先，它的制作成本低，预示着它可以大规模生产应用，并可以作为一次性反应器使用；其次，定制方便，简单地裁剪它的长度便可控制流体在其中的停留时间，从而控制化学反应时间；另外，它承压能力强，适合加压条件下的化学反应；它具有一定透明度，且不同聚合物材料的 MCF 对不同电磁波的透过度（比如微波、紫外线）存在差异，能用于光催化等反应；MCF 反应器能叠加堆积形成并行操作，实现工业化应用；选用氟化聚合物制备 MCF 反应器，能够大幅度提高其耐腐蚀性能和耐热温度极限。

7.4.1　微通道塑料薄膜在微流控领域的应用

　　黄兴等[7]针对台阶乳化液滴制备方法中存在的多通道相互作用机理不明、缺少主动控制手段以及仍未进行便携化开发等几大问题，运用实验、数值模拟以及理论分析三种研究方法，设计搭建了台阶乳化液滴制备的实验系统，建立了台阶乳化多相流动的数值计算模型和理论分析方法，研究了多通道台阶乳化中存在的自协调现象和机理，通过电场对同相自协调进行精确控制并建立数学描述模型，最后将结果扩展到便携化的矩形截面通道台阶乳化中。他们将电控制引入多通道台阶乳化中,通过对相邻通道离散相流体施加一定的电场,引导流动尖端之间的融合。施加的电场强度影响了界面分子极化以及离散相内自由离子的电迁移速率。这种电效应与台阶乳化的流体惯性作用相互竞争,最后决定了流动尖端是否融合以及融合发生的位置。融合后的饼状流动尖端的形状与融合的位置直接相关,而台阶乳化两相流体过程中的断裂时间等参数又与该形状有关。

徐浙云等[3]使用激光切割技术对平行的 MCF 微通道进行切割,然后再对特定的位置进行简单密封,制成蛇形混合器如图 7.48(a)所示。在通道入口 1 处通入 1% 的红色溶液,在通道入口 2 处通入 1% 的蓝色溶液,注射泵的速度为 $50\mu L/min$。从混合结果可以发现,在第一次混合时,如图 7.48(b)所示,两种溶液存在着十分明显的分层现象;而两种溶液经过来回两次回折之后,如图 7.48(c)所示,发现已无明显的分层现象,说明该蛇形混合器对这两种溶液的混合效果良好。这是由于微流体在该蛇形混合器中经历了强制的扩散和收缩,并且两次回折使得混合的历程加长,这充分利用了 MCF 集成多通道的优势,根据选用的 TPU-MCF 样品,用这种蛇形混合方式,理论上最多可达 9 次回折,也就是 5cm 的样品长度可以实现将近 50cm 的混合长度。

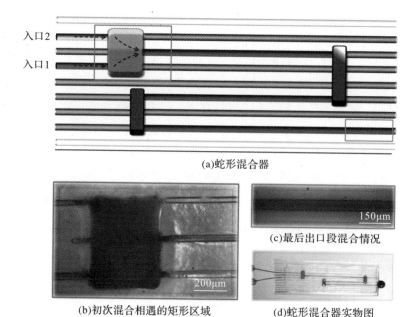

(a)蛇形混合器

(b)初次混合相遇的矩形区域

(c)最后出口段混合情况

(d)蛇形混合器实物图

图 7.48　MCF 蛇形混合器

7.4.2　微通道塑料薄膜在吸声领域的应用

根据 MCF 特有的内置平行微通道结构,可通过将其简单组合及打孔,制作出一种新型的吸声共振薄板结构——多层 MCF 多孔共振薄板结构[8]。

对挤出加工得到的 MCF 多孔薄膜进行排列和组合,如图 7.49 所示,将四片长度一样,并且是在同一工况加工出来的 MCF 多孔薄膜与另外四片 MCF 多孔薄膜分别放在上下两层,并且上下两层的长度方向相互垂直,其内部的微通道孔隙使得 MCF 多孔薄膜的抗外部挤压能力较强,交叉垂直排列可以确保制备的多层 MCF 多孔共振薄板结构的力学性能良好。之后使用普通的 HY-302AB 胶水对其进行粘贴处理,在粘贴之前先对薄膜表面进行打磨处理,利于粘贴,也利于表面声音的吸收。最后对整块 MCF 多孔共振薄板结构进行打孔处理,均使用直径为1mm 或 2mm 的钻头。

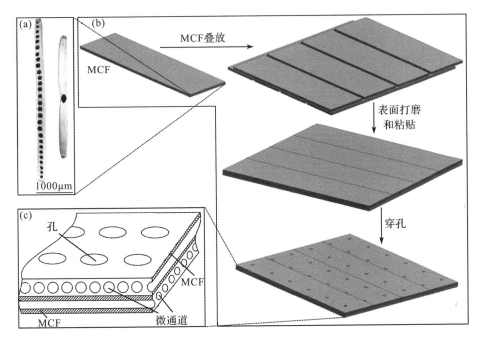

图 7.49　制备多层 MCF 多孔共振薄板结构

具体穿孔率对应的打孔数目推导计算如下:

$$P = \frac{\pi r^2 N}{\pi R^2} \tag{7.18}$$

$$N = \frac{PR^2}{r^2} \tag{7.19}$$

式中,r 为打孔孔径,R 为试样圆周直径,N 为打孔数目,P 为穿孔率。

为了说明多层 MCF 多孔共振薄板结构的优势,将两种参数不同的该结构与另外两种常见的吸声材料吸声性能进行比较分析。四种材料的物理参数如下:①多层 MCF 多孔结构 2 号,试样大直径 96mm,厚度 3.5mm,穿孔率 2%,穿孔直径 2mm,微通道直径 500μm,背后空腔厚度 50mm;②多层 MCF 多孔结构 6 号,试样大直径 96mm,厚度 3.5mm,穿孔率 1%,穿孔直径 1mm,微通道直径 500μm,背后空腔厚度 50mm;③穿孔镀锌钢板,试样大直径 96mm,厚度 10mm,穿孔率 1.37%,穿孔直径 1.2mm,背后空腔厚度 50mm;④传统多孔材料,厚度 55mm,孔径 0.4mm,孔隙率 20%。如图 7.50 所示,当 700~2000Hz 时,多层 MCF 多孔结构 6 号的吸声性能具有明显优势,在 800Hz 时吸声系数几乎是钢板的两倍;当 100~1000Hz 时,与传统多孔材料相比,多层 MCF 多孔结构 6 号的吸声性能明显加强;类似地,当 700~2000Hz 时,与穿孔钢板相比,多层 MCF 多孔结构 2 号的吸声性能也具有明显优势,在 2000Hz 时吸声系数几乎是钢板的 2.5 倍;当 100~750Hz 时,与传统多孔材料相比,多层 MCF 多孔结构 2 号的吸声性能也明显更好。对比平均吸声系数,穿孔镀锌钢板的为 0.47,传统多孔材料的为 0.29,而多层 MCF 多孔材料 2 号和 6 号的分别为 0.57 和 0.46,其中 2 号已经达到了高效吸声材料的标准。相比其他两种吸声材料,多层 MCF 多孔结构的优势如下:①有更好的吸声能力,可扩展有效吸声的频率范围(吸声系数大于 0.2 时,定义为有效吸声),提高平均吸声系数;②简易的加工过程,主要工艺为精密挤出加工;③低能耗与低成本,其厚度明显要小于其余两种材料。因此,多层 MCF 多孔结构有潜力成为一种新的替代吸声材料。

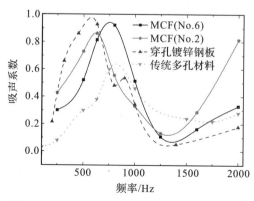

图 7.50 多种吸声材料或结构的吸声性能比较

7.4.3 微通道塑料薄膜在传热领域的应用

MCF 主要依靠固体之间导热和流体工质与壁面强制对流实现热传递,对流换热系数和努塞特数是其换热性能的两个重要评价标准[9]。当硅胶加热板热流密度为 19.8kW/m² 时,根据实验采集的数据,通过计算可以得到 MCF 在不同雷诺数下的对流换热系数,结果如图 7.51 所示。从图中可以看出,三种不同微通道水力直径 d_c 的 MCF 的对流换热系数实验值和模拟值变化趋势一致,均随雷诺数的增加而增加,这种趋势在低雷诺数范围内非常明显,高雷诺数范围内逐渐变缓。纵向比较发现,相同雷诺数下,水力直径为 $190.4\mu m$ 的 MCF 对流换热系数要大于其余两种 MCF,这说明 MCF 水力直径越小,反而增强了对流换热强度。比较同一水力直径 MCF 的实验值和模拟值发现,对流换热系数实验值小于模拟值。这是因为对流换热系数与进出口温差和微通道内壁面温度有关。一方面实验段不可避免会有热量散失,导致出口温度低于模拟值,相应的对流换热系数低于模拟值。另一方面,MCF 尺寸微小,无法在微通道内壁面布置热电偶,实验中以实验段底部平均温度利用固体导热公式得出微通道内壁面温度,故实验测得微通道底部温度要大于模拟值,导致实验对流换热系数低于模拟值。

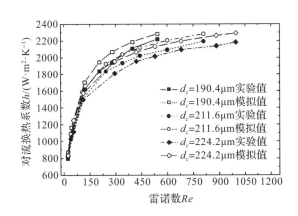

图 7.51 三种 MCF 对流换热系数随雷诺数变化曲线

同样在硅胶加热板热流密度为 19.8kW/m² 条件下,三种 MCF 努塞特数随雷诺数变化规律如图 7.52 所示。从图中可以看出,三种 MCF 的努塞特数实验值和模拟值变化趋势一致,均随雷诺数的增加而增加,因此可以通过提高流体速度的方法增大努塞特数来增强对流换热。但随雷诺数的增大,努塞特数增大的趋势逐渐变缓,当雷诺数增加到一定范围后,三种 MCF 的努塞特数基本保持不变,因此对于 MCF,不能单纯通过增大流速来提高换热能力。比较三种 MCF 发现,相同雷诺数下,水力直径越大,努塞特数越大,说明水力直径为 $224.2\mu m$ 的 MCF 换热性能最好。

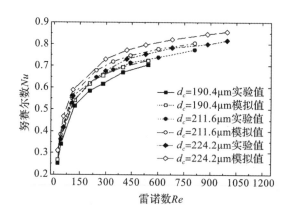

图 7.52　三种 MCF 努塞特数随雷诺数变化曲线

综合实验研究的结果发现,MCF 的实验压降值、摩擦系数、对流换热系数及努塞特数与模拟值相比有一定的偏差,其原因是多方面的,总体来看,MCF 的摩擦系数要大于常规理论值,努塞特数随着雷诺数的增加而增加,但趋势逐渐变缓,考虑到提高流速的同时,需要的泵功较大,微通道压降大,容易出现泄漏问题,因此在中低雷诺数范围内,MCF 的综合换热性能最好。

7.4.4　微通道塑料薄膜在检测领域的应用

基于 LLDPE-MCF 制备双氧水快速检测试条的整体思路如图 7.53 所示。

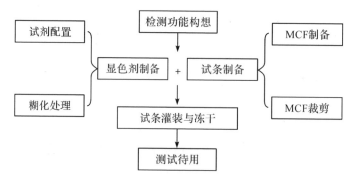

图 7.53　基于 LLDPE-MCF 制备双氧水快速检测试条的整体思路

徐浙云等[3]提出了两种基于 MCF 试条的检测功能设想,分别为传统的比色法以及显色分级法,这两种检测方法分别使用两种 MCF 检测样条。

①比色法。顾名思义,该方法的 MCF 检测样条是利用标准比色法来获取检测结果,这种 MCF 检测样条的测试方式与淀粉碘化钾试纸相同,唯一的区别是将纸张换成了 MCF 检测样浆。

②显色分级法。是基于 MCF 提出的全新测试方法,该种方法利用了 MCF 多通道的特点,将显色结果判断的方式从比色深浅转变为了比显色区域数目。在该研究中,一共设置四个显色区域,因此在制备时需要提前对 MCF 通道进行区域划分。该种方法的具体实现原理后面会详细阐述,这里主要展现两种样条制作过程中的区别。

对于比色法 MCF 检测样条,首先是选取一定长度的 LLDPE-MCF,截取 50cm 左右的样条,然后将样条一端伸入糊化的显色剂溶液,另一端密封在真空箱里,然后开启真空泵对真空箱进行抽真空处理,让 MCF 所有的微通道内都充满显色剂。

对于显色分级法 MCF 检测样条,选取一定长度的 LLDPE-MCF,截取 50cm 左右的样条,但在将样条一端伸入糊化的显色剂溶液之前,需要将这一端的样条进行分区处理,具体如图 7.54 所示,选取 MCF 最中间的 13 个微通道,每两个相邻通道归成一个区域,一共四个区域分别是 A、B、C 和 D,每个区域中间隔一条空白的通道用于区分清楚。用剪刀沿着相隔的那条空白通道剪开大约 10cm 的切口,将这一端分成四个部分;然后将这四个部分分别伸入不同浓度的碘化钾糊化显色剂;此后与比色法 MCF 检测样条制备类似,将 MCF 检测样条另一端密封在真空箱里,然后开启真空泵对真空箱进行抽真空处理。等待一定时间,待糊化显色剂基本充满整个样条。

为了验证显色分级法 MCF 检测样条的分级检测能力,配备各浓度分级中的某一浓度双氧水溶液,分别为 0.01%、0.04%、0.07%、0.1% 和 0.2%。并进行测试,观察测试的结果,具体如图 7.55(b) 所示。显色结果显示所有的区域显色数目与该样条的预测能力匹配完好,也就是说在分级范围内的浓度都可以被很好地检测出来。还可以发现,当多个区域都显色时,其显色的强度总是 A>B>C>D,这与前面的研究结果相符;而且该种样条的分级结果属于既定,显色的顺序总是从 A 到 D,也就是说不会出现 A 区域不显色,而其他区域显色的情况。假如出现就说明是样条本身存在误差,可以将该结果排除,属于不正常结果。

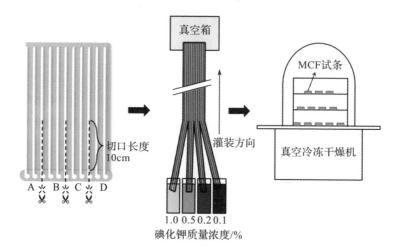

图 7.54　基于 MCF 的显色分级法检测样条的制备过程示意图

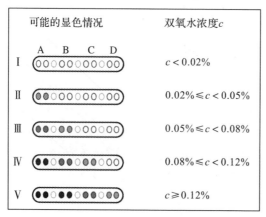

(a)四分区显色分级法MCF样条的检测能力说明

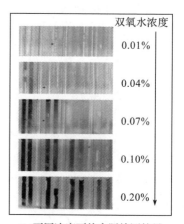

(b)不同浓度下的实际检测结果

图 7.55　显色分级法 MCF 样条的检测能力说明与不同浓度下的实际检测结果

　　此外还随机配置了未知浓度的双氧水溶液,利用该样条进行测试,45s 后观察结果,发现 A、B 和 C 一共三区域显色,然后利用标准的高锰酸钾滴定法进行滴定,发现该未知浓度在 0.78％,刚好落在该样条能力说明中第Ⅳ种显色情况下的双氧水可能浓度范围。

　　相比传统的淀粉碘化钾试纸,以 MCF 为载体制成的淀粉碘化钾塑料试条具有以下几个优点:载体为 LLDPE-MCF,选择性和适用范围增大,可耐腐蚀、高低温和物理损坏等,适用于某些极端检测环境;改变传统分布方式,由传统的平铺暴露式改为圆管内藏式,提高反应接触面积和灵敏度,而且保存时间长,不容易被氧化；制作过程中原材料利用充分，原材料利用率提高 80%，减少浪费，降低制造成本，适合大批量制作。

对于显色分级法的 MCF 检测样条，该样条还具备以下几点优势：①每级检测采用双通道，可能的显色结果种类可预知，避免了因产品自身功能失效引起的测量错误；②避免了检测人员对色彩判断的个体化差异，显色区域对应检测浓度的方法更加直观和简单，适合一些特殊障碍人群使用。

综上所述，MCF 加工技术是一个有着巨大潜力的前沿研究课题，MCF 的结构特点和性能，为其提供了在众多的加工领域创新发展的可能性。首先，MCF 的加工建立在塑料薄膜、中空纤维、泡沫塑料等现有成熟技术基础上，可利用现有的生产设备进行改造，不仅设备投入少、生产成本低，而且产品附加值高；其次，MCF 作为一种低成本、结构独特的新颖材料，在微型换热器、微型反应器等微机械、传感器、膜分离、生物医学以及包装等诸多重要领域有广泛应用前景。

参考文献

[1] 唐颂超.高分子材料成型加工[M].3 版.北京：中国轻工业出版社，2012.

[2] Cao J，Xu Z，Wang B，et al. Influence of injection air pressure on the microcapillary formation within extruded plastic films[J]. Journal of Materials Science. 2012，47（23），8188-8196.

[3] 徐浙云.塑料微通道结构制品的成型技术与应用研究[D].杭州：浙江大学，2017.

[4] 王嫘.聚合物矩形通道微管挤出成型及加工工艺研究[D].杭州：浙江大学，2020.

[5] 钱欣，许王定，金杨福.Polyflow 基础及其在塑料加工中的应用[M].北京：化学工业出版社，2010.

[6] Hallmark B，Gadala-Maria F，Mackley M R. The melt processing of polymer microcapillary film（MCF）[J]. Journal of Non-Newtonian Fluid Mechanics，2005，128（2-3）：83-98

[7] 黄兴.微流控台阶乳化液滴制备技术及机理研究[D].杭州：浙江大学，2020.

[8] 王柏村.多层/梯度多孔材料的设计及其吸声与强化传热性能研究[D].杭州：浙江大学，2016.

[9] 杨世鹏.塑料薄膜微通道流动与传热特性及其应用研究[D].杭州：浙江大学，2015.

第8章　其他微系统装备技术

微系统装备技术是采用特定的系统架构,将微传感器、微执行器、微控制器及对应的接口等进行一体化集成,它融合了微电子、微机电和微光电技术。本章仅选取代表性的微机电系统及其包含的微传感器和微电机进行简要介绍,最后简单介绍纳米生物机器人。

8.1　微机电系统(MEMS)

8.1.1　MEMS 的基本概况

微型化始终是当代科技发展的重要方向。对于小微型机械,其特征尺寸为 $1\sim10\text{mm}$ 的为小型机械;$1\mu\text{m}\sim1\text{mm}$ 的为微型机械;$1\text{nm}\sim1\mu\text{m}$ 的为纳米机械。广义上说,MEMS 包含了微型机械和纳米机械,但 MEMS 的划分并非单纯依靠其特征尺寸,而是取决于其是否可以采用微机械加工技术进行批量制作。MEMS 是集微传感器、微执行器和相应的处理电路于一体的微型器件和微型系统。

MEMS 有五个基本特点:

①MEMS 器件体积小、重量轻、耗能低、惯性小、谐振频率高且响应时间短;

②MEMS 器件主要采用硅制造,硅的硬度和强度与铁相近,热传导率与钨相近,且具有较小的密度,具有优良的机械电器性能;

③能够批量生产,硅微加工工艺可以同时在同一片材料上制造几百甚至上千个微机电装置,大大降低了生产成本;

④集成化,可以将不同功能、不同方向的多个传感器或执行器集成,或者形成对应的阵列,甚至把各种功能的器件集成在一起形成可靠性、稳定性很高的MEMS。

⑤多学科交叉,MEMS 涉及机械、自动控制、材料和电子信息等多学科,是当今科学综合发展的成果。

以一个完整的传感 MEMS 基本模块为例,它一般可以分成为五个独立的单元:传感器、模拟信号处理、数字信号处理、执行器和通信接口。一般来说,输入的是自然信号,通过传感器转换为电信号,之后是对电信号进行信号处理,最后通过执行器与外界作用,五个单元之间通过通信接口进行连接。

8.1.2　MEMS 技术的分类

MEMS 技术根据其应用领域可以分为传感 MEMS 技术、生物 MEMS 技术和信息 MEMS 技术等,具体介绍如下。

①传感 MEMS 技术

在研究 MEMS 时,传感 MEMS 指的是可以将感受量转换成电信号的传感器及对应的系统,包括速度、温湿度、压力、声、光和生化等传感 MEMS。传感 MEMS采用微电子和微机械技术加工制造而成,特征尺寸达到微米级,可以说是各种现代化设备的“神经元”。

传感 MEMS 具有体积小、重量轻、成本低、功耗低、可靠性好、易于批量化生产、易于集成化和多功能化等优点,是当今世界自动化技术与现代武器装备快速发展的背景下至关重要的技术之一,也是现代传感技术重要的发展方向,受到世界各国的高度重视,具有十分广泛的应用前景。

②生物 MEMS 技术

生物 MEMS 指的是采用微电子和微机械技术加工制造而成的用于生化分析和检测的微型芯片或仪器。使用这种芯片或仪器分析检测时,进样、反应、分析和检测等步骤是在固相基片的微反应器上进行的。生物 MEMS 技术的主要研究方向有微阵列芯片、药物缓释芯片及其他用于医学诊断和治疗的微型器械和芯片的制备。

生物 MEMS 具有体积小、成本低、可标准化和易于批量化生产等特点,并且由于其具有获取信息量大、分析效率高、样品用量少、操作简便,以及可实现生物和化学信息的实时自动化检测等优点,可被应用到生物医药、环境保护、化工生产和国家安全等一系列重要的领域,已然在国际上成为一个研究热点。

③信息 MEMS 技术

现代信息技术的基础和核心是微电子技术,MEMS 技术的发展使得人们可以在一个微型芯片或器件上完成对信息的获取、传输、处理和执行等一系列操作,大大减小了此类器件使用时所需的空间。信息 MEMS 技术指的是将 MEMS 技术应用到信息通信、网络空间和智能化领域衍生出的技术与成果。信息 MEMS 在现代信息产业中可以将传统的设备及系统取代,实现信息设备的微小型化和性能升级。目前,信息 MEMS 中比较成熟的产品有硬盘读写头、喷墨打印头、数字微镜阵列(DMD)等,研究热点聚焦在全光通信和移动通信领域,如 MEMS 光开关等。

信息 MEMS 技术具有广阔的应用前景,可以促进许多产业的集成化、微型化及智能化,极大地提高设备的功能密度、信息密度和互连密度,从而降低其的能耗。因此,信息 MEMS 技术将会在国家安全和交流通信等方面带来深远影响。

8.1.3 MEMS 的材料

MEMS 是由微电子技术发展而来的,按性质可以将其材料分为结构材料和功能材料两种。结构材料具有一定的机械强度,主要用于制造 MEMS 的结构基体;功能材料指的是如压电材料、磁致伸缩材料等具有某种特定功能的材料。

(1)结构材料

目前,最普遍的结构材料是具有优良导热性、机械性能和电性能的硅。1982 年,彼得森(Petersen)总结了硅材料的性能优势[1]。在微观层面,硅晶体根据其晶粒结构可以分为单晶硅和多晶硅。单晶硅具有和不锈钢相当的弹性模量,优于不锈钢的努氏硬度和断裂强度,但其密度仅为不锈钢的三分之一,同时,单晶硅的滞后和蠕变非常小,机械品质因数高,具有较好的机械稳定性。多晶硅也是单质硅的一种,由许多晶面取向不同的晶粒构成,它具有与单晶硅类似的机械性能,但受工艺影响较大。

硅晶体相较常见的金属材料也有一定的缺点,例如其机械性能在很大程度上会被制造工艺影响,同时单晶硅的机械特性还表现为各向异性,且其具有一定的脆性,容易发生断裂屈服,因此,加工硅晶体时应该注意减少硅片材料上缺陷的形成,尽可能减少机械加工工艺如切和磨等的使用,在高温工艺和多重薄膜的淀积中尽量减少内应力的产生,必要情况下采取一定的保护措施,如表面钝化等。

除了硅材料以外,其他半导体材料、石英、玻璃和陶瓷等也可以作为结构基本材料,而 SiO_2、SiN 和金属等薄膜也可以构成微机械结构。

(2)功能材料

功能材料是具有能量变换能力的材料,包括各种压电材料、形状记忆合金、磁致伸缩材料和光敏材料等,它具有敏感和致动的功能。

压电材料是受到压力作用时会在两端面间出现电压的晶体材料,这种现象也称为压电效应,即其弹性效应和电极化效应在机械应力或电场作用下将发生相互耦合,也就是应力-应变-电压之间存在内在联系。压电材料的形变量十分微小且响应速度很快,这对需要精密定位的微操作器很有意义。因此可以利用正压电效应感知外界的机械能,制作微传感器,再利用逆压电效应作为驱动力,制作压电微执行器。

具有磁致伸缩效应的材料称为磁致伸缩材料,即其在外磁场作用下,体内自发磁化形成的各个磁畴的磁化方向均转向外磁场的方向,并规则排列,在磁化时,体结构还会产生应变。相较其他材料,磁致伸缩材料是双向可逆的换能材料,并且它在磁场中的伸缩量很小,可以在 MEMS 中作为驱动器和接收器等。

8.1.4　MEMS 加工工艺

(1)体型微机械加工工艺

体型微机械加工工艺是指利用腐蚀的工艺从硅衬底上选择性地去除大量的材料,进而得到所需的沟、槽和特定的悬空结构等。这种加工工艺得到的产品具有较大的几何尺寸和良好的机械性能,但是对原材料的浪费很大,并且可能会导致产品与集成电路兼容性较差及其他缺陷。

体型微机械加工工艺所用的腐蚀方法具体有很多种,根据腐蚀速率是否与硅的晶向有关,可以分为各向同性腐蚀和各向异性腐蚀;根据腐蚀剂的相态,可以分为湿法腐蚀和干法腐蚀,湿法腐蚀所用的腐蚀剂往往为液相,干法腐蚀所用的腐蚀剂往往为气相或者等离子态。

(2)表面微机械加工工艺

表面微机械加工工艺是指利用硅片表面薄膜的淀积和腐蚀得到所需的机械结构。由于淀积的薄膜不能过厚,这种加工工艺得到的产品质量相较体型微机械加工工艺得到的产品要轻很多,但是这种加工工艺所用的材料和方法大都与集成电路兼容,有利于产品的集成和批量生产。此外,若使用绝对值和变化量很小的电容作为 MEMS 器件内部检测系统的检测元件,得到的信号可能较弱,但使用这种加工工艺得到的产品可以将机械结构和电路更小集成在同一芯片内,这样检测电路会受到的噪声和寄生效应的影响,从而弥补了电容检测方法灵敏度低的缺陷。

(3)LIGA 技术

LIGA 是一种综合性加工技术,由深度 X 射线光刻、电镀和注塑技术结合而成。它最开始用于微型机械部件的批量生产,经过一系列的发展,目前可用于三维立体的微细加工。该技术的基本步骤为:①用同步辐射 X 射线光刻技术刻录出目标图形;②利用电镀的方法制得到与光刻胶图形相反的金属模具;③利用微注塑制备所需的各种材料的结构。更多的细节已经在第 3 章中介绍,此处不再赘述。

8.1.5　MEMS 技术未来发展趋势

(1)研究方向多样化

目前,MEMS 技术的研究方向已经涉及微型传感器、微型流体器件和微型光学器件等多种器件,其中,各种 MEMS 射频器件的研究可能是之后科研的焦点。

(2)加工工艺多样化

目前较为成熟的 MEMS 的加工工艺有传统的精密机械加工工艺、体型和表面微机械加工工艺以及 LIGA 技术,除此之外,能束加工、电铸和电镀等工艺也逐步进入大家的视野,使得在 MEMS 的设计和制造方面有更多的选择。

(3)MEMS 的进一步集成化、智能化和多功能化

在军事、医药和核电等领域,集成化、智能化和多功能化的 MEMS 的应用前景非常广阔,会持续性作为研究的热点。

8.2　微传感器

8.2.1　微传感器的基本概况

微传感器是一种基于半导体工艺技术的新型检测装置,它可以通过新的工作机制和物化效应感受到被测量的信息,并将所收集到的信息依据一定的规律转换成所需的信号形式(一般为电信号),便于之后对信息的进行通信、处理、存储和控制等。微传感器一般使用与标准半导体工艺兼容的材料,通过微细加工技术制备而成。

微传感器具有几何尺寸小、产品质量轻、功耗低、性能好、成本低和易于批量生产,以及便于集成化和多功能化的特点,并且提高了传感器的智能化水平。微传感器是目前实用性最好的 MEMS 器件。它根据功能可以分为微型压力传感器、微型加速度传感器、微型温度传感器、磁场传感器和气体传感器等;根据其工作方式,可以分为压阻式、电容式和压电式等传感器。按照被测量样品的性质种类又可以分为化学微传感器、生物微传感器、物理微传感器等。这里简单介绍几种不同类别的代表性传感器。

(1) 离子传感器(化学型)

离子传感器为将溶液中的离子活度转换为电信号的传感器。其基本原理是利用固定在敏感膜上的离子识别材料有选择性地与被传感的离子结合,从而使膜电位或膜电压发生改变,进而达到检测的目的。目前,离子传感器被广泛应用于生工食品和医药化工等行业中。

(2) 基因传感器(生物型)

基因传感器是通过使固定在感受器表面上的已知核苷酸序列的单链脱氧核糖核酸(DNA)分子(也称为 ssDNA 探针),和另一条互补的 ssDNA 分子(也称为目标 DNA 或靶 DNA)杂交,形成双链 DNA(dsDNA),然后换能器将杂交过程或结果所产生的变化转换成电、光、声等物理信号。通过解析这些信号,可以得出相关基因的信息,因此基因传感器也被称 DNA 传感器。

(3) 声表面波传感器(物理型)

声表面波传感器是利用声表面波技术和 MEMS 技术,将各种非电量信息,如压力、温度、流量、磁场强度、加速度和角速度等的变化转换为声表面波振器振荡频率变化的装置。

8.2.2　微传感器的工作原理

不同种类的微传感器的工作原理大不相同,篇幅所限,这里选取最常见的几种机械-电信号传感器介绍其工作原理。

(1) 压阻式传感器

压阻式传感器的核心构件是力敏电阻和弹性敏感元件,且力敏电阻黏附在弹性敏感元件上。在压阻式传感器工作时,内部的弹性敏感元件表面会首先产生形变,从而导致力敏电阻也发生形变,进而使得力敏电阻的阻值发生变化。此时,仅需对力敏电阻的阻值变化进行测量,根据力敏电阻阻值的变化规律,就可得知待测量的大小。

(2) 电容式传感器

电容式传感器利用物体间的结构参数与电容量之间的关系来求得待测量的大小。在两个平行金属板构成的平行板电容器中,两板之间用绝缘介质隔开,根据物理学定律,假设边缘效应对电容量不产生影响,电容器的电容量与两极板的正对面积 S、极板间介质的介电常数 ε 和两极板之间的距离 δ 相关,待测量的变化会使 S、ε 或 δ 对应地发生变化,从而使得电容器的电容量发生变化。

若保证其中两个参数不发生变化,仅改变剩下的那个参数,就可以利用这个参数与电容器的电容量之间的定量关系,计算得到电容量的变化 ΔC,这就是电容式传感器的工作原理。在实际应用中,为了获得更高的测量灵敏度,通常使用两平行板间距离作为传感器的待测量。

(3)压电式传感器

压电式传感器是自发电式传感器的一种,其工作原理为某些电介质的压电效应,即某些电介质在外加压力的作用下,两端面间会产生电压,从而可以将非电量进行电测。压电式传感器的核心元件是力敏感元件,它能够测量那些可以转换为力的形式的非电物理量。

如图8.1所示,当对某些电介质施加一定方向的压力时它会发生形变,形变会导致材料内部的正负电荷中心发生相对偏移,最终产生电的极化现象,此时,材料的两端面上出现了大小相等电性相反的束缚电荷;当压力撤去后,材料内部正负电荷中心不再偏移,两端面间也不会再有电压;若改变外力的方向,产生电压的方向也会随之改变。这种现象被称为正压电效应,简称为压电效应。

如图8.2所示,若在电介质的极化方向上施加电场,它也会产生形变,并且伴随着机械应力的产生;当外电场消失时,它产生的形变和应力也会随之消失,这种现象被称为逆压电效应,也叫电致伸缩效应。

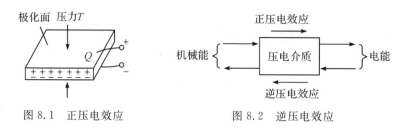

图 8.1　正压电效应　　　　　图 8.2　逆压电效应

8.2.3　微传感器的发展趋势

(1)向高精度发展

随着社会的发展,我们的科技水平也在不断提高,相应地对传感器的精度也提出了更高的要求,因此,高精确度、高灵敏度、互换性好和响应速度快是新型传感器发展的必然趋势。

(2)向高可靠性和宽量程发展

微传感器普遍特点是几何尺寸较小,且对噪声等干扰因素十分敏感。因此,微传感器的抗干扰性能是在研发过程中不得不考虑的一个重要指标。为了能够达到预期测量性能,微传感器必须具有宽量程和高可靠性等特点来削弱噪声等因素的干扰。

(3)向微型化发展

随着科技水平的不断提升,各种控制设备和仪器也在不断向前发展,相应地也会对这些设备和仪器的集成度和几何尺寸提出更高的要求。在器件内部,传感器自身的几何尺寸很大程度上影响着器件的几何尺寸,因而促使着新材料与加工技术的研发,推动传感器向微型化发展。

(4)向微功耗及无源化发展

目前市面上大多数的传感器都是将非电量转换为电量,再利用电量的变化得到待测的非电量。这种工作模式的传感器工作时的一个重要条件就是需要电源为其测量电路供电,这在远离电网的地方是较为困难的,目前常用的解决办法是利用太阳能或电池等电源供电,但这会使生产成本及技术难度的增加,故微功耗或者无电源传感器将是该领域的重要研究方向。

(5)向智能化数字化发展

随着科技水平及现代化技术的不断发展,微传感器在模拟信号的输出方面已经出现性能不足的问题,因此,信号可以被计算机处理的数字信号传感器,或者甚至自身具有控制功能的传感器将成为之后微传感器重要的研究方向。

(6)向网络化发展

网络在我们的日常生活中发挥着越来越重要的作用,将来网络传感器可能会再次促进电子科技的发展,推动微传感器向网络化发展。

8.3　微电机

微执行器是 MEMS 重要的动力构件,它可通过静电力、电磁力、压电力、热膨胀力、磁滞伸缩、电液驱动、超声波以及形状记忆合金膜片等驱动。微电动机是一种代表性的微执行器,在很多 MEMS 中占据核心地位。

8.3.1　微电机的种类

(1)静电驱动微电机

静电驱动型微电机是利用带有电荷的两个极板间会产生吸引力或排斥力的

原理来实现电能到机械能的转化,也称静电电机。其转子的连续运转是通过变换定子上的静止电极和移动转子电极上的电荷分布来实现的。静电驱动微电机的运行原理有两种:介电弛豫原理和电容可变原理。

①静电感应电机

静电感应电动机是利用介电弛豫原理运行的,也被称为异步介电感应电动机。其具体运行原理为介电转子处于旋转电场中时,其表面可以产生感应电荷,根据介电弛豫原理,感应电荷滞后于旋转电场,也即与旋转电场之间存在偏移,在电场的作用下,因偏移产生的转矩作用在了转子上。并且电机运转时转子和电场旋转的角速度不相等,故称为异步介电感应电动机。

②驻极体微电机

驻极体(electret)是一种永久保持极化的电介质,由英国物理学家奥利弗·赫维赛德于 1885 年命名,也称永电体。驻极体极化时,若在其表面呈现的电荷极性与制造时触碰的电极极性相同则称为同号电荷,极性相反则称为异号电荷。

扁平驻极体微电机的驱动原理为电容可变原理,与以往的电磁型电机不同,其是利用驻极体转子在电场中所受的静电力将电能转化为机械能,也是静电驱动微电机的一种。

③电晕微电机

电晕(corona)是由于电场分布不均匀、局部场强过强导致电机定子高压绕组绝缘表面某些部位附近的空气电离而引起的辉光放电,其运行原理对两种运行原理均有涉及。在线性旋转电晕微电机中,转子的整个表面由于电极与转子之间的不间断放电均分布着电荷,并且定子周围也放置着不同极性的电极,这些间隔的电极电荷在转子上产生了间隔电荷区,并且每个转子区域与其相邻的同电荷电极相排斥,故可以在定子电机上施加直流或交流电来驱动电机。当转子转动时,转子上的驻留电荷区会接近定子电极上的异种电荷,故转子区域与该电极间会产生吸引力,从而实现驱动过程[2];旋转过程的持续依靠区域上电荷变化来维持。

(2)电磁驱动型微电机

①永磁微电机

代表性的有 2005 年法国电子科技实验室 Cugat 等[3]联合研制的平面永磁同步微电机,其外径约 8mm,转速可达 80000r/min。相较静电微电机,电磁微电机具有驱动力矩大、能量转换效率高、工作稳定可靠、易于控制、可在低电压条件下驱动、工作寿命长、抗干扰能力强、容易装配和易于实用化等优点;但是其集成电路工艺兼容性较差,有直流损耗且工艺较复杂。

②磁阻微电机

代表性的有 2006 年哈尔滨技术学院电子工程系 Sun 等[4]共同研制的高速开关磁阻微电机,其相数和极对数较少,从而减小了铁耗并降低了电频,实现了高转速的目标。并且该电机采用了四定子两转子电极的结构,空气间隙为 0.4mm,定子电极弧度为 27°,转子电极弧度为 40°,转速可达到 10^5 r/min,并且可以在电机高速旋转的同时高性能地控制定子电极的电流。

(3)压电微电机

以超声波电机为例,它是一种新型压电微电机,运行原理是压电陶瓷(PZT)的逆压电效应,其利用逆压电效应和超声振动,通过共振放大和摩擦耦合将弹性材料的微观改变转换成转子或滑块的运动。2005 年冈山大学 Kanda 等[5]共同研制出的一种稳定性很好的微型超声电机,该电机直径为 2mm,高 5.9mm,转子直径为 0.8mm,与转子相连的轴直径为 0.4mm,如图 8.3 所示。当激励电压为 58kHz、40V 时,其转速可达 $2.4×10^3$ r/min。

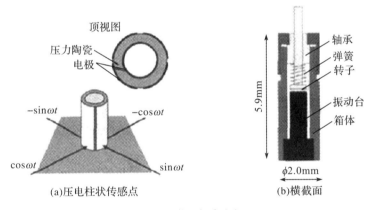

(a)压电柱状传感点　　　　(b)横截面

图 8.3　微型超声电机

8.3.2　微电机的应用

微电机是 MEMS 中的关键的动力部件,经过多年的发展,主要有以下几个领域的应用。

(1)信息领域

微电动机可与传感器和数字电路集成在一个半导体芯片上构成开关组合部件;并且,精密的微电机还可以作为各种光纤产品或者光学仪器的驱动;此外,光显示器的关键构件之一就是超微电机与光器件融合而成的光机电系统;甚至微电机还可以应用到精密喷墨打印机或者高密度细刻录硬盘技术中。

（2）医疗领域

MEMS 在医疗领域的应用是最具代表性的。能够进入人身体内部进行检测和治疗的超小型机器一般都是由微电机、电子发射器、电脑和自动记录仪集成的；并且微电机还是手术时使用的超小型机械手的核心部件；此外，高柔顺性和高灵巧度的微电机还能用于微创伤内窥诊疗及精密显微外科等。

（3）航天航空领域。

微电机可以用来驱动在宇航设备用内进行故障排查作业的机器人；以微电机为基础，还可以继续研发惯性导航器件，如微陀螺以及静电和电磁微电机的研制成功为悬浮转子微陀螺的实现提供了技术支持。

（4）军事领域

在现代化军事领域，各种机器昆虫和微机器人等微型探测器将会起到越来越重要的作用，而其每一个动作的完成要依靠内部大量的微电机供能。

除此之外，微电机在生物学和精密加工等领域的研制及应用也将越来越受到人们的重视。

8.3.3 微电机的发展趋势

（1）产品小型化

日常生活中，电机的应用机器日益轻薄化，对应的，要求电机也向小型化发展，此过程中，主要的技术难题为主轴电机及其紧固结构等的小型化和薄型化，以及电路板的简化。

（2）生产模式规模化

在制造业中，规模化的生产制造和自动化的检测可以提高生产率和产品质量，因此微电机生产模式的规模化是其发展的必然趋势。并且，需要大批量生产的微电机可以通过生产自动化、集约化和专业化，以及协作配套的网络化实现规模化经济。

在微电机的规模化生产中，驱动与控制电路将会向集成化、专用化和机电一体化方向发展。使用集成芯片进行电路电机驱动与控制可以使制作工艺和电路简化，提高驱动精度和可靠性，降低生产成本。

（3）高效节能化

高效节能是当今世界大部分产业总的发展趋势，微电机也不例外。据统计，我国总用电量的五分之三是电机消耗的，因而电机节能是我国推进节能减排工作的重中之重。微电机在我们生活的各个领域中均有应用,且使用量巨大,因此其具有很大的节能潜能,需要通过不断开发各种新结构或者使用新材料来实现微电机的高精度、低成本和低功耗。

(4)无刷化和永磁化

无刷电机相较有刷电机在运行时噪声更小,其电磁兼容性和可靠性也更好,并且具有更长的使用寿命。因此,微电机的无刷化也是其发展的一个必然趋势。并且随着微电机的不断发展,永磁材料凭借其优良的性能必然会普遍应用于微电机中。

(5)发展微电机新型测试技术

随着微电机的微型化,很多情况下器件产生的位移已经微乎其微,因此传统的测试方法已经无法准确得到微机械系统建模仿真、优化设计的相应指标,这对微机械的性能评测技术提出了新的发展要求。为了适应新的测试需求,必须发展微机械量传感测量等技术。

8.4　纳米生物机器人

纳米机器人微型、智能、价廉和敏感的特点对其组成部件材料提出了特定的要求。生物分子相较传统的无机材料大量存在于自然界中,其作为原料充足且成本低,并且它无磨损,能够自我修复,大大降低了维护需求,还能够通过控制生化反应实现生物分子部件间的装配连接。同时,生物分子还能够进行自我复制,易于实现生产自动化。因此,生物分子部件可以说是构建纳米机器人最合适的材料,这样得到的纳米机器人被称为纳米生物机器人(bio-nano-robot)。它们可以进入人体的毛细血管及身体器官的细胞内进行定点定量给药,以及诊断治疗一系列传染病和遗传病,是重要的纳米医疗工具。

8.4.1　纳米生物机器人的组成

通常纳米生物机器人是依据分子仿生学原理,利用大量天然存在的生物分子设计和组装的功能器件。就组成而言,纳米生物机器人与宏观机器人类似,一种纳米生物机器人如图 8.4 所示。

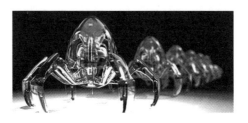

图 8.4　纳米生物机器人

纳米生物机器人通常将分子马达,或者纳米驱动器如纳米电机作为动力部件,将可感知生化信号的纳米传感器作为传感器,而其结构件和连接件则由无机纳米材料或者生物物质构建,如 TNC(tenascin-C,肌腱蛋白 C)、DNA 关节和蛋白质等,部分纳米生物机器人甚至包含控制器或生物计算机。

8.4.2　分子马达(驱动器)

纳米生物机器人的核心部件是分子马达,按照物质组成和运动机理,可以将分子马达分为基于蛋白质、DNA、ATP 和鞭毛的分子马达。

(1)蛋白质分子马达

目前基于蛋白质的分子马达包括利用病毒蛋白在 pH 值变化时构象变化而产生位移的原理的病毒蛋白马达,以及利用马达蛋白沿微管运动特性的马达蛋白马达。华盛顿大学的 Hess 的纳米技术中心基于马达蛋白建立了一个具有轨道、货物码头和控制系统的分子火车系统。系统中特殊的马达蛋白连接到填满蛋白的小容器上,并沿着细胞的骨架传输它们。目前,该分子火车系统能够沿着加工路径移动货物,并可以控制驱动蛋白轨道上微管的方向、向微管装载货物以及用紫外线引导释放 ATP 来开关分子火车,如图 8.5 所示[6];

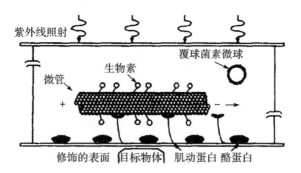

图 8.5　基于肌动蛋白和微管的分子火车系统[6]

(2)DNA 分子马达

DNA 的结构相较蛋白质要简单很多,且其具有天然的互补自装配特性,因而被广泛用于纳米机器、关节和驱动器的制造。2004 年 5 月纽约大学塞曼(Seeman)小组研究出了 DNA 双足纳米生物机器人。它的双腿由 36 个 DNA 碱基对构成,并且通过 DNA 上的锚定链和 DNA 轨道结合;非固定链 DNA 片段使得锚定链从轨道上脱落下来,进而机器人的双脚就会沿着轨道向前寻找下一个锚定链,如此循环,就可以让机器人沿预定轨道行走,如图 8.6 所示[7]。

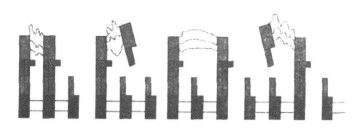

图 8.6　DNA 双足纳米生物机器人[7]

(3)ATP 分子马达

ATP 合成酶可以利用细胞的双分子膜内外的离子浓度梯度来驱动分子马达的旋转,产生生物细胞的"能量货币"ATP;相反,若将 ATP 提供给 ATP 合成酶,则其转子会倒过来旋转。因此可通过控制 ATP 添加的速度和浓度来控制分子马达运转,如图 8.7 所示。

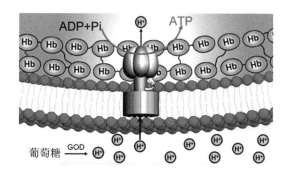

注:GOD(glucose oxidase,葡萄糖氧化酶)。

图 8.7　ATP 分子马达

（4）鞭毛马达

鞭毛马达位于细菌的包膜上，通常由十种以上的蛋白质群体组成，并由质子推动力 proton motive force，PMF，即细菌内支撑马达的薄膜内外的氢氧根离子或者钠离子浓度差导致的电势差来驱动，平均转速 6000r/min，可产生 4500pN·nm 的力矩，如图 8.8 所示。

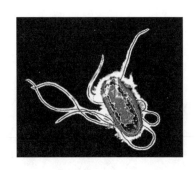

图 8.8　鞭毛马达

8.4.3　纳米生物机器人的自装配理论

用纳米结构组件构建纳米机器的方法主要有自装配以及直接利用力或电磁场进行精确定位装配两种。自装配的方法是由传统化学和批量处理改进而来，其产生的结构倾向于高度对称且有机，但缺乏一定的鲁棒性；直接进行精确定位装配的方法主要用于扫描探针显微镜（SPM）。由于自装配方法的装配效率相较另一种方法要高很多，因此大多数情况下都选用自装配。并且自然界也普遍存在自复制、自组织等现象，自组装方法在未来的纳米机器和系统构建中将更为重要。

8.4.4　纳米生物机器人的发展趋势

纳米生物机器人的研究主要有以下几个方面：
①新功能分子部件及其特性的研究；
②部件间有效连接的研究；
③纳米生物传感器的研究；
④系统模型及自复制和自装配理论的研究；
⑤生物计算机与纳米生物机器人接口的研究。

纳米生物机器人技术是生物、控制和化学等多学科交叉，研究具有较高挑战性和难度，其所涉及的关键技术也是目前生化和机器人领域研究的热点问题。随着越来越多的研究团队相关研究的开展，纳米生物机器人在疾病预测和 DNA 修复等方面的应用将走上一个新的台阶。

参考文献

［1］Wen D. Sensitivity analysis of junction field effect-pressure Halltron［J］. Review of Scientific Instruments. 1995，66(1)：251-255.

［2］戴福彦,张卫平,陈文元,等. MEMS 微电机综述［J］.微电机,2009,42(8):61-64,68.

［3］Cugat O，Reyne G，Delamare J，et al. Novel magnetic micro-actuators and systems (MAGMAS) using ermanent magnets［J］. Sensors and Actuators A：Physical，2006，129(1-2)：265-269.

［4］Sun L，Yang G，Feng Q. Study on the Rotor Levitation of One High Speed Switched Reluctance Motor［C］// IEEE. IECON Proceedings (Industrial Electronics Conference). New York：IEEE，2006：1322-1325.

［5］Kanda T，Makino A，Tomohisa O，et al. A micro ultrasonic motor using a micro-machined cylindrical bulk pzt transducer［J］. Sensors and Actuators A：Physical，2006，127(1)：131-138.

［6］Hackney D D，Stock M F，Moore J，et al. Modulation of kinesin halfsite release and kinetic processivity by a spacer between the head groups［J］. Biochemistry，2003，42(41):12011-12018.

［7］Hogan J. DNA robot takes its first steps［J］. New Scientist，2004，182(2446)：22-23.